MySQL数据库技术与应用

◎ 赵明渊 主编

清華大學出版社
北京

内 容 简 介

本书以数据库原理为基础，以 MySQL 8.0 作为平台，分 3 部分系统介绍 MySQL 数据库的概念、技术、应用、实验和实习。其中，第一部分介绍 MySQL 数据库技术，包括数据库概论、MySQL 的安装和运行、MySQL 数据库、MySQL 表、表数据操作、数据查询、视图、索引、数据完整性、MySQL 语言、存储过程和存储函数、触发器和事件、安全管理、备份和恢复、事务和锁；第二部分介绍 MySQL 实验，各实验与第 1 部分各章内容对应(除第 15 章)；第三部分介绍 MySQL 实习——PHP 和 MySQL 学生信息系统开发。

本书可作为大学本科、高职高专及培训班的教材，适于计算机应用人员和计算机爱好者自学参考。

图书在版编目(CIP)数据

MySQL 数据库技术与应用/赵明渊主编. —北京：清华大学出版社，2021.1(2022.8重印)
21 世纪高等学校计算机专业实用规划教材
ISBN 978-7-302-56796-7

Ⅰ. ①M… Ⅱ. ①赵… Ⅲ. ①SQL 语言－程序设计－高等学校－教材 Ⅳ. ①TP311.132.3

中国版本图书馆 CIP 数据核字(2020)第 217434 号

责任编辑： 黄 芝
封面设计： 刘 键
责任校对： 徐俊伟
责任印制： 杨 艳

出版发行： 清华大学出版社
网 址： http://www.tup.com.cn，http://www.wqbook.com
地 址： 北京清华大学学研大厦 A 座 **邮 编：** 100084
社 总 机： 010-83470000 **邮 购：** 010-62786544
投稿与读者服务： 010-62776969，c-service@tup.tsinghua.edu.cn
质量反馈： 010-62772015，zhiliang@tup.tsinghua.edu.cn
课件下载： http://www.tup.com.cn，010-83470236
印 装 者： 三河市君旺印务有限公司
经 销： 全国新华书店
开 本： 185mm×260mm **印 张：** 19.25 **字 数：** 481 千字
版 次： 2021 年 1 月第 1 版 **印 次：** 2022 年 8 月第 4 次印刷
印 数： 5501～7500
定 价： 59.80 元

产品编号：086851-01

前言

MySQL 数据库不仅具有开放源代码，支持多种操作系统平台的特点，而且具有操作简单、使用方便、利于普及、可以大幅度降低成本等特点，随着其功能的不断完善，越来越受广大用户的欢迎。本书以数据库原理为基础，以最新推出的 MySQL 8.0 作为平台，系统地介绍 MySQL 数据库的概念、技术、应用、实验和实习。全书分为 3 部分：第一部分介绍 MySQL 数据库技术；第二部分介绍 MySQL 实验；第三部分介绍 MySQL 实习——PHP 和 MySQL 学生信息系统开发。

本书特色如下：

(1) 培养学生掌握数据库理论知识和 MySQL 数据库管理、操作和 MySQL 编程的能力。

(2) 教学和实验相配套，第一部分各章的内容与第二部分各实验的内容相对应(除第 15 章)，方便课程教学和实验课教学。

(3) 深化实验课教学，各个实验分为验证性实验和设计性实验两个阶段，培养学生独立设计、编写和调试 SQL 语句代码的能力。

(4) 介绍大数据、云计算、云数据库、NoSQL 等前沿内容。

(5) 着重培养学生画出合适的 E-R 图的能力、编写 MySQL 查询语句的能力和数据库语言编程的能力，培养学生开发简单的数据库应用系统的能力。

为方便教学，本书提供教学大纲、教学课件、教学进度表、所有实例的源代码，扫描封底二维码可以下载。每章章末都配有习题，并在附录 A 提供习题答案。

本书可作为大学本科、高职高专及培训班的教材，适于计算机应用人员和计算机爱好者自学参考。

本书由赵明渊主编，参加本书编写的有杜亚军、马磊、周亮宇、温全、程小菊、蔡露、王飘，对于帮助完成基础工作的同志，在此表示感谢！

由于作者水平有限，不当之处，敬请读者批评指正。

编　者

第一部分　MySQL 数据库技术

第二部分 MySQL 实验

第三部分 MySQL 实习——PHP 和 MySQL 学生信息系统开发

第一部分　MySQL 数据库技术

第1章 数据库概论

本章要点

(1) 数据库基本概念。

(2) 数据模型。

(3) 关系数据库。

(4) 数据库设计。

(5) 大数据简介。

数据库技术是信息系统的核心和基础,越来越多的应用领域采用数据库技术进行数据的存储和处理,从而有着广泛的应用。本章从数据库基本概念与知识出发,介绍数据模型、关系数据库、数据库设计、大数据简介,它是学习以后各章的基础。

1.1 数据库基本概念

数据库是长期存放在计算机内的有组织的可共享的数据集合。数据库管理系统是一个系统软件,用于科学地组织和存储数据、高效地获取和维护数据。数据库系统是在计算机系统中引入数据库之后组成的系统,它是用来组织和存取大量数据的管理系统。

1.1.1 数据库

1. 数据

数据(Data)是事物的符号表示,数据的种类有数字、文字、图像、声音等,可以用数字化后的二进制形式存入计算机来进行处理。

在日常生活中人们直接用自然语言描述事务,在计算机中,就要找出事物的特征组成一个记录来描述,例如,一个学生记录的数据如下所示:

191001	刘清泉	男	1998-06-21	计算机	52

数据的含义称为信息,数据是信息的载体,信息是数据的内涵,是对数据的语义解释。

2. 数据库

数据库(Database, DB)是长期存放在计算机内的有组织的可共享的数据集合,数据库中的数据按一定的数据模型组织、描述和储存,具有尽可能小的冗余度、较高的数据独立性和易扩张性。

数据库具有以下特性。

(1) 共享性,数据库中的数据能被多个应用程序的用户所使用。

(2) 独立性,提高了数据和程序的独立性,有专门的语言支持。

(3) 完整性,指数据库中数据的正确性、一致性和有效性。

(4) 减少数据冗余。

数据库包含以下含义。

(1) 建立数据库的目的是为应用服务。

(2) 数据存储在计算机的存储介质中。

(3) 数据结构比较复杂,有专门的理论支持。

1.1.2 数据库管理系统

数据库管理系统(Database Management System, DBMS)是数据库系统的核心组成部分,它是在操作系统支持下的系统软件,是对数据进行管理的大型系统软件,用户在数据库系统中的一些操作都是由数据库管理系统来实现的。

(1) 数据定义功能:提供数据定义、语言定义数据库和数据库对象。

(2) 数据操纵功能:提供数据操纵语言,对数据库中数据进行查询、插入、修改、删除等操作。

(3) 数据控制功能:提供数据控制语言,进行数据控制,即提供数据的安全性、完整性、并发控制等功能。

(4) 建立数据库维护功能:包括数据库初始数据的装入、转储、恢复和系统性能监视、分析等功能。

1.1.3 数据库系统

数据库系统(Database System, DBS)是在计算机系统中引入数据库后的系统构成,数据库系统由数据库、操作系统、数据库管理系统、应用程序、用户、数据库管理员(Database Administrator, DBA)组成,如图 1.1 所示,数据库系统在整个计算机系统中的地位如图1.2 所示。

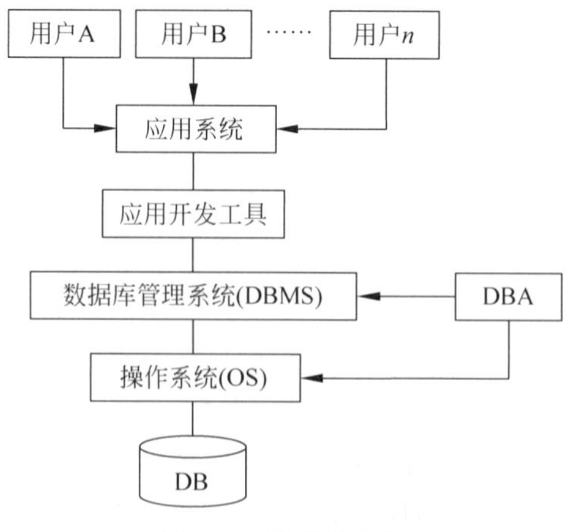

图 1.1 数据库系统

数据库应用系统分为客户/服务器(Client/Server, C/S)架构和浏览器/服务器(Browser/Server, B/S)架构两种。

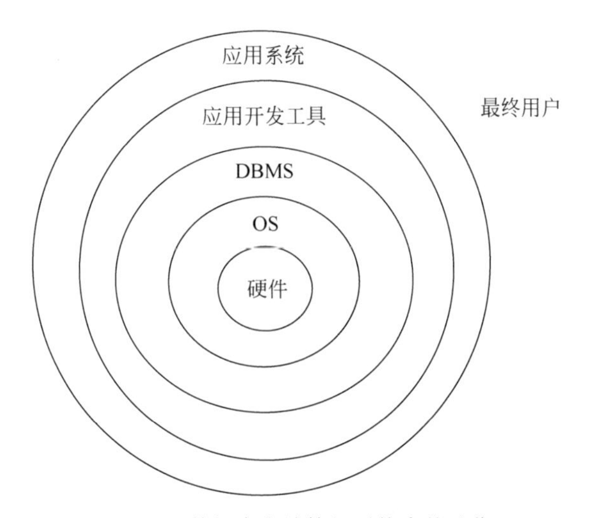

图 1.2　数据库在计算机系统中的地位

1. 客户/服务器(C/S)架构的应用系统

当应用程序需要处理数据库中的数据时,首先向数据库管理系统发送一个数据请求,数据库管理系统接收到这一请求后,对其进行分析,然后执行数据库操作,并把处理结果返回给应用程序。

由于应用程序直接与用户交互,并向数据库管理系统提出服务请求,所以应用程序被称为“前台”“客户端”“客户程序(Client)”;而数据库管理系统不直接与用户打交道,并为应用程序提供服务,所以数据库管理系统被称为“后台”“服务器”“服务器程序(Server)”。这一操作数据库的模式称为客户/服务器架构,如图 1.3 所示。

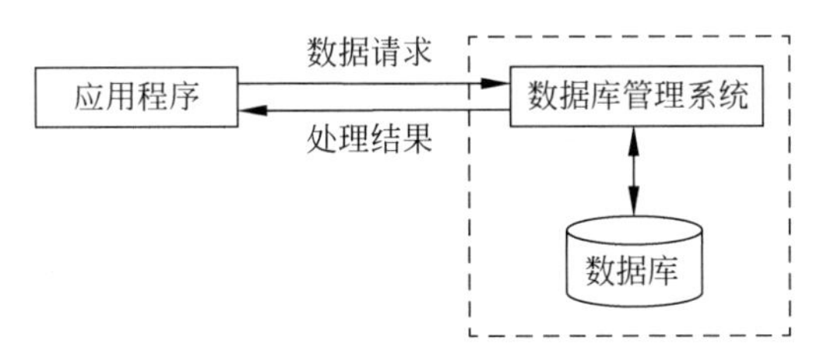

图 1.3　客户/服务器(C/S)架构

客户程序的开发,目前流行的工具主要有 Visual C++、.NET 框架、Visual Basic 等。

2. 浏览器/服务器(B/S)架构的应用系统

浏览器/服务器架构是一种基于 Web 应用的客户/服务器架构,又称为三层客户-服务器架构(浏览器/Web 服务器/数据库服务器),如图 1.4 所示。

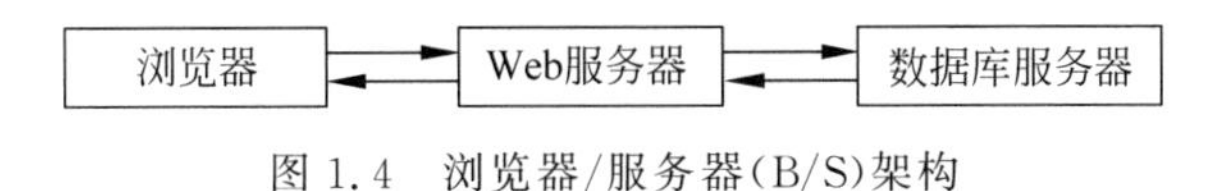

图 1.4　浏览器/服务器(B/S)架构

在图 1.4 中,浏览器(Browser)是用户输入数据和显示结果的交互界面,用户在浏览器表单中输入数据,然后将表单中的数据提交并发送到 Web 服务器,Web 服务器接收并处理用户的数据,通过数据库服务器,从数据库中查询需要的数据(或把数据录入数据库)回送给 Web

服务器,Web 服务器把返回的结果插入 HTML 页面,传送给客户端,在浏览器中显示出来。

目前,流行的开发数据库 Web 界面的工具主要有 PHP、Java EE、ASP. NET(C#)等。

1.1.4 数据管理技术的发展

数据管理是指对数据进行分类、组织、编码、存储、检索和维护等工作,数据管理技术的发展经历了人工管理阶段、文件系统阶段、数据库系统阶段,现在正在向更高一级的数据库系统发展。

1. 人工管理阶段

20 世纪 50 年代中期以前,人工管理阶段的数据是面向应用程序的,一个数据集只能对应一个程序,应用程序与数据之间的关系如图 1.5 所示。

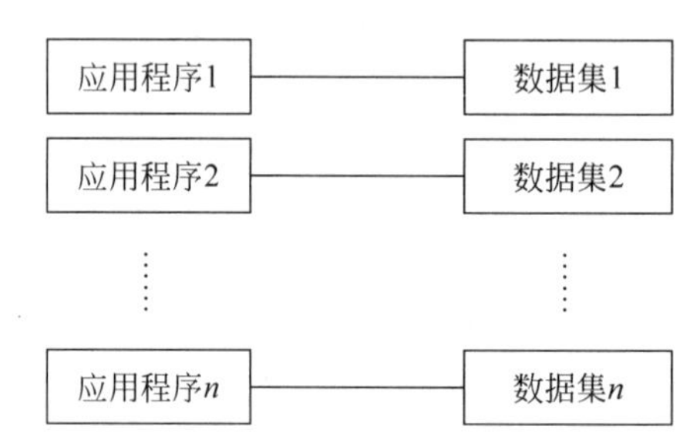

图 1.5 人工管理阶段应用程序与数据之间的关系

人工管理阶段的特点如下。

(1) 数据不保存。只是在计算某一课题时将数据输入,用完即撤走。

(2) 数据不共享。数据面向应用程序,一个数据集只能对应一个程序,即使多个不同程序用到相同数据,也得各自定义。

(3) 数据和程序不具有独立性。数据的逻辑结构和物理结构发生改变,必须修改相应的应用程序,即要修改数据必须修改程序。

(4) 没有软件系统对数据进行统一管理。

2. 文件系统阶段

在 20 世纪 50 年代后期到 60 年代中期,计算机不仅用于科学计算,也开始用于数据管理。数据处理的方式不仅有批处理,还有联机实时处理。应用程序和数据之间的关系如图 1.6 所示。

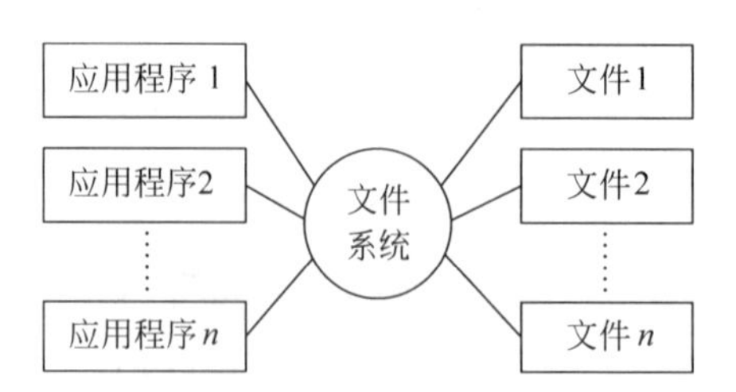

图 1.6 文件系统阶段应用程序与数据之间的关系

文件系统阶段数据管理的特点如下。

(1) 数据可长期保存。数据以文件的形式长期保存。

(2) 数据共享性差，冗余度大。在文件系统中，一个文件基本对应一个应用程序，当不同应用程序具有相同数据时，也必须各自建立文件，而不能共享相同数据，数据冗余度大。

(3) 数据独立性差。当数据的逻辑结构改变时，必须修改相应的应用程序，数据依赖于应用程序，独立性差。

(4) 由文件系统对数据进行管理。由专门的软件——文件系统进行数据管理，文件系统把数据组织成相互独立的数据文件，可按文件名访问，按记录存取，程序与数据之间有一定的独立性。

3. 数据库系统阶段

从 20 世纪 60 年代后期开始，数据管理对象的规模越来越大，应用越来越广泛，数据量快速增加。为了实现数据的统一管理，解决多用户、多应用共享数据的需求，数据库技术应运而生，出现了统一管理数据的专门软件——数据库管理系统。

数据库系统阶段应用程序和数据之间的关系如图 1.7 所示。

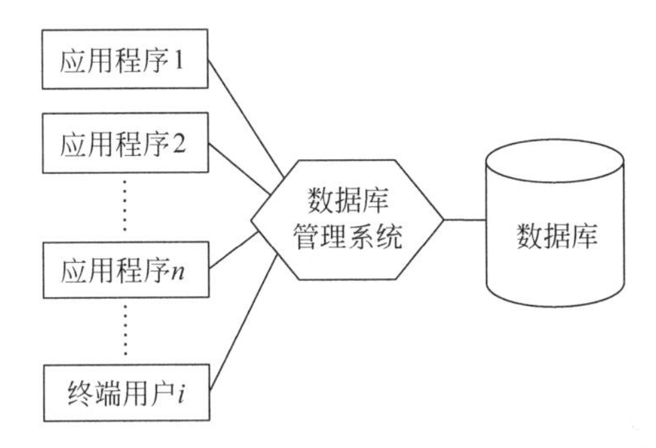

图 1.7 数据库系统阶段应用程序和数据之间的关系

数据库系统与文件系统相比较，具有以下的主要特点。

(1) 数据结构化。

(2) 数据的共享度高，冗余度小。

(3) 有较高的数据独立性。

(4) 由数据库管理系统对数据进行管理。

在数据库系统中，数据库管理系统作为用户与数据库的接口，提供了数据库定义、数据库运行、数据库维护和数据安全性、完整性等控制功能。

1.2 数据模型

模型是对现实世界中某个对象特征的模拟和抽象，数据模型(Data Model)是对现实世界数据特征的抽象，它是用来描述数据、组织数据和对数据进行操作的。数据模型是数据库系统的核心和基础。

1.2.1 两类数据模型

数据模型需要满足三方面的要求：能比较真实地模拟现实世界，容易为人所理解，便于在计算机上实现。

在开发设计数据库应用系统时需要使用不同的数据模型，它们是概念模型、逻辑模型、物理模型，根据模型应用的不同目的，按不同的层次可将它们分为两类，第一类是概念模型，第二类是逻辑模型、物理模型。

第一类中的概念模型，按用户的观点对数据和信息建模，是对现实世界的第一层抽象，又称信息模型，它通过各种概念来描述现实世界的事物以及事物之间的联系，主要用于数据库设计。

第二类中的逻辑模型，按计算机的观点对数据建模，是概念模型的数据化，是事物以及事物之间联系的数据描述，提供了表示和组织数据的方法，主要的逻辑模型有层次模型、网状模型、关系模型、面向对象数据模型、对象关系数据模型和半结构化数据模型等。

第二类中的物理模型，是对数据最底层的抽象，它描述数据在系统内部的表示方式和存取方法，如数据在磁盘上的存储方式和存取方法，是面向计算机系统的，由数据库管理系统具体实现。

为了把现实世界的具体的事物抽象、组织为某一数据库管理系统支持的数据模型，需要经历一个逐级抽象的过程，将现实世界抽象为信息世界，然后将信息世界转换为机器世界，即首先将现实世界的客观对象抽象为某一种信息结构，这种信息结构不依赖于具体计算机系统，不是某一个数据库管理系统支持的数据模型，而是概念级的模型，然后，将概念模型转换为计算机上某一个数据库管理系统支持的数据模型，如图1.8所示。

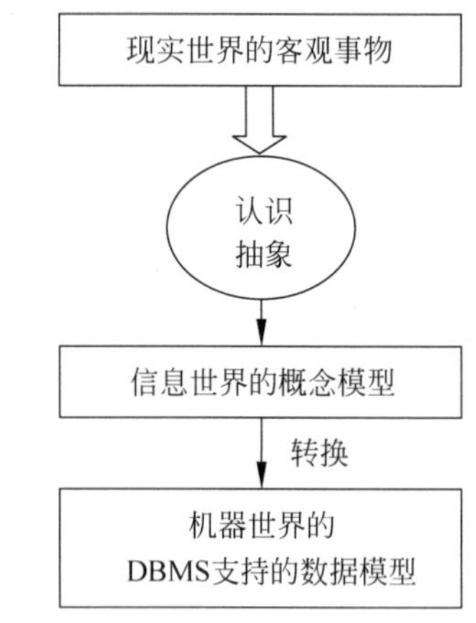

图1.8　现实世界客观事物的抽象过程

从概念模型到逻辑模型的转换由数据库设计人员完成，从逻辑模型到物理模型的转换主要由数据库管理系统完成。

1.2.2　数据模型组成要素

数据模型(Data Model)是现实世界数据特征的抽象，一般由数据结构、数据操作、数据完整性约束三部分组成。

1. 数据结构

数据结构用于描述系统的静态特性，是所研究的对象类型的集合，数据模型按其数据结构分为层次模型、网状模型和关系模型等。数据结构所研究的对象是数据库的组成部分，包括两类：一类是与数据类型、内容、性质有关的对象，例如关系模型中的域、属性等；另一类是与数据之间联系有关的对象，例如关系模型中反映联系的关系等。

2. 数据操作

数据操作用于描述系统的动态特性，是指对数据库中各种对象及对象的实例允许执行的操作的集合，包括对象的创建、修改和删除，对对象实例的检索、插入、删除、修改及其他有关操作等。

3. 数据完整性约束

数据完整性约束是一组完整性约束规则的集合，完整性约束规则是给定数据模型中数据及其联系所具有的制约和依存的规则。

数据模型三要素在数据库中都是严格定义的一组概念的集合，在关系数据库中，数据结构是表结构定义及其他数据库对象定义的命令集，数据操作是数据库管理系统提供的数据操作(操作命令、语法规定、参数说明等)命令集，数据完整性约束是各关系表约束的定义及操作约束规则等的集合。

1.2.3　层次模型、网状模型和关系模型

数据模型是现实世界的模拟，它是按计算机的观点对数据建立模型，包含数据结构、数据操作和数据完整性约束三要素，数据模型有层次模型、网状模型、关系模型。

1. 层次模型

用树状层次结构组织数据，树状结构每一个节点表示一个记录类型，记录类型之间的联系是一对多的联系。层次模型有且仅有一个根节点，位于树状结构顶部，其他节点有且仅有一个父节点。某大学按层次模型组织数据的示例如图 1.9 所示。

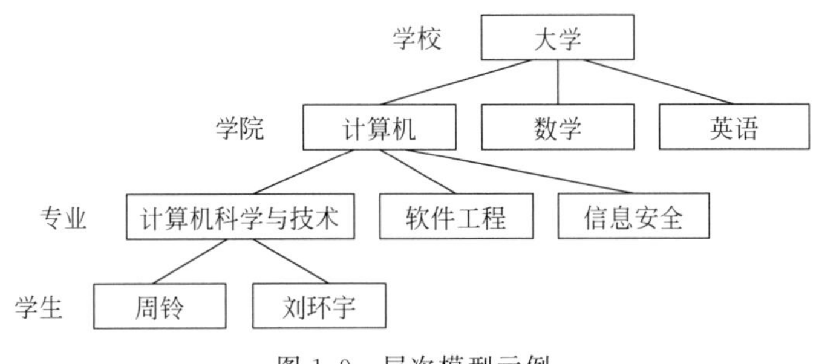

图 1.9　层次模型示例

层次模型简单易用，但现实世界很多联系是非层次性的，如多对多联系等，表达起来比较笨拙且不直观。

2. 网状模型

采用网状结构组织数据，网状结构每一个节点表示一个记录类型，记录类型之间可以有多种联系，按网状模型组织数据的示例如图 1.10 所示。

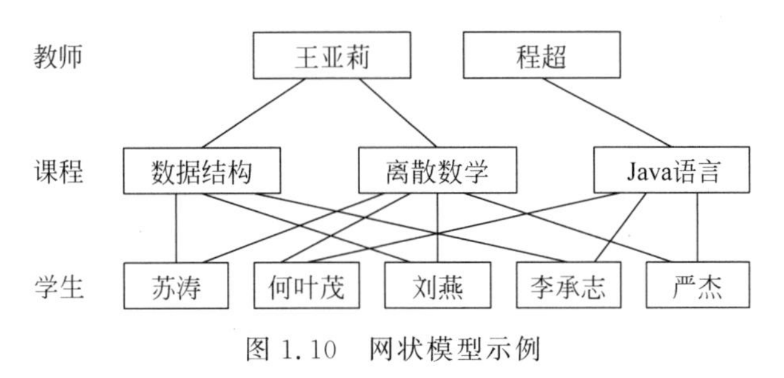

图 1.10　网状模型示例

网状模型可以更直接地描述现实世界，层次模型是网状模型的特例，但网状模型结构复杂，用户不易掌握。

3. 关系模型

采用关系的形式组织数据，一个关系就是一张二维表，二维表由行和列组成，按关系模型组织数据的示例如图 1.11 所示。

学生关系框架

学号	姓名	性别	出生日期	专业	总学分

成绩关系框架

学号	课程号	成绩

学生关系

学号	姓名	性别	出生日期	专业	总学分
191001	刘清泉	男	1998-06-21	计算机	52
191002	张慧玲	女	1999-11-07	计算机	50

成绩关系

学号	课程号	成绩
191001	1004	95
191002	1004	87
191001	1201	92

图 1.11　关系模型示例

关系模型建立在严格的数学概念基础上，数据结构简单清晰，用户易懂易用，关系数据库是目前应用最为广泛、最为重要的一种数学模型。

1.3　关系数据库

关系数据库采用关系模型组织数据。关系数据库是目前最流行的数据库。关系数据库管理系统(Relational Database Management System，RDBMS)是支持关系模型的数据库管理系统。

1.3.1　关系数据库基本概念

(1) 关系：关系就是表(Table)，在关系数据库中，一个关系存储为一个数据表。

(2) 元组：表中一行(Row)为一个元组(Tuple)，一个元组对应数据表中的一条记录(Record)，元组的各个分量对应于关系的各个属性。

(3) 属性：表中的列(Column)称为属性(Property)，对应数据表中的字段(Field)。

(4) 域：属性的取值范围。

(5) 关系模式：对关系的描述称为关系模式，格式如下：

关系名(属性名 1,属性名 2,… 属性名 *n*)

(6) 候选码：属性或属性组，其值可唯一标识其对应元组。

(7) 主关键字(主键)：在候选码中选择一个作为主键(Primary Key)。

(8) 外关键字(外键)：在一个关系中的属性或属性组不是该关系的主键，但它是另一个关系的主键，称为外键(Foreign Key)。

在图 1.11 中，学生的关系模型为：

学生(学号, 姓名, 性别, 出生日期, 专业, 总学分)

主键为学号。

成绩的关系模型为：

成绩(学号, 课程号, 成绩)

1.3.2 关系运算

关系数据操作称为关系运算，投影、选择、连接是最重要的关系运算，关系数据库管理系统支持关系数据库的投影、选择、连接运算。

1. 投影

投影(Projection)是选择表中满足条件的列，它是从列的角度进行的单目运算。

【例 1.1】 从学生表中选取姓名、专业、总学分进行投影运算，投影所得的新表如表 1.1 所示。

表 1.1 投影后的新表

姓名	专业	总学分
刘清泉	计算机	52
张慧玲	计算机	50

2. 选择

选择(Selection)指选出满足给定条件的记录，它是从行的角度进行的单目运算，运算对象是一个表，运算结果形成一个新表。

【例 1.2】 从学生表中选择专业为计算机且总学分为 52 分的行进行选择运算，选择所得的新表如表 1.2 所示。

表 1.2 选择后的新表

学号	姓名	性别	出生日期	专业	总学分
191001	刘清泉	男	1998-06-21	计算机	52

3. 连接

连接(Join)是将两个表中的行按照一定的条件横向结合生成的新表。选择和投影都是单目运算，其操作对象只是一个表，而连接是双目运算，其操作对象是两个表。

【例 1.3】 学生表与成绩表通过学号相等的连接条件进行连接运算，连接所得的新表如表 1.3 所示。

表 1.3 连接后的新表

学号	姓名	性别	出生日期	专业	总学分	学号	课程号	成绩
191001	刘清泉	男	1998-06-21	计算机	52	191001	1004	95
191001	刘清泉	男	1998-06-21	计算机	52	191001	1201	92
191002	张慧玲	女	1999-11-07	计算机	50	191002	1004	87

1.4 数据库设计

通常将使用数据库的应用系统称为数据库应用系统，例如，电子商务系统、电子政务系统、办公自动化系统、以数据库为基础的各类管理信息系统等。数据库应用系统的设计和开发本质上是属于软件工程的范畴。

广义的数据库设计指设计整个数据库的应用系统。狭义的数据库设计指设计数据库各级模式并建立数据库，它是数据库的应用系统设计的一部分。本节主要介绍狭义的数据库设计。

1.4.1 数据库设计的步骤

在数据库设计之前，首先要选定参加设计的人员，包括系统分析员、数据库设计人员、应用开发人员、数据库管理员和用户代表。

按照规范设计的方法，考虑数据库及其应用系统开发全过程，将数据库设计分为以下六个阶段：需求分析阶段、概念结构设计阶段、逻辑结构设计阶段、物理结构设计阶段、数据库实施阶段、数据库运行和维护阶段，如图 1.12 所示。

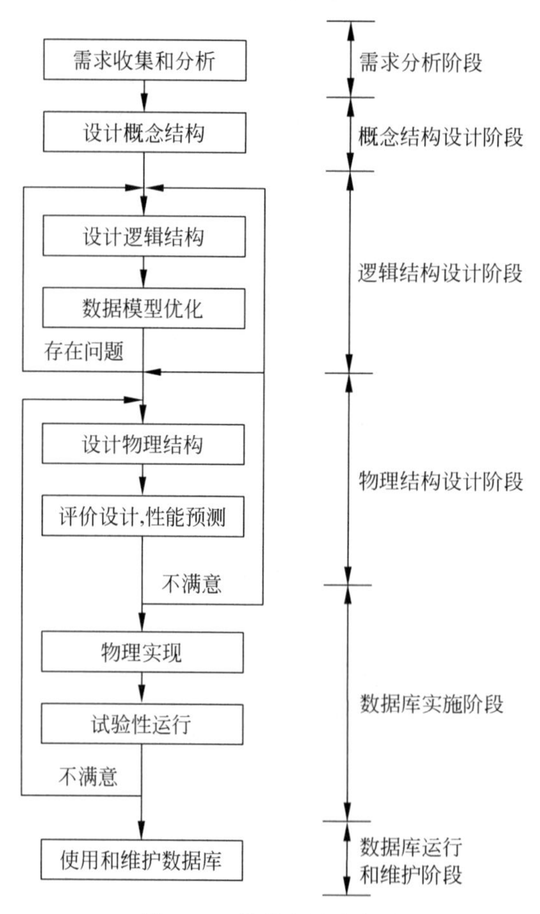

图 1.12 数据库设计步骤

（1）需求分析阶段。需求分析是整个数据库设计的基础，在数据库设计中，首先需要准确了解与分析用户的需求，明确系统的目标和实现的功能。

（2）概念结构设计阶段。概念结构设计是整个数据库设计的关键，其任务是根据需求分析，形成一个独立于具体数据库管理系统的概念模型，即设计 E-R 图。

（3）逻辑结构设计阶段。逻辑结构设计是将概念结构转换为某个具体的数据库管理系统所支持的数据模型。

（4）物理结构设计阶段。物理结构设计是为逻辑数据模型选取一个最适合应用环境的物理结构，包括存储结构和存取方法等。

（5）数据库实施阶段。设计人员运用数据库管理系统所提供的数据库语言和宿主语言，根据逻辑设计和物理设计的结果建立数据库，编写和调试应用程序，组织数据入库和试运行。

（6）数据库运行和维护阶段。通过试运行后即可投入正式运行，在数据库运行过程中，不断地对其进行评估、调整和修改。

数据库设计的不同阶段形成的数据库各级模式如图 1.13 所示。

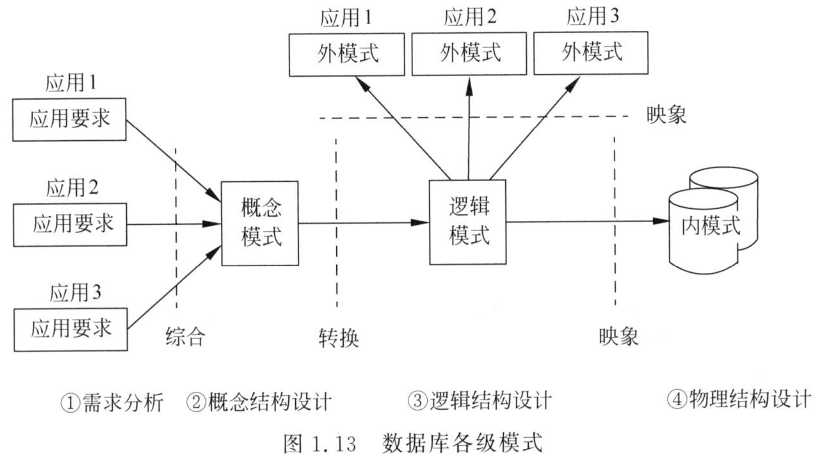

图 1.13 数据库各级模式

在需求分析阶段，设计的中心工作是综合各个用户的需求。在概念结构设计阶段，形成与计算机硬件无关的、独立于各个数据库管理系统产品的概念模式，即 E-R 图。在逻辑结构设计阶段，将 E-R 图转换成具体的数据库管理系统产品支持的数据模型，形成数据库逻辑模式，然后，在基本表的基础上再建立必要的视图，形成数据的外模式。在物理结构设计阶段，根据数据库管理系统的特点和处理的需要，进行物理存储安排，建立索引，形成数据库物理模式。

1.4.2 需求分析

需求分析阶段是整个数据库设计中最重要的一个步骤，它需要从各个方面对业务对象进行调查、收集、分析，以准确了解用户对数据和处理的需求。

需求分析是数据库设计的起点，需求分析的结果是否准确反映用户要求将直接影响到后面各阶段的设计，并影响到设计结果是否合理和实用。

1. 需求分析的任务

需求分析阶段的主要任务是对现实世界要处理的对象（公司、部门、企业）进行详细调查，在了解现行系统的概况、确定新系统功能的过程中，收集支持系统目标的基础数据及其处理方法。

需求分析是在用户调查的基础上，通过分析，逐步明确用户对系统的需求，包括数据需求和围绕这些数据的业务处理需求。

用户调查的重点是数据和处理。

(1) 信息需求。定义未来数据库系统用到的所有信息，明确用户将向数据库中输入什么样的数据，从数据库中要求获得哪些内容，将要输出哪些信息，以及描述数据间的联系等。

(2) 处理需求。定义系统数据处理的操作功能，描述操作的优先次序，包括操作的执行频率和场合，操作与数据间的联系。处理需求还要明确用户要完成哪些处理功能，每种处理的执行频度，用户需求的响应时间以及处理的方式，比如是联机处理还是批处理等。

(3) 安全性与完整性要求。描述系统中不同用户对数据库的使用和操作情况，完整性要求描述数据之间的关联关系以及数据的取值范围要求。

2. 需求分析的方法

需求分析中的结构化分析方法(Structured Analysis, SA)采用自顶向下、逐层分解的方法分析系统，通过数据流图(Data Flow Diagram, DFD)、数据字典(Data Dictionary, DD)描述系统。

1) 数据流图

数据流图用来描述系统的功能，表达了数据和处理的关系。数据流图采用四个基本符号：外部实体、数据流、数据处理、数据存储。

(1) 外部实体。数据来源和数据输出又称为外部实体，表示系统数据的外部来源和去处，也可是另外一个系统。

(2) 数据流。由数据组成，表示数据的流向，数据流都需要命名，数据流的名称反映了数据流的含义。

(3) 数据处理。指对数据的逻辑处理，也就是数据的变换。

(4) 数据存储。表示数据保存的地方，即数据存储的逻辑描述。

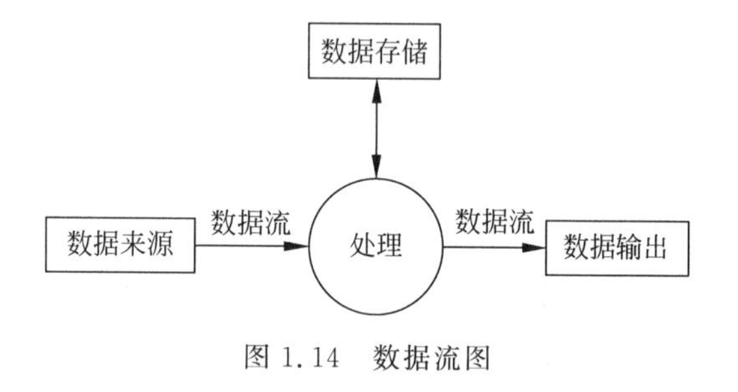

图 1.14 数据流图

数据流图如图 1.14 所示。

2) 数据字典

数据字典是各类数据描述的集合，对数据流图中的数据流和数据存储等进行详细地描述，它包括数据项、数据结构、数据流、数据存储、处理过程等。

(1) 数据项。数据项是数据最小的组成单位，即不可再分的基本数据单位，记录了数据对象的基本信息，描述了数据的静态特性。

数据项描述 = {数据项名,数据项含义说明,别名,数据类型,长度,取值范围,取值含义,与其他数据项的逻辑关系}

(2) 数据结构。数据结构是若干数据项有意义的集合，由若干数据项组成，或由若干数据项和数据结构组成。

数据结构描述 = {数据结构名,含义说明,组成:{数据项或数据结构}}

(3) 数据流。数据流表示某一处理过程的输入和输出，表示了数据处理过程中的传输流向，是对数据动态特性的描述。

数据流描述 = {数据流名，说明，数据流来源，数据流去向，组成：{数据结构}，平均流量，高峰期流量}

(4) 数据存储。数据存储是处理过程中存储的数据，它是在事务和处理过程中数据所停留和保存过的地方。

数据存储描述 = {数据存储名，说明，编号，流入的数据流，流出的数据流，组成：{数据结构}，数据量，存取频度，存取方式}

(5) 处理过程。在数据字典中，只需简要描述处理过程的信息。

处理过程描述 = {处理过程名，说明，输入：{数据流}，输出：{数据流}，处理：{简要说明}}

1.4.3 概念结构设计

将需求分析得到的用户需求抽象为信息结构（概念模型）的过程就是概念结构设计。

需求分析得到的数据描述是无结构的，概念设计是在需求分析的基础上转换为有结构的、易于理解的精确表达，概念设计阶段的目标是形成整体数据库的概念结构，它独立于数据库逻辑结构和具体的数据库管理系统，概念结构设计是整个数据库设计的关键。

1. 概念结构的特点和设计步骤

1) 概念结构的特点

概念结构具有以下特点：

(1) 能真实、充分地反映现实世界。概念结构是现实世界的一个真实模型，能满足用户对数据的处理要求。

(2) 易于理解。便于数据库设计人员和用户交流，用户的积极参与是数据库设计成功的关键。

(3) 易于更改。当应用环境和应用要求发生改变时，易于修改和扩充概念模型。

(4) 易于转换为关系、网状、层次等各种数据模型。

2) 概念结构设计的方法

概念结构设计的方法有四种。

(1) 自底向上。首先定义局部应用的概念结构，然后按一定的规则把它们集成起来，得到全局概念模型。

(2) 自顶向下。首先定义全局概念结构，然后再逐步细化。

(3) 由里向外。首先定义最重要的核心概念结构，然后再逐步向外扩展。

(4) 混合策略。将自顶向下和自底向上结合起来使用。

3) 概念结构设计的步骤。

概念结构设计的一般步骤如下：

(1) 根据需求分析划分局部应用，设计局部 E-R 图。

(2) 将局部 E-R 图合并，消除冗余和可能的矛盾，得到系统的全局 E-R 图，审核和验证全局 E-R 图，完成概念结构的设计。

概念结构设计步骤如图 1.15 所示。

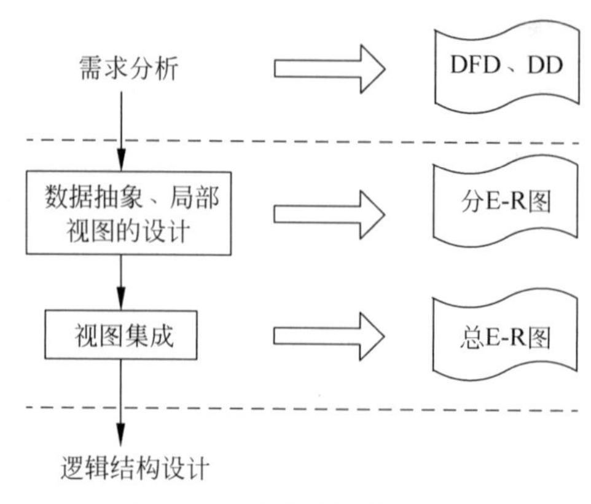

图 1.15 概念结构设计步骤

2. E-R 图

描述概念模型的有力工具是 E-R 图，E-R 图即实体–联系图，在 E-R 图中：

(1) 实体：客观存在并可相互区别的事物称为实体，实体用矩形框表示，框内为实体名。实体可以是具体的人、事、物或抽象的概念，例如，在学生信息系统中，"学生"就是一个实体。

(2) 属性：实体所具有的某一特性称为属性，属性采用椭圆框表示，框内为属性名，并用无向边与其相应实体连接。例如，在学生信息系统中，学生的特性有学号、姓名、性别、出生日期、专业、总学分，它们就是学生实体的 6 个属性。

(3) 实体型：用实体名及其属性名集合来抽象和刻画同类实体，称为实体型。例如，学生(学号，姓名，性别，出生日期，专业，总学分)就是一个实体型。

(4) 实体集：同型实体的集合称为实体集，例如，全体学生记录就是一个实体集。

(5) 联系：实体之间的联系，可分为一对一的联系、一对多的联系、多对多的联系。实体间的联系采用菱形框表示，联系用适当的含义命名，名字写在菱形框中，用无向边将参加联系的实体矩形框分别与菱形框相连，并在连线上标明联系的类型。如果联系也具有属性，则将属性与菱形也用无向边连上。

① 一对一的联系(1∶1)。例如，一个班只有一个正班长，而一个正班长只属于一个班，班级与正班长两个实体间具有一对一的联系。

② 一对多的联系(1∶n)。例如，一个班可有若干学生，一个学生只能属于一个班，班级与学生两个实体间具有一对多的联系。

③ 多对多的联系(m∶n)。例如，一个学生可选多门课程，一门课程可被多个学生选修，学生与课程两个实体间具有多对多的联系。

实体之间的三种联系如图 1.16 所示。

3. 局部 E-R 图设计

使用系统需求分析阶段得到的数据流程图、数据字典和需求规格说明，建立对应于每一部门或应用的局部 E-R 图，关键问题是如何确定实体(集)和实体属性，即首先要确定系统中的每一个子系统包含哪些实体和属性。

设计局部 E-R 图时，最大的困难在于实体和属性的正确划分，其基本划分原则如下。

(1) 属性应是系统中最小的信息单位。

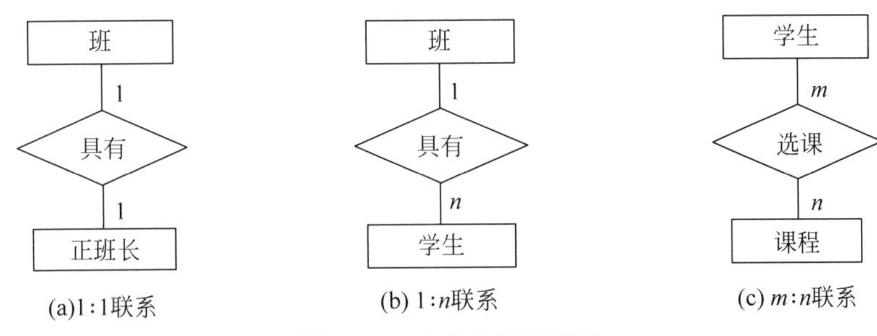

图 1.16　实体之间的联系

(2) 若属性具有多个值时，应该升级为实体。

【例 1.4】 设有学生、课程、教师、学院实体如下。

学生：学号、姓名、性别、出生日期、专业、总学分、选修课程号

课程：课程号、课程名、学分、开课学院、任课教师号

教师：教师号、姓名、性别、出生日期、职称、学院名、讲授课程号

学院：学院号、学院名、电话、教师号、教师名

上述实体中存在如下联系。

(1) 一个学生可选修多门课程，一门课程可被多个学生选修。

(2) 一个教师可讲授多门课程，一门课程可被多个教师讲授。

(3) 一个学院可有多个教师，一个教师只能属于一个学院。

(4) 一个学院可拥有多个学生，一个学生只属于一个学院。

(5) 假设学生只能选修本学院的课程，教师只能为本学院的学生讲课。

要求分别设计学生选课和教师任课两个局部信息的结构 E-R 图。

解：从各实体属性看到，学生实体与学院实体和课程实体关联，不直接与教师实体关联，一个学院可以开设多门课程，学院实体与课程实体之间是 1∶m 关系，学生选课局部 E-R 图如图 1.17 所示。

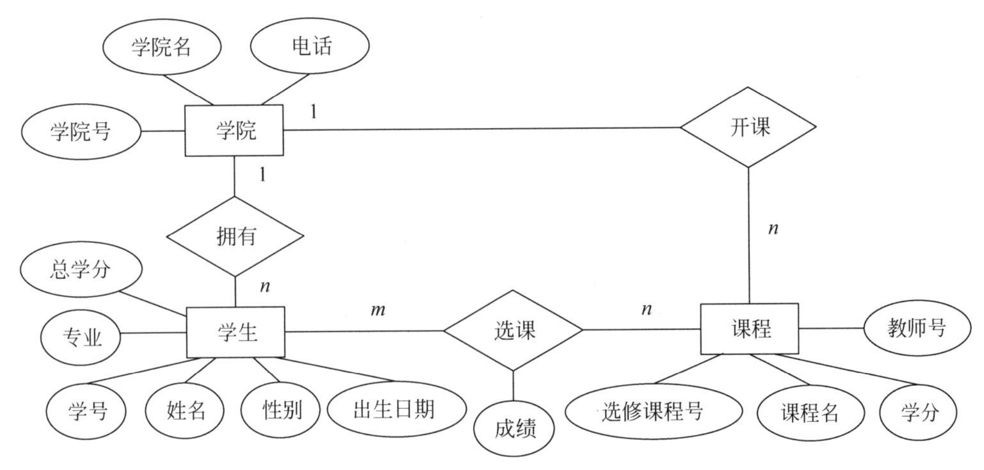

图 1.17　学生选课局部 E-R 图

教师实体与学院实体和课程实体关联，不直接与学生实体关联，教师任课局部 E-R 图如图 1.18 所示。

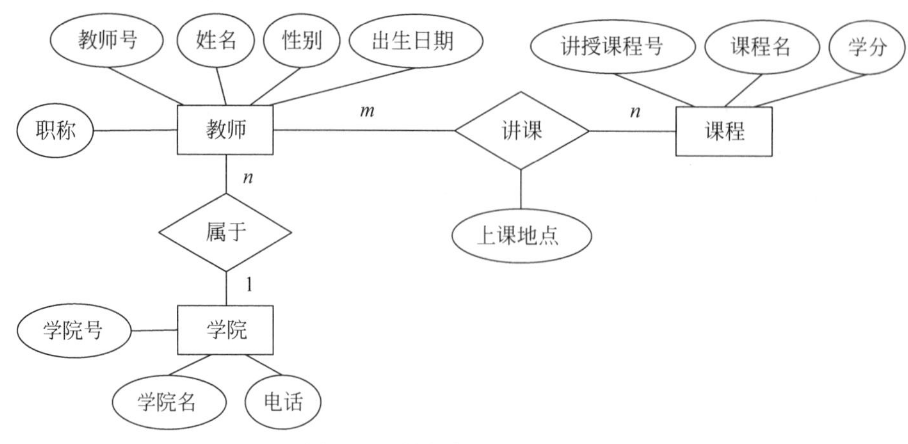

图 1.18　教师任课局部 E-R 图

4. 全局 E-R 图设计

综合各部门或应用的局部 E-R 图，就可以得到系统的全局 E-R 图。综合局部 E-R 图的方法有两种。

(1) 多个局部 E-R 图逐步综合，一次综合两个 E-R 图。

(2) 多个局部 E-R 图一次综合。

第(1)种方法，由于一次只综合两个 E-R 图，难度降低，较易使用。

在上述两种方法中，每次综合可分为以下两个步骤。

(1) 进行合并，解决各局部 E-R 图之间的冲突问题，生成初步的 E-R 图。

(2) 修改和重组，消除冗余，生成基本 E-R 图。

具体每个步骤的介绍如下：

1) 合并局部 E-R 图，消除冲突

由于各个局部应用不同，通常由不同的设计人员去设计局部 E-R 图，因此，各局部 E-R 图之间往往会有很多不一致，被称为冲突。冲突的类型有：

(1) 属性冲突。

① 属性域冲突：属性取值的类型、取值范围或取值集合不同。例如，年龄可用出生年月和整数表示。

② 属性取值单位冲突：例如重量，可用千克、克为单位。

(2) 结构冲突。

① 同一事物，不同的抽象：例如，职工，在一个应用中为实体，而在另一个应用中为属性。

② 同一实体在不同应用中的属性组成不同。

③ 同一联系在不同应用中类型不同。

(3) 命名冲突。

命名冲突包括实体名、属性名、联系名之间的冲突。

① 同名异议：不同意义的事物具有相同的名称。

② 异名同义：相同意义的事物具有不同的名称。

属性冲突和命名冲突可通过协商来解决，结构冲突在认真分析后通过技术手段解决。

【例 1.5】　将例 1.4 设计完成的两个局部 E-R 图合并成一个初步的全局 E-R 图。

解：将图 1.18 中的“教师号”属性转换为“教师”实体，将两个局部 E-R 图中的“选修课程号"和"讲授课程号"统一为"课程号",并将"课程"实体的属性统一为"课程号"和"课程名",初步的全局 E-R 图如图 1.19 所示。

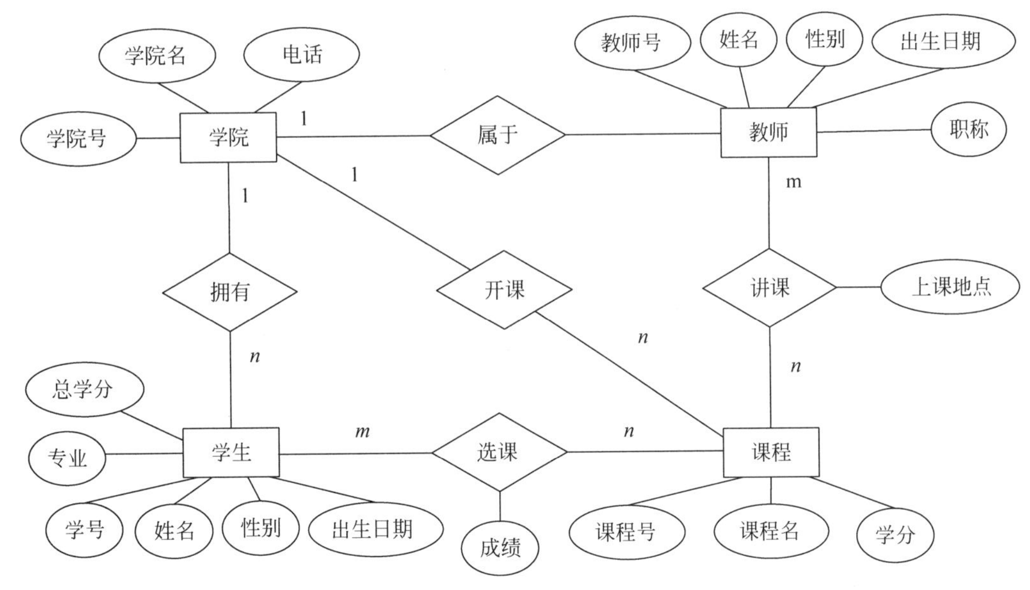

图 1.19　初步的全局 E-R 图

2）消除冗余

在初步的 E-R 图中,可能存在冗余的数据或冗余的联系。冗余的数据是指可由基本的数据导出的数据,冗余的联系也可由其他的联系导出。

冗余的存在容易破坏数据库的完整性,给数据库的维护增加困难,应该消除。

【例 1.6】　消除冗余,对例 1.5 的初步的全局 E-R 图进行改进。

解:在图 1.19 中,"属于"和"开课"是冗余联系,它们可以通过其他联系导出,消除冗余联系后得到改进的全局 E-R 图,如图 1.20 所示。

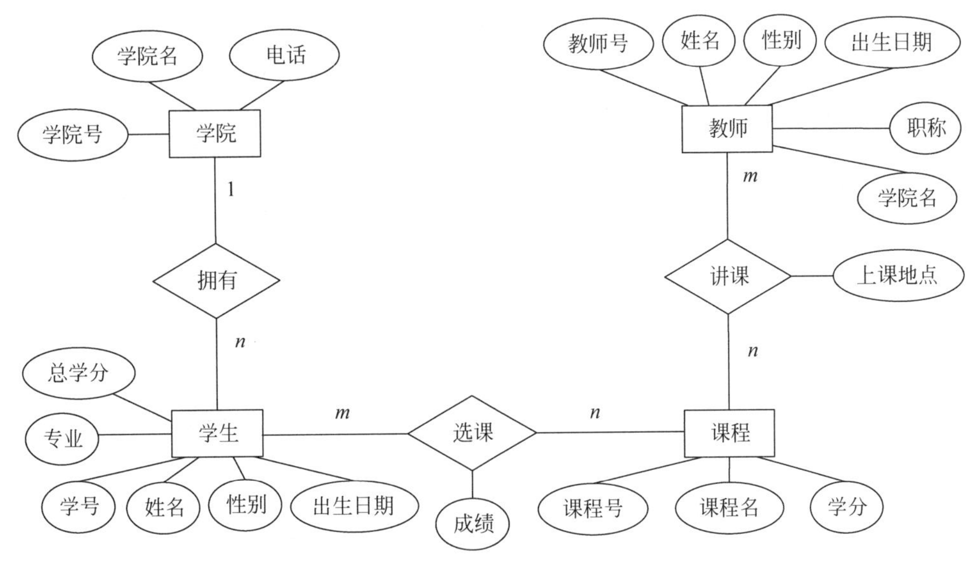

图 1.20　改进的全局 E-R 图

1.4.4 逻辑结构设计

逻辑结构设计的任务是将概念结构设计阶段设计好的基本 E-R 图转换为与选用的数据库管理系统产品所支持的数据模型相符合的逻辑结构，即由概念结构导出特定的数据库管理系统可以处理的逻辑结构。

由于当前主流的数据库管理系统是关系数据库管理系统，所以逻辑结构设计是将 E-R 图转换为关系模型，即将 E-R 图转换为一组关系模式。

1. 逻辑结构设计的步骤

以关系数据库管理系统(RDBMS)为例，逻辑结构设计步骤如图 1.21 所示。

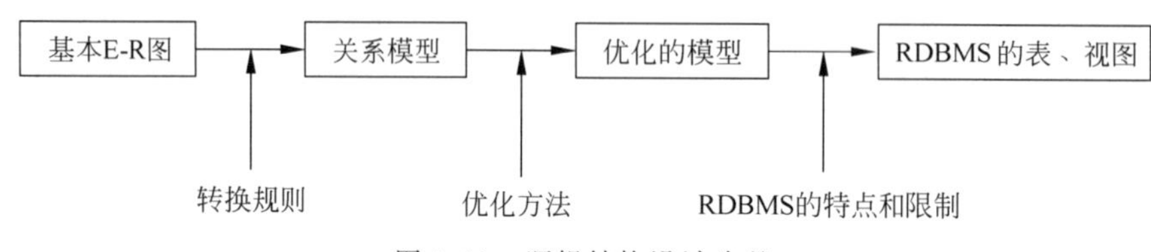

图 1.21　逻辑结构设计步骤

(1) 将用 E-R 图表示的概念结构转换为关系模型。

(2) 优化模型。

(3) 设计适合 DBMS 的关系模式。

2. E-R 图向关系模型的转换

由 E-R 图向关系模型转换有以下两个规则。

(1) 一个实体转换为一个关系模式。实体的属性就是关系的属性，实体的码就是关系的码。

(2) 实体间的联系转换为关系模式有以下不同的情况。

① 一个 1∶1 联系可以转换为一个独立的关系模式，也可以与任意一端所对应的关系模式合并。

如果转换为一个独立的关系模式，则与该联系相连的各实体的码以及联系本身的属性都转换为关系的属性，每个实体的码都是该关系的候选码。

如果与某一端实体对应的关系模式合并，则需在该关系模式的属性中加入另一个关系模式的码和联系本身的属性。

② 一个 $1:n$ 联系可以转换为一个独立的关系模式，也可以与 n 端所对应的关系模式合并。

如果转换为一个独立的关系模式，则与该联系相连的各实体的码以及联系本身的属性都转换为关系的属性，且关系的码为 n 端实体的码。

如果与 n 端实体对应的关系模式合并，则需在该关系模式的属性中加入 1 端实体的码和联系本身的属性。

③ 一个 $m:n$ 联系转换为一个独立的关系模式。

与该联系相连的各实体的码以及联系本身的属性都转换为关系的属性，各实体的码组成该关系的码或关系码的一部分。

④ 三个或三个以上实体间的一个多元联系可以转换为一个独立的关系模式。

与该多元联系相连的各实体的码以及联系本身的属性都转换为关系的属性，各实体的码组成该关系的码或关系码的一部分。

⑤ 具有相同码的关系模式可以合并。

【例 1.7】 1∶1 联系的 E-R 图如图 1.22 所示，将 E-R 图转换为关系模型。

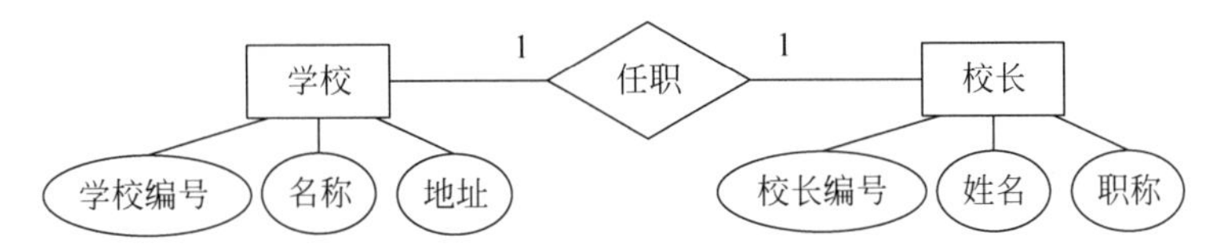

图 1.22　1∶1 联系的 E-R 图示例

方案 1：联系转换为独立的关系模式，则转换后的关系模式为：

学校(学校编号，名称，地址)

校长(校长编号，姓名，职称)

任职(学校编号，校长编号)

方案 2：联系合并到"学校"关系模式中，则转换后的关系模式为：

学校(学校编号，名称，地址，校长编号)

校长(校长编号，姓名，职称)

方案 3：联系合并到"校长"关系模式中，则转换后的关系模式为：

学校(学校编号，名称，地址)

校长(校长编号，姓名，职称，学校编号)

在 1∶1 联系中，一般不将联系转换为一个独立的关系模式，这是由于关系模式个数多，相应的表也多，查询时会降低查询效率。

【例 1.8】 1∶n 联系的 E-R 图如图 1.23 所示，将 E-R 图转换为关系模型。

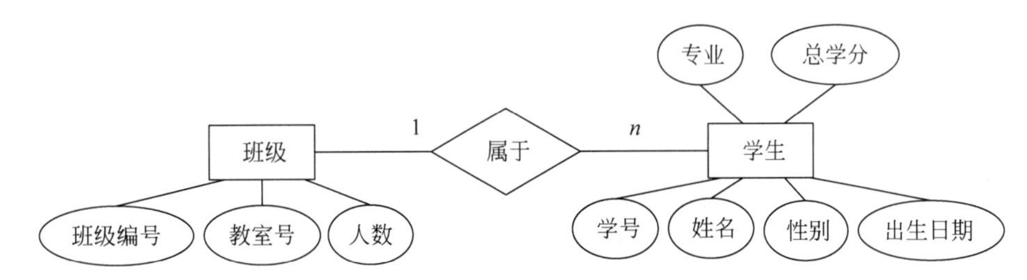

图 1.23　1∶n 联系的 E-R 图示例

方案 1：联系转换为独立的关系模式，则转换后的关系模式为：

班级(班级编号，教室号，人数)

学生(学号，姓名，性别，出生日期，专业，总学分)

属于(学号，班级编号)

方案 2：联系合并到 n 端实体对应的关系模式中，则转换后的关系模式为：

班级(班级编号，教室号，人数)

学生(学号，姓名，性别，出生日期，专业，总学分，班级编号)

同样原因，在 1∶n 联系中，一般也不将联系转换为一个独立的关系模式。

【例 1.9】 m∶n 联系的 E-R 图如图 1.24 所示，将 E-R 图转换为关系模型。

对于 m∶n 联系，必须转换为独立的关系模式，转换后的关系模式为：

学生(学号，姓名，性别，出生日期，专业，总学分)

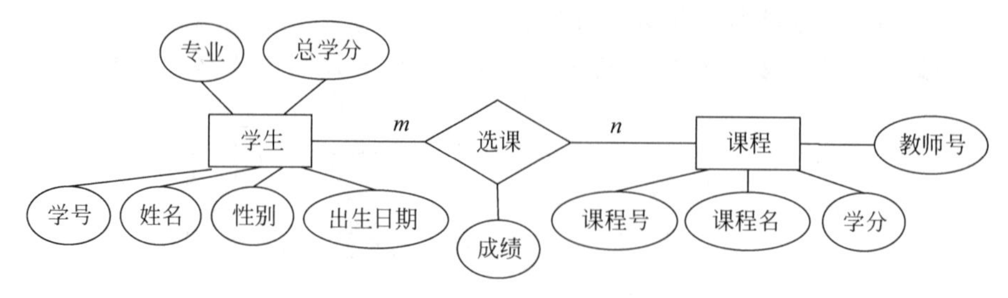

图 1.24 $m:n$ 联系的 E-R 图示例

课程(课程号,课程名,学分,教师号)

选课(学号,课程号,成绩)

【例 1.10】 三个实体联系的 E-R 图如图 1.25 所示,将 E-R 图转换为关系模型。

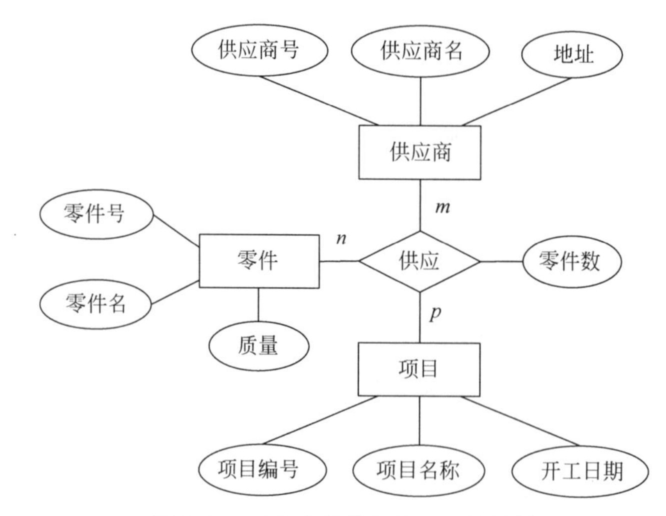

图 1.25 三个实体联系的 E-R 图示例

三个实体的联系,一般也转换为独立的关系模式,转换后的关系模式为:

供应商(供应商号,供应商名,地址)

零件(零件号,零件名,质量)

项目(项目编号,项目名称,开工日期)

供应(供应商号,零件号,项目编号,零件数)

【例 1.11】 将图 1.20 所示的改进的全局 E-R 图转换为关系模式。

将"学生"实体、"课程"实体、"教师"实体、"学院"实体分别设计成一个关系模式,将"拥有"联系(1:n 联系)合并到"学生"实体(n 端实体)对应的关系模式中,将"选课"联系和"讲课"($m:n$ 联系)转换为独立的关系模式。

学生(学号,姓名,性别,年龄,专业,总学分,学院号)

课程(课程号,课程名,学分)

教师(教师号,姓名,性别,出生日期、职称、学院名)

学院(学院号,学院名,电话)

选课(学号,课程号,成绩)

讲课(教师号,课程号,上课地点)

3. 数据模型的优化和设计外模式

1）数据模型的优化

数据库逻辑设计的结果不是唯一的，为了进一步提高数据库应用系统的性能，有必要根据应用需求适当修改、调整数据模型的结构，这就是数据模型的优化，规范化理论是关系数据模型的优化的指南和工具，具体方法如下：

(1) 确定数据依赖，考查各关系模式的函数依赖关系，以及不同关系模式属性之间的数据依赖。

(2) 对各关系模式之间的数据依赖进行最小化处理，消除冗余的联系。

(3) 确定各关系模式属于第几范式，并根据需求分析阶段的处理要求，确定是否要对这些关系模式进行合并或分解。

(4) 对关系模式进行必要的分解，以提高数据操作的效率和存储空间的利用率，常用的分解方法有垂直分解和水平分解。

① 垂直分解：把关系模式 R 的属性分解成若干属性子集合，定义每个属性子集合为一个子关系。

② 水平分解：把基本关系的元组分为若干元组子集合，定义每个子集合为一个子关系，以提高系统的效率。

2）设计外模式

将概念模型转换为全局逻辑模型后，还应该根据局部应用需求，结合具体数据库管理系统的特点，设计用户外模式。外模式设计的目标是抽取或导出模式的子集，以构造各不同用户使用的局部数据逻辑结构。

外模式概念对应关系数据库的视图概念，设计外模式是为了更好地满足局部用户的需求。

定义数据库的模式主要是从系统的时间效率、空间效率、易维护等角度出发，而用户外模式和模式是相对独立的，所以在设计外模式时，可以更多地考虑用户的习惯和使用方便。

(1) 使用更符合用户习惯的别名。

(2) 对不同级别的用户定义不同的视图，以保证系统的安全性。

(3) 简化用户对系统的使用，如将复杂的查询定义为视图等。

1.4.5 物理结构设计

数据库在物理设备上的存储结构和存取方法称为数据库的物理结构。

为已确定的逻辑数据结构，选取一个最适合应用环境的物理结构，称为物理结构设计。

数据库的物理结构设计通常分为两步。

(1) 确定数据库的物理结构，在关系数据库中主要指存取方法和存储结构。

(2) 对物理结构进行评价，评价的重点是时间和空间效率。

1. 物理结构设计的内容和方法

数据库的物理结构设计主要包括的内容为：确定数据的存取方法和确定数据的存储结构。

1）确定数据的存取方法

存取方法是快速存取数据库中数据的技术，具体采用的方法由数据库管理系统根据数据的存储方式决定，一般用户不能干预。

一般用户可以通过建立索引的方法来加快数据的查询效率。

建立索引的一般原则为：

（1）在经常作为查询条件的属性上建立索引。

（2）在经常作为连接条件的属性上建立索引。

（3）在经常作为分组依据列的属性上建立索引。

（4）对经常进行连接操作的表可以建立索引。

一个表可以建立多个索引，但只能建立一个聚簇索引。

2）确定数据的存储结构

一般的存储方式有顺序存储、散列存储和聚簇存储。

（1）顺序存储：该存储方式平均查找次数为表中记录数的二分之一。

（2）散列存储：其平均查找次数由散列算法确定。

（3）聚簇存储：为了提高某个属性或属性组的查询速度，把这个属性或属性组上具有相同值的元组集中存放在连续的物理块上的处理称为聚簇，这个属性或属性组称为聚簇码，通过聚簇可以极大提高按聚簇码进行查询的速度。

一般情况下系统都会为数据选择一种最合适的存储方式。

2. 物理结构设计的评价

在物理设计的过程中，需要对时间效率、空间效率、维护代价和各种用户要求进行权衡，从而产生多种设计方案，数据库设计人员应对这些方案进行详细地评价，从中选择一个较优的方案作为数据库的物理结构。

评价物理结构设计的方法完全依赖于具体的数据库管理系统，主要考虑的是操作开销，即为使用户获得及时、准确的数据所需的开销和计算机资源的开销。具体可分为如下几类。

（1）查询和响应时间。

（2）更新事务的开销。

（3）生成报告的开销。

（4）主存储空间的开销。

（5）辅助存储空间的开销。

1.4.6 数据库实施

数据库实施阶段的主要任务是根据数据库逻辑结构和物理结构设计的结果，在实际的计算机系统中建立数据库的结构，加载数据、调试和运行应用程序，数据库的试运行等。

1. 建立数据库的结构

使用给定的数据库管理系统提供的命令，建立数据库的模式、子模式和内模式，对于关系数据库，即是创建数据库和建立数据库中的表、视图、索引。

2. 加载数据、调试和运行应用程序

数据库实施阶段有两项重要工作：一是加载数据，二是应用程序的编码和调试。

数据库系统中，一般数据量都很大，各应用环境差异也很大。为了保证数据库中的数据正确、无误，必须十分重视数据的校验工作。在将数据输入系统进行数据转换过程中，应该进行多次的校验。对于重要的数据的校验更应该反复多次，确认无误后再进入到数据库中。

数据库应用程序的设计应与数据库设计同时进行，在加载数据到数据库的同时，还要调试应用程序。

3. 数据库的试运行

在有一部分数据加载到数据库之后,就可以开始对数据库系统进行联合调试了,这个过程又称为数据库试运行。

这一阶段要实际运行数据库应用程序,执行对数据库的各种操作,测试应用程序的功能是否满足设计要求。如果不满足,则要对应用程序进行修改、调整,直到达到设计要求为止。

在数据库试运行阶段,还要对系统的性能指标进行测试,分析其是否达到设计目标。

1.4.7 数据库运行和维护

数据库试运行合格后,数据库开发工作基本完成,可以投入正式运行。

数据库投入运行标志着开发工作的基本完成和维护工作的开始,只要数据库存在,就需要不断地对它进行评价、调整和维护。

在数据库运行阶段,对数据库的经常性的维护工作主要由数据库系统管理员完成,其主要工作有:数据库的备份和恢复,数据库的安全性和完整性控制,监视、分析、调整数据库性能,数据库的重组和重构。

1. 数据库的备份和恢复

数据库的备份和恢复是系统正式运行后重要的维护工作,要对数据库进行定期的备份,一旦出现故障,要能及时地将数据库恢复到尽可能的正确状态,以减少数据库损失。

2. 数据库的安全性和完整性控制

随着数据库应用环境的变化,对数据库的安全性和完整性要求也会发生变化。例如,增加、删除用户,增加、修改某些用户的权限,撤回某些用户的权限,数据的取值范围发生变化等。这都需要系统管理员对数据库进行适当的调整,以适应这些新的变化。

3. 监视、分析、调整数据库性能

监视数据库的运行情况,并对检测数据进行分析,找出能够提高性能的可行性,并适当地对数据库进行调整。目前有些数据库管理系统产品提供了性能检测工具,数据库系统管理员可以利用这些工具很方便地监视数据库。

4. 数据库的重组和重构

数据库运行一段时间后,随着数据的不断添加、删除和修改,会使数据库的存取效率降低,数据库管理员可以改变数据库数据的组织方式,通过增加、删除或调整部分索引等方法,改善系统的性能。

数据库的重组并不改变数据库的逻辑结构,而数据库的重构指部分修改数据库的模式和内模式。

1.5 大数据简介

随着PB级巨大的数据容量存储、快速的并发读写速度、成千上万个节点的扩展,我们进入大数据时代。下面介绍大数据的基本概念、大数据的来源、大数据的处理过程、大数据的技术支撑等内容。

1.5.1 大数据的基本概念

由于人类的日常生活已经与数据密不可分，科学研究数据量急剧增加，各行各业也越来越依赖大数据手段来开展工作，而数据产生越来越自动化，人类进入“大数据”时代。

2004 年，全球数据总量是 30EB（1EB＝1024PB＝2^{60} Byte），2005 年达到了 50EB，2006 年达到了 161EB，到 2015 年达到了惊人的 7900EB，预计到 2020 年底将达到 35000EB，如图 1.26 所示。

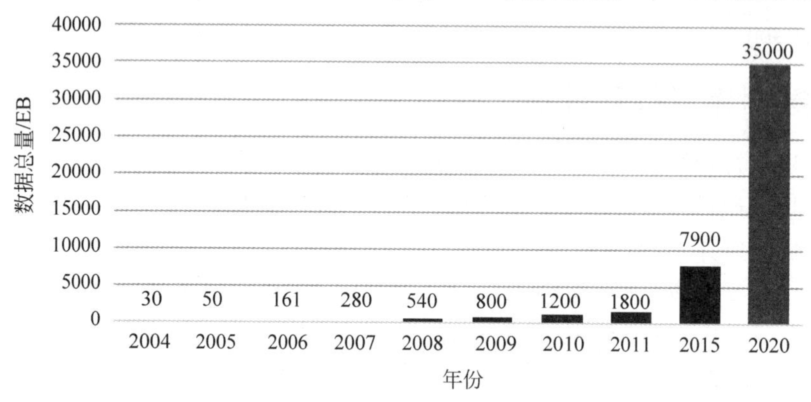

图 1.26　全球数据总量

1. 大数据的基本概念

大数据这一概念的形成，有三个标志性事件：

2008 年 9 月，国际学术杂志《自然》（*Nature*）专刊——组织了系列文章 The next google，第一次正式提出“大数据”概念。

2011 年 2 月，国际学术杂志《科学》（*Science*）专刊——Dealing with data，通过社会调查的方式，第一次综合分析了大数据对人们生活造成的影响，详细描述了人类面临的“数据困境”。

2011 年 5 月，麦肯锡研究院发布报告——Big data：The next frontier for innovation，competition，and productivity，第一次给大数据做出相对清晰的定义：大数据是指其大小超出了常规数据库工具获取、储存、管理和分析能力的数据。

目前，在学术界和工业界对于大数据的定义，尚未形成标准化的表述，比较流行的提法如下。

维基百科（Wikipedia）定义大数据为：数据集规模超过了目前常用的工具在可接受的时间范围内进行采集、管理及处理的水平。

美国国家标准技术研究院（NIST）定义大数据为：具有规模大（Volume）、多样化（Variety）、时效性（Velocity）和多变性（Variability）特性，需要具备可扩展性的计算架构来进行有效存储、处理和分析的大规模数据集。

概括上述情况和定义可以得出：大数据（Big Data）指海量数据或巨量数据，需要以新的计算模式为手段，获取、存储、管理、处理并提炼数据以帮助使用者决策。

2. 大数据的特点

大数据具有 4V＋1C 的特点。

（1）数据量大（Volume）：存储和处理的数据量巨大，超过了传统的 GB（1GB＝

1024MB)或 TB(1TB=1024GB)规模,达到了 PB(1PB=1024TB)甚至 EB(1EB=1024PB)量级,PB 级别已是常态。

下面列举数据存储单位:

bit(比特):二进制位,二进制最基本的存储单位。

Byte(字节):8 个二进制位,1 Byte=8bit

1KB(Kilobyte)=1024B=2^{10} Byte

1MB(MegaByte)=1024KB=2^{20} Byte

1GB(Gigabyte)=1024MB=2^{30} Byte

1TB(TeraByte)=1024GB=2^{40} Byte

1PB(PetaByte)=1024TB=2^{50} Byte

1EB(ExaByte)=1024PB=2^{60} Byte

1ZB(ZettaByte)=1024EB=2^{70} Byte

1YB(YottaByte)=1024ZB=2^{80} Byte

1BB(BrontoByte)=1024YB=2^{90} Byte

1GPB(GeopByte)=1024BB=2^{100} Byte

(2) 多样(Variety):数据的来源及格式多样,数据格式除了传统的结构化数据外,还包括半结构化或非结构化数据,比如,用户上传的音频和视频内容。而随着人类活动的进一步拓宽,数据的来源更加多样。

(3) 快速(Velocity):数据增长速度快,而且越新的数据价值越大,这就要求对数据的处理速度也要快,以便能够从数据中及时地提取知识,发现价值。

(4) 价值密度低(Value):需要对大量数据进行处理,挖掘其潜在的价值。

(5) 复杂度增加(Complexity):对数据的处理和分析的难度增大。

1.5.2 大数据的处理过程

大数据的处理过程包括数据的采集和预处理、大数据分析、数据可视化。

1. 数据的采集和预处理

大数据的采集一般采用多个数据库来接收终端数据,包括智能终端、移动 App 应用端、网页端、传感器端等。

数据预处理包括数据清理、数据集成、数据变换和数据归约等方法。

(1) 数据清理。目标是达到数据格式标准化,清除异常数据和重复数据、纠正数据错误。

(2) 数据集成。将多个数据源中的数据结合起来并统一存储,建立数据仓库。

(3) 数据变换。通过平滑聚集、数据泛化、规范化等方式将数据转换成适用于数据挖掘的形式。

(4) 数据归约。寻找依赖于发现目标数据的有用特征,缩减数据规模,最大限度地精简数据量。

2. 大数据分析

大数据分析包括统计分析、数据挖掘等方法。

1）统计分析

统计分析使用分布式数据库或分布式计算集群，对存储于其内的海量数据进行分析和分类汇总。

统计分析、绘图的语言和操作环境通常采用 R 语言，它是一个用于统计计算和统计制图的、免费和源代码开放的优秀软件。

2）数据挖掘

数据挖掘与统计分析不同的是一般没有预先设定主题。数据挖掘通过对提供的数据进行分析，查找特定类型的模式和趋势，最终形成模型。

数据挖掘常用方法有分类、聚类、关联分析、预测建模等。

（1）分类：根据重要数据类的特征向量值及其他约束条件，构造分类函数或分类模型，目的是根据数据集的特点把未知类别的样本映射到给定类别中。

（2）聚类：目的在于将数据集内具有相似特征属性的数据聚集成一类，同一类中的数据特征要尽可能相似，不同类中的数据特征要有明显的区别。

（3）关联分析：搜索系统中的所有数据，找出所有能把一组事件或数据项与另一组事件或数据项联系起来的规则，以获得预先未知的和被隐藏的信息。

（4）预测建模：一种统计或数据挖掘的方法，包括可以在结构化与非结构化数据中使用以确定未来结果的算法和技术，可为预测、优化、预报和模拟等许多业务系统所使用。

3. 数据可视化

通过图形、图像等技术直观形象和清晰有效地表达数据，从而为发现数据隐含的规律提供技术手段。

1.5.3 大数据的技术支撑

大数据的技术支撑有：计算速度的提高、存储成本的下降和对人工智能的需求，如图 1.27 所示。

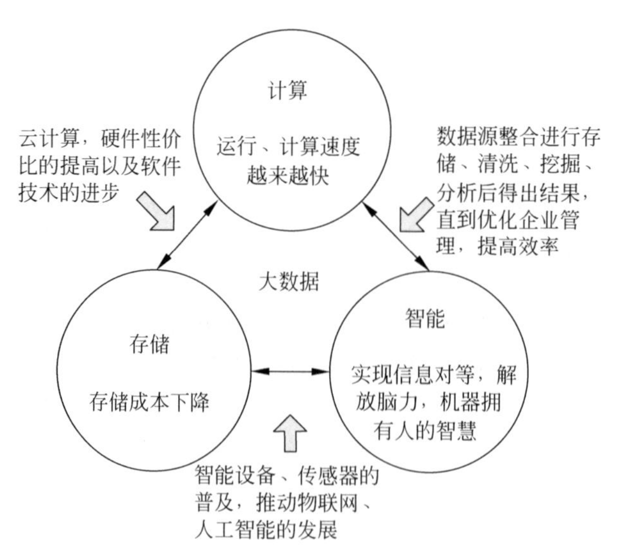

图 1.27　大数据技术支撑的三大因素

1. 计算速度的提高

在大数据的发展过程中，计算速度是关键的因素。分布式系统基础架构 Hadoop 的高效性，基于内存的集群计算系统 Spark 的快速数据分析，HDFS 为海量的数据提供了存储，MapReduce 为海量的数据提供了并行计算，从而大幅度地提高了计算效率。

大数据需要强大的计算能力支撑，中国工业和信息化部电子科技情报所所做的大数据需求调查表明：实时分析能力差、海量数据处理效率低等是目前中国企业数据分析处理面临的主要难题。

2. 存储成本的下降

新的云计算数据中心的出现，降低了企业的计算和存储成本，例如，建设企业网站，通过租用硬件设备的方式，不需要购买服务器，也不需要雇用技术人员维护服务器，并可长期保留历史数据，为大数据做好基础工作。

3. 对人工智能的需求

大数据让机器具有智能，例如，Google 的 AlphaGo 战胜世界围棋冠军李世石，阿里云小 Ai 成功预测出“我是歌手”的总决赛歌王。

1.5.4 NoSQL 数据库

在大数据和云计算时代，很多信息系统需要对海量的非结构化数据进行存储和计算，NoSQL 数据库应运而生。

1. 传统关系数据库存在的问题

随着互联网应用的发展，传统关系数据库在读写速度、支撑容量、扩展性能、管理和运营成本方面存在以下问题。

(1) 读写速度慢。关系数据库由于其系统逻辑复杂，当数据量达到一定规模时，读写速度快速下滑，即使能勉强应付每秒上万次 SQL 查询，硬盘 I/O 也无法承担每秒上万次 SQL 写数据的要求。

(2) 支撑容量有限。Facebook 和 Twitter 等社交网站，每月能产生上亿条用户动态，关系数据库在一个有数亿条记录的表中进行查询，效率极低，致使查询速度无法忍受。

(3) 扩展困难。当一个应用系统的用户量和访问量不断增加时，关系数据库无法通过简单添加更多的硬件和服务节点来扩展性能和负载能力，该应用系统不得不停机维护以完成扩展工作。

(4) 管理和运营成本高。企业级数据库的 License 价格高，加上系统规模不断上升，系统管理维护成本无法满足上述要求。

同时，关系数据库一些特性，例如复杂的 SQL 查询、多表关联查询等，在云计算和大数据中却往往无用武之地。所以，传统关系数据库已难以独立满足云计算和大数据时代应用的需要。

2. NoSQL 的基本概念

NoSQL 数据库泛指非关系型的数据库，NoSQL(Not Only SQL)指其在设计上和传统的关系数据库不同，常用的数据模型有 Cassandra、Hbase、BigTable、Redis、MongoDB、CouchDB、Neo4j 等。

NoSQL 数据库具有以下五个特点。

（1）读写速度快、数据容量大。具有对数据的高并发读写和海量数据的存储。

（2）易于扩展。可以在系统运行的时候，动态增加或者删除节点，不需要停机维护。

（3）一致性策略。遵循 BASE（Basically Available，Soft state，Eventual consistency）原则，即 Basically Available（基本可用），指允许数据出现短期不可用；Soft state（柔性状态），指状态可以有一段时间不同步；Eventual consistency（最终一致），指最终一致，而不是严格的一致。

（4）灵活的数据模型。不需要事先定义数据模式，预定义表结构。数据中的每条记录都可能有不同的属性和格式，当插入数据时，并不需要预先定义它们的模式。

（5）高可用性。NoSQL 数据库将记录分散在多个节点上，对各个数据分区进行备份（通常是 3 份），应对节点的失败。

3. NoSQL 的种类

随着大数据和云计算的发展，出现了众多的 NoSQL 数据库，常用的 NoSQL 数据库根据其存储特点及存储内容可以分为以下四类。

（1）键值（Key-Value）模型。一个关键字（Key）对应一个值（Value），简单易用的数据模型，能够提供快的查询速度、海量数据存储和高并发操作，适合通过主键对数据进行查询和修改工作，例如 Redis 模型。

（2）列存储模型。按列对数据进行存储，可存储结构化和半结构化数据，对数据查询有利，适用于数据仓库类的应用，代表模型有 Cassandra、Hbase、BigTable。

（3）文档型模型。该类模型也是一个关键字（Key）对应一个值（Value），但这个值是以 Json 或 XML 等格式的文档进行存储，常用的模型有 MongoDB、CouchDB。

（4）图（Graph）模型。将数据以图形的方式进行存储，记为 $G(V, E)$，V 为节点（Node）的结合，E 为边（Edge）的结合，该模型支持图结构的各种基本算法，用于直观地表达和展示数据之间的联系，如 Neo4j 模型。

4. NewSQL 的兴起

现有 NoSQL 数据库产品大多是面向特定应用的，缺乏通用性，其应用具有一定的局限性，已有一些研究成果和改进的 NoSQL 数据存储系统，但它们都是针对不同应用需求而提出的相应解决方案，还没有形成系列化的研究成果，缺乏强有力的理论、技术、标准规范的支持，缺乏足够的安全措施。

NoSQL 数据库以其读写速度快、数据容量大、扩展性能好，在大数据和云计算时代取得迅速发展，但 NoSQL 不支持 SQL，使应用程序开发困难，不支持应用所需 ACID 特性，新的 NewSQL 数据库将 SQL 和 NoSQL 的优势结合起来，代表的模型有 VoltDB、Spanner 等。

1.6 小　　结

本章主要介绍了以下内容。

（1）数据库（Database，DB）是长期存放在计算机内的、有组织的、可共享的数据集合，数据库中的数据按一定的数据模型组织、描述和储存，具有尽可能小的冗余度、较高的数据独立性和易扩张性。

数据库管理系统（Database Management System，DBMS）是数据库系统的核心组成部分，它是在操作系统支持下的系统软件，是对数据进行管理的大型系统软件，用户在数据库系统中的一些操作都是由数据库管理系统来实现的。

数据库系统（Database System，DBS）是在计算机系统中引入数据库后的系统构成，数据库系统由数据库、操作系统、数据库管理系统、应用程序、用户、数据库管理员（Database Administrator，DBA）组成。

（2）数据管理技术的发展经历了人工管理阶段、文件系统阶段、数据库系统阶段，现在正在向更高一级的数据库系统发展。

（3）数据模型（Data Model）是现实世界数据特征的抽象，在开发设计数据库应用系统时需要使用不同的数据模型，它们是概念模型、逻辑模型、物理模型。

（4）数据库设计可分为以下六个阶段：需求分析阶段、概念结构设计阶段、逻辑结构设计阶段、物理结构设计阶段、数据库实施阶段、数据库运行和维护阶段。

需求分析阶段的主要任务是对现实世界要处理的对象（公司、部门、企业）进行详细调查，在了解现行系统的概况、确定新系统功能的过程中，收集支持系统目标的基础数据及其处理方法。

概念结构设计是在需求分析的基础上转换为有结构的、易于理解的精确表达，概念结构设计阶段的目标是形成整体数据库的概念结构，它独立于数据库逻辑结构和具体的数据库管理系统。描述概念模型的有力工具是 E-R 图，概念结构设计是整个数据库设计的关键。

逻辑结构设计的任务是将概念结构设计阶段设计好的基本 E-R 图转换为与选用的数据库管理系统产品所支持的数据模型相符合的逻辑结构。由于当前主流的数据模型是关系模型，所以逻辑结构设计是将 E-R 图转换为关系模型，即将 E-R 图转换为一组关系模式。

数据库的物理结构设计主要包括的内容为：确定数据的存取方法和确定数据的存储结构。

数据库实施阶段主要任务是根据数据库逻辑结构和物理结构设计的结果，在实际的计算机系统中建立数据库的结构、加载数据、调试和运行应用程序、数据库的试运行等。

数据库运行和维护阶段主要工作有：数据库的备份和恢复，数据库的安全性和完整性控制，监视、分析、调整数据库性能，数据库的重组和重构。

（5）大数据（Big Data）指海量数据或巨量数据，大数据以云计算等新的计算模式为手段，获取、存储、管理、处理并提炼数据以帮助使用者决策。

大数据具有数据量大、多样、快速、价值密度低、复杂度增加等特点。

NoSQL 数据库泛指非关系型的数据库，NoSQL 数据库具有读写速度快、数据容量大、易于扩展、一致性策略、灵活的数据模型、高可用性等特点。

习　题　1

一、选择题

1.1　下面不属于数据模型要素的是（　　）。

A. 数据结构　　B. 数据操作　　C. 数据控制　　D. 完整性约束

1.2　数据库（DB）、数据库系统（DBS）和数据库管理系统（DBMS）的关系是（　　）。

A. DBMS 包括 DBS 和 DB　　B. DBS 包括 DBMS 和 DB

C. DB 包括 DBS 和 DBMS　　D. DBS 就是 DBMS，也就是 DB

1.3 能唯一标识实体的最小属性集，则称之为(　　)。

A. 候选码　　B. 外码　　C. 联系　　D. 码

1.4 在数据模型中，概念模型是(　　)。

A. 依赖于计算机的硬件　　B. 独立于 DBMS

C. 依赖于 DBMS　　D. 依赖于计算机的硬件和 DBMS

1.5 数据库设计中概念结构设计的主要工具是(　　)。

A. E-R 图　　B. 概念模型　　C. 数据模型　　D. 范式分析

1.6 数据库设计人员和用户之间沟通信息的桥梁是(　　)。

A. 程序流程图　　B. 模块结构图

C. 实体联系图　　D. 数据结构图

1.7 概念结构设计阶段得到的结果是(　　)。

A. 数据字典描述的数据需求

B. E-R 图表示的概念模型

C. 某个 DBMS 所支持的数据结构

D. 包括存储结构和存取方法的物理结构

1.8 在关系数据库设计中，设计关系模式是(　　)的任务。

A. 需求分析阶段　　B. 概念结构设计阶段

C. 逻辑结构设计阶段　　D. 物理结构设计阶段

1.9 生成 DBMS 系统支持的数据模型是在(　　)阶段完成的。

A. 概念结构设计　　B. 逻辑结构设计

C. 物理结构设计　　D. 运行和维护

1.10 在关系数据库设计中，对关系进行规范化处理，使关系达到一定的范式，是(　　)的任务。

A. 需求分析阶段　　B. 概念结构设计阶段

C. 逻辑结构设计阶段　　D. 物理结构设计阶段

1.11 逻辑结构设计阶段得到的结果是(　　)。

A. 数据字典描述的数据需求

B. E-R 图表示的概念模型

C. 某个 DBMS 所支持的数据结构

D. 包括存储结构和存取方法的物理结构

1.12 员工性别的取值，有的用“男”和“女”，有的用“1”和“0”，这种情况属于(　　)。

A. 结构冲突　　B. 命名冲突　　C. 数据冗余　　D. 属性冲突

1.13 将 E-R 图转换为关系数据模型的过程属于(　　)。

A. 需求分析阶段　　B. 概念结构设计阶段

C. 逻辑结构设计阶段　　D. 物理结构设计阶段

1.14 根据需求建立索引是在(　　)阶段完成的。

A. 运行和维护　　B. 物理结构设计

C. 逻辑结构设计　　D. 概念结构设计

1.15　物理结构设计阶段得到的结果是(　　)。

A. 数据字典描述的数据需求

B. E-R 图表示的概念模型

C. 某个 DBMS 所支持的数据结构

D. 包括存储结构和存取方法的物理结构

1.16　在关系数据库设计中,设计视图是(　　)的任务。

A. 需求分析阶段　　B. 概念结构设计阶段

C. 逻辑结构设计阶段　　D. 物理结构设计阶段

1.17　在数据库物理设计中,评价的重点是(　　)。

A. 时间和空间效率　　B. 动态和静态性能

C. 用户界面的友好性　　D. 成本和效益

二、填空题

1.18　数据模型由数据结构、数据操作和________组成。

1.19　数据库的特性包括共享性、独立性、完整性和________。

1.20　数据模型包括概念模型、逻辑模型和________。

1.21　数据库设计六个阶段为:需求分析阶段、概念结构设计阶段、________、物理结构设计阶段、数据库实施阶段、数据库运行和维护阶段。

1.22　概念结构设计阶段的目标是形成整体________的概念结构。

1.23　描述概念模型的有力工具是________。

1.24　逻辑结构设计是将 E-R 图转换为________。

1.25　数据库在物理设备上的存储结构和________称为数据库的物理结构。

1.26　对物理结构进行评价的重点是________。

1.27　大数据指 ________ ,大数据以新的计算模式为手段,获取、存储、管理、处理并提炼数据以帮助使用者决策。

1.28　大数据的技术支撑有:计算速度的提高、存储成本的下降和对 ________ 的需求。

1.29　NoSQL 数据库泛指 ________ 的数据库,NoSQL(Not Only SQL)指其在设计上和传统的关系数据库不同。

三、问答题

1.30　什么是数据库?

1.31　数据库管理系统有哪些功能?

1.32　数据管理技术的发展经历了哪些阶段?各阶段有何特点?

1.33　什么是关系模型?关系模型有何特点?

1.34　试述数据库设计过程及各阶段的工作。

1.35　概念结构有何特点?简述概念结构设计的步骤。

1.36　逻辑结构设计的任务是什么?简述逻辑结构设计的步骤。

1.37　简述 E-R 图向关系模型转换的规则。

1.38　什么是大数据?简述大数据的基本特征。

1.39　什么是 NoSQL 数据库?它有哪些特点?

四、应用题

1.40 设计学生成绩信息管理系统时，在需求分析阶段搜集到以下信息：

学生信息：学号、姓名、性别、出生日期

课程信息：课程号、课程名、学分

该业务系统有以下规则：

Ⅰ. 一名学生可选修多门课程，一门课程可被多名学生选修。

Ⅱ. 学生选修的课程要在数据库中记录课程成绩。

(1) 根据以上信息画出合适的 E-R 图。

(2) 将 E-R 图转换为关系模式，并用下画线标出每个关系的主码、说明外码。

1.41 设计图书借阅系统时在需求分析阶段搜集到以下信息：

图书信息：书号、书名、作者、价格、复本量、库存量

学生信息：借书证号、姓名、专业、借书量

该业务系统有以下规则：

Ⅰ. 一个学生可以借阅多种图书，一种图书可被多个学生借阅。

Ⅱ. 学生借阅的图书要在数据库中记录索书号、借阅时间。

(1) 根据以上信息画出合适的 E-R 图。

(2) 将 E-R 图转换为关系模式，并用下画线标出每个关系的主码、说明外码。

第2章

MySQL 的安装和运行

本章要点

(1) MySQL 的特点和 MySQL 8.0 的新特性。

(2) MySQL 8.0 安装和配置。

(3) 启动服务和登录。

(4) MySQL 图形化管理工具。

MySQL 是一个具有跨平台、开放源代码、体积小、速度快等特点的数据库管理系统，在信息管理系统和各类中小型网站的开发中得到广泛的应用。本章介绍 MySQL 的特点和 MySQL 8.0 的新特性、MySQL 8.0 安装和配置、启动服务和登录、MySQL 图形化管理工具等内容。

2.1 MySQL 的特点和 MySQL 8.0 的新特性

2.1.1 MySQL 的特点

MySQL 由 MySQL AB 公司开发、发布和支持，目前属于 Oracle 旗下产品。MySQL 是最流行的关系数据库管理系统之一。

MySQL 数据库管理系统具有以下特点。

(1) 支持多种操作系统平台，例如 Linux、Solaris、Windows、Mac OS、AIX、FreeBSD、HP-UX、Novell Netware、OpenBSD、OS/2、Wrap 等。

(2) 开放源代码，可以大幅度降低成本。

(3) 使用核心线程的完全多线程服务，这意味着可以采用多 CPU 体系结构。

(4) 使用 C 和 C++编写，并使用多种编译器进行测试，保证了源代码的可移植性。

(5) 为多种编程语言提供了 API。这些编程语言包括 C、C++、Python、Java、Perl、PHP、Eiffel、Ruby 等。

(6) 支持多种存储引擎。

(7) 优化的 SQL 查询算法，可有效地提高查询速度。

(8) 既能够作为一个单独的应用程序应用在客户端服务器网络环境中，也能够作为一个库嵌入到其他的软件中。

(9) 提供多语言支持，常见的编码如中文 GB 2312、BIG5 等都可用作数据库的表名和列名。

(10) 提供 TCP/IP、ODBC 和 JDBC 等多种数据库连接途径。

(11) 提供可用于管理、检查、优化数据库操作的管理工具。

(12) 能够处理拥有上千万条记录的大型数据库。

用MySQL数据库管理系统构建网站和信息管理系统有两种架构方式：LAMP和WAMP。

(1) LAMP(Linux+Apache+MySQL+PHP/Perl/Python)。使用Linux作为操作系统，Apache作为Web服务器，MySQL作为数据库管理系统、PHP/Perl/Python作为服务器端脚本解释器。LAMP架构的所有组成产品都是开源软件。与J2EE架构相比，LAMP具有Web资源丰富、轻量、快速开发等特点。与.NET架构相比，LAMP具有通用、跨平台、高性能、低价格等特点。

(2) WAMP(Windows+Apache+MySQL+PHP/Perl/Python)。使用Windows作为操作系统，Apache作为Web服务器，MySQL作为数据库管理系统、PHP/Perl/Python作为服务器端脚本解释器。

2.1.2 MySQL 8.0的新特性

对比MySQL 5.7，MySQL 8.0有很多新功能和新特性，简要介绍如下。

1. InnoDB存储引擎增强

(1) 新的数据字典可以对元数据统一管理，同时也提高了查询性能和可靠性。

(2) 原子DDL的操作，提供了更加可靠的管理。

(3) 自增列的持久化，解决了长久以来自增列重复值的问题。

(4) 死锁检查控制，可以选择在高并发的场景中关闭，提高对高并发场景的性能。

(5) 锁定语句选项，可以根据不同业务需求来选择锁定语句级别，使MySQL数据库能协同工作，包括应用到集群、分区、数据防护、压缩、自动存储管理等。

2. 账户与安全

提高用户和密码管理的安全性，方便权限的管理。

(1) MySQL数据库的授权表统一为InnoDB(事务性)表。

(2) 增加密码重用策略，支持修改密码时要求用户输入当前密码。

(3) 开始支持角色功能。

3. 公用表表达式

MySQL 8.0支持非递归和递归的公用表表达式(Common Table Expressions，CTE)。

(1) 非递归CTE，提高查询的性能和代码的可读性。

(2) 递归CTE，支持通过对数据遍历和递归的实现完成SQL实现强大复杂的功能。

4. 窗口函数

窗口函数(Window Functions)是一种新的查询方式，可以实现较复杂的数据分析，MySQL 8.0新增一个窗口函数。

5. 查询优化

(1) 开始支持不可见的索引，方便索引的维护和性能调试。

(2) 开始支持降序索引，提高了特定场景的查询性能。

6. JSON增强

新的运算符及JSON相关函数。

7. 字符集支持

已将默认字符集从latin1更改为utt8mb4。

2.2 MySQL 8.0 安装和配置

本书将在 Windows 7 系统下安装 MySQL 8.0，下面介绍 MySQL 8.0 安装和配置步骤。

2.2.1 MySQL 8.0 安装

安装 MySQL 8.0，需要 32 位或 64 位 Windows 操作系统，例如，Windows 7、Windows 8、Windows 10、Windows Server 2012 等，在安装时需要具有系统管理员的权限。

1. 安装软件下载

MySQL 8.0 安装软件下载网址：https：/dev.mysql.com/downloads/installer/。

打开 MySQL Community Downloads 下载页面，在 MySQL Installer 8.0.18 窗口中，选择 Microsoft Windows 操作系统，可以选择 32 位或 64 位安装包，这里选择 32 位，单击右边 Download 按钮，如图 2.1 所示。

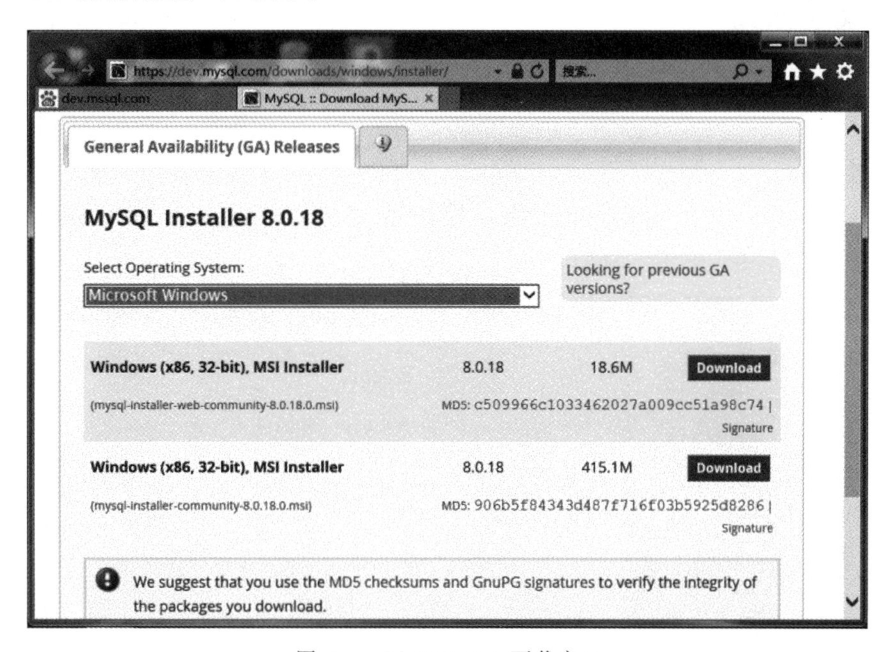

图 2.1 MySQL 8.0 下载窗口

提示：32 位安装系统有两个版本：mysql-installer-web-community 和 mysql-installer-community，前者为在线安装版本，后者为离线安装版本，这里选择离线安装版本。

2. 安装步骤

本书以在 Windows 7 操作系统下安装 MySQL 8.0 版为例，说明安装步骤。

(1) 双击下载的 mysql-installer-community-8.0.18.0.msi 文件，出现 License Agreement(用户许可协议)窗口，选中 I accept the license terms 复选框，然后单击 Next 按钮，系统进入 Choosing a Setup Type(选择安装类型)窗口，这里选择 Custom(自定义安装类型)，单击 Next 按钮，如图 2.2 所示。

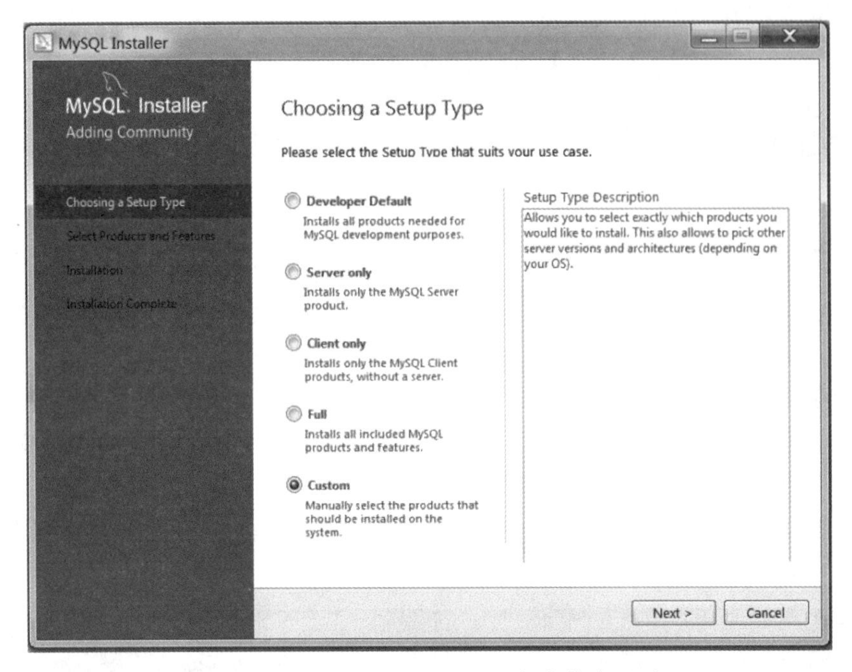

图 2.2 Choosing a Setup Type(选择安装类型)窗口

(2) 进入如图 2.3 所示的 Select Products and Features(产品定制选择)窗口，这里选择 MySQL Server 8.0.18-x64、MySQL Documentation 8.0.18-x86 和 Samples and Examples 8.0.18-x86，单击 Next 按钮。

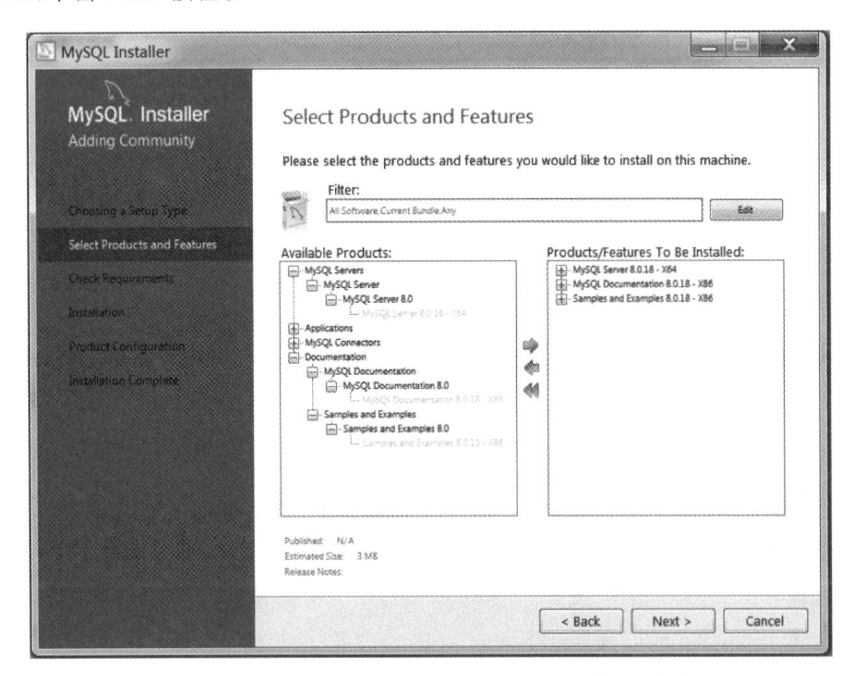

图 2.3 Select Products and Features(产品定制选择)窗口

(3) 进入 Installation(安装)窗口，单击 Execute 按钮，如图 2.4 所示。

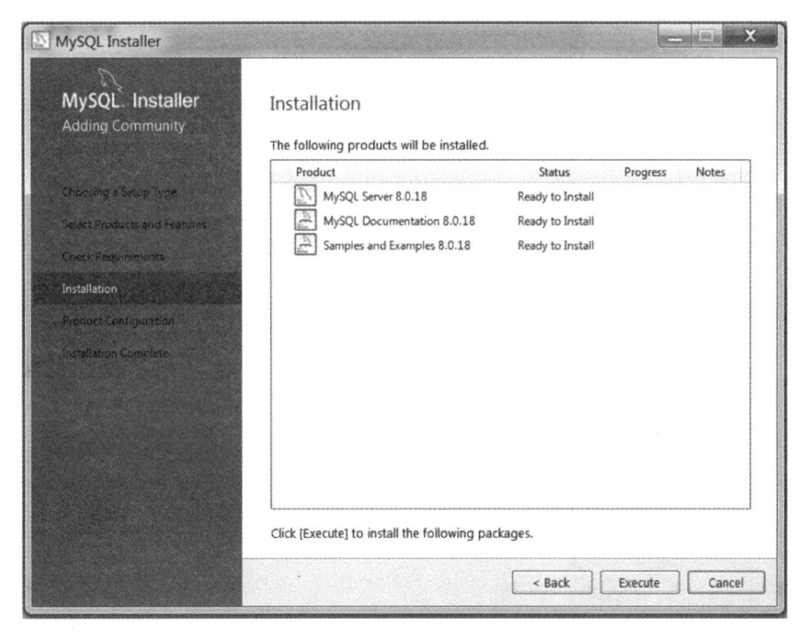

图 2.4　Installation(安装)窗口

(4) 开始安装 MySQL 文件，安装完成后在 Status(状态)列将显示 Complete(安装完成)，如图 2.5 所示。

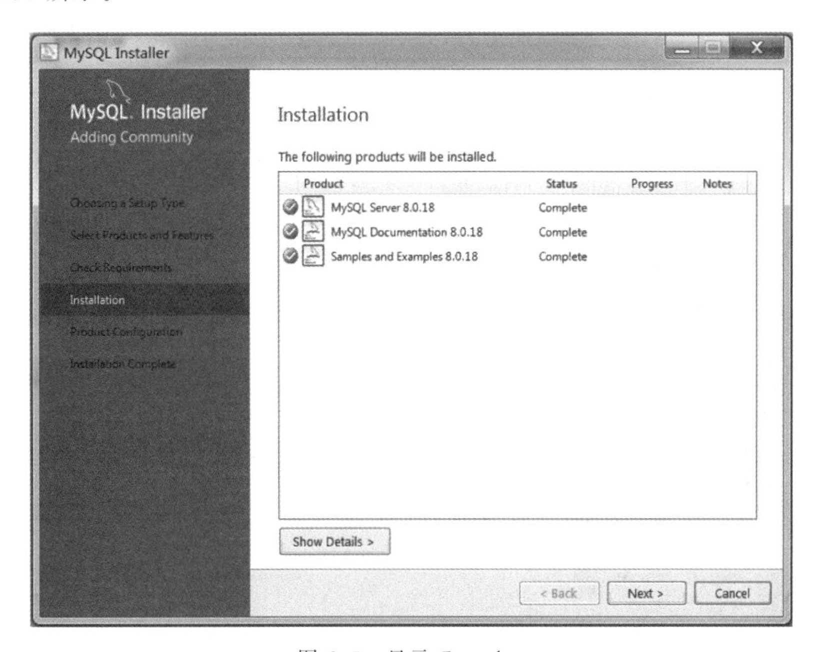

图 2.5　显示 Complete

2.2.2　MySQL 8.0 配置

安装完成 MySQL 之后，需要进行配置，配置步骤如下。

(1) 在 MySQL 安装步骤第(4)步，单击 Next 按钮，进入 Product Configuration(产品配

置)窗口,如图 2.6 所示。

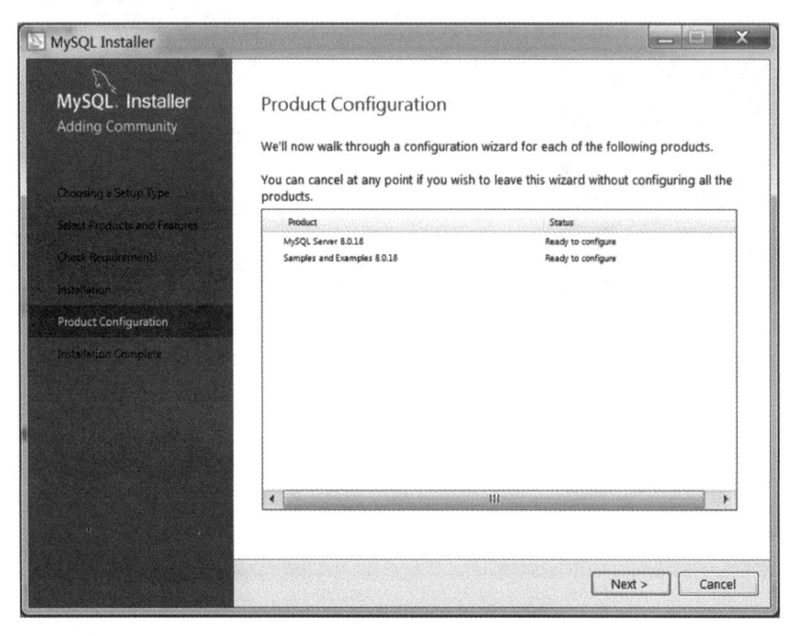

图 2.6　Product Configuration(产品配置)窗口

(2) 单击 Next 按钮,进入 High Availability(高可用性)窗口,如图 2.7 所示。

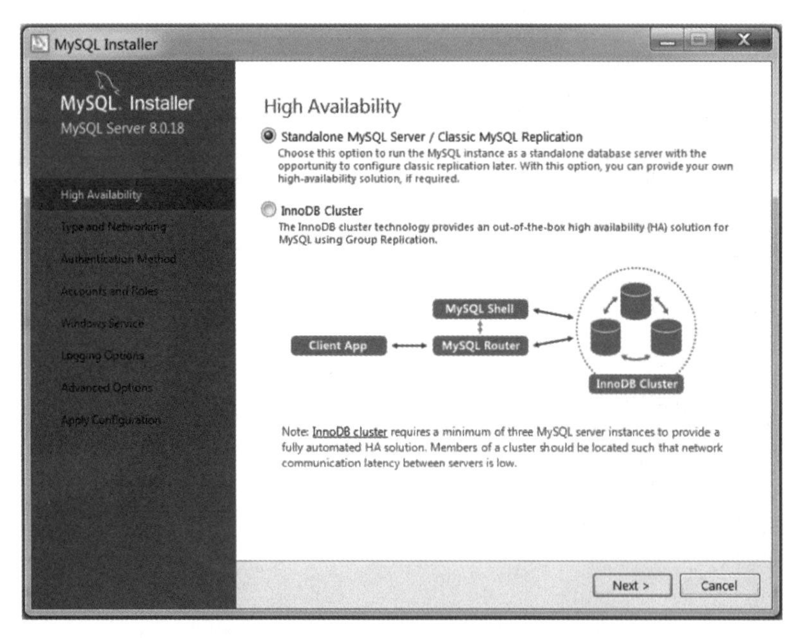

图 2.7　High Availability(高可用性)窗口

(3) 单击 Next 按钮,进入 Type and Networking(服务器类型配置)窗口,采用默认设置,如图 2.8 所示。

其中,Config Type 下拉文本框有三个选项:Development computer(开发机器)、Server Machine(服务器)、Dedicated Machine(专用服务器),这里选择 Development computer(开

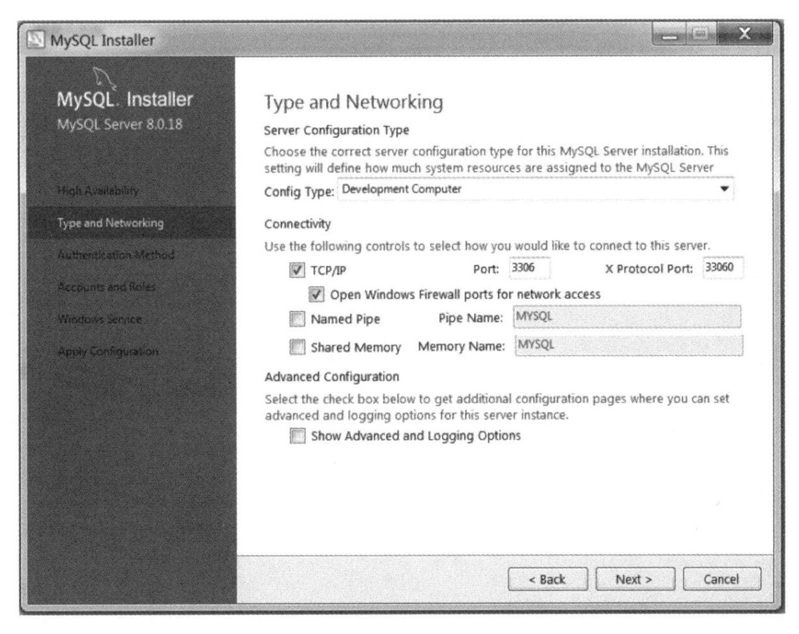

图 2.8　Type and Networking(服务器类型配置)窗口

发机器)选项。

(4) 单击 Next 按钮,进入 Authentication Method(授权方式)窗口。其中,第一个单选项为 MySQL 8.0 提供的新的授权方法,它是基于更强大的 SHA256 的密码方法;第二个单选项为传统的授权方法,保留 5.x 版本的兼容性。这里选择第二个单选项,如图 2.9 所示。

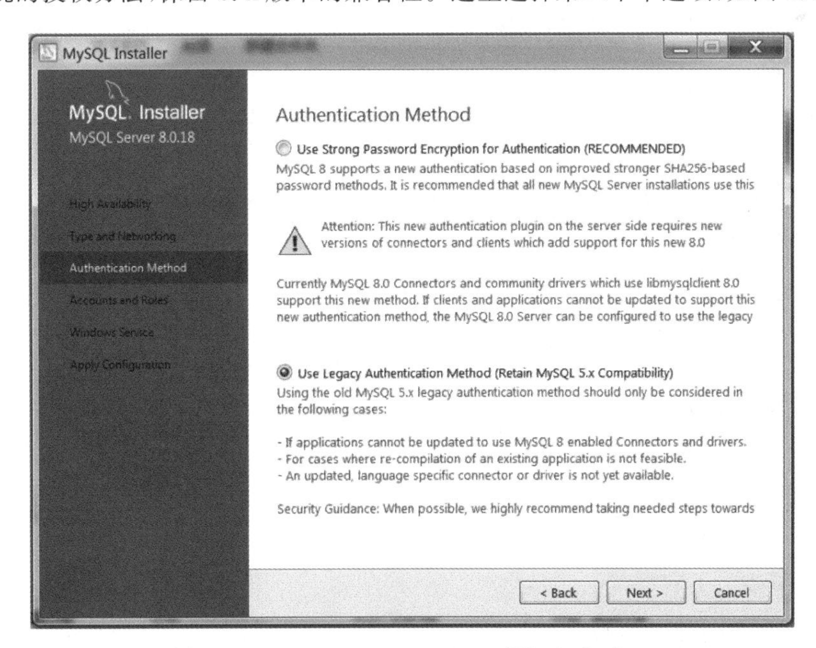

图 2.9　Authentication Method(授权方式)窗口

(5) 单击 Next 按钮,进入 Accounts and Roles(设置服务器密码)窗口,输入两次同样的密码,这里设置密码为 123456,如图 2.10 所示。

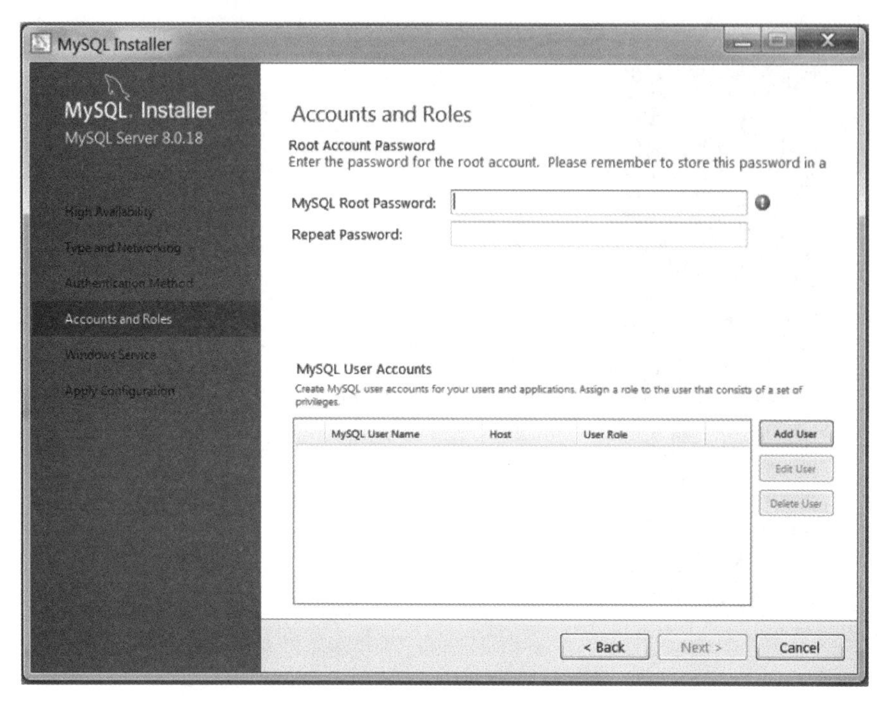

图 2.10 Accounts and Roles(设置服务器密码)窗口

(6) 单击 Next 按钮,进入 Windows Service(设置服务器名称)窗口,本书设置服务器名称为 MySQL,如图 2.11 所示。

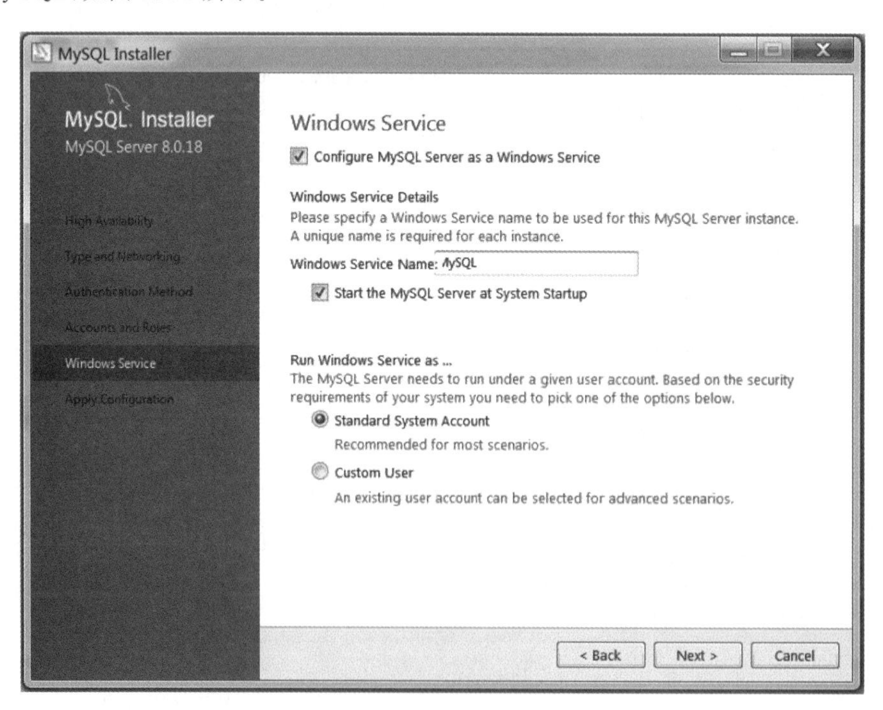

图 2.11 Windows Service(设置服务器名称)窗口

（7）单击 Next 按钮，进入 Apply Configuration（确认设置服务器）窗口，如图 2.12 所示。

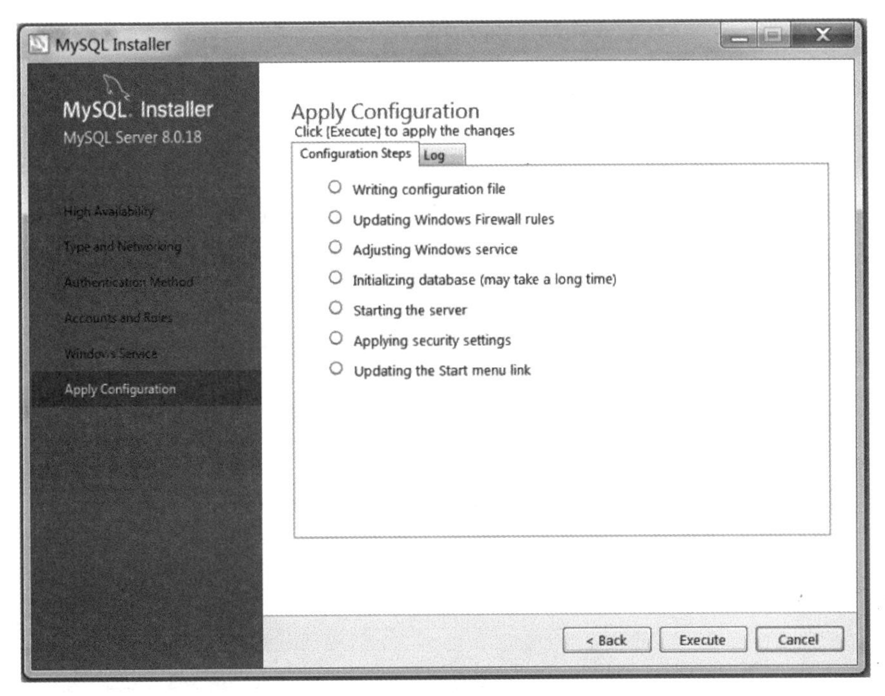

图 2.12　“确认设置服务器”窗口

（8）单击 Execute（执行）按钮，系统自动配置 MySQL 服务器，配置完成后，单击 Finish（完成）按钮，完成服务器配置，如图 2.13 所示。

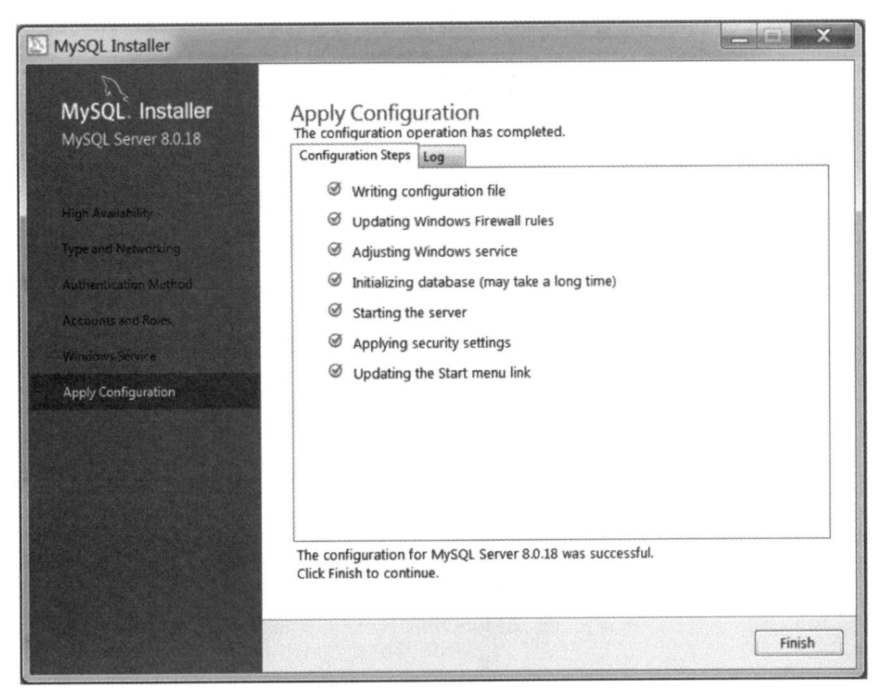

图 2.13　“完成服务器设置”窗口

2.3 MySQL 服务器的启动和关闭

MySQL 安装配置完成后，需要启动服务器进程，客户端才能通过命令行工具登录数据库。下面介绍 MySQL 服务器的启动和关闭。

启动和关闭 MySQL 服务操作步骤如下。

(1) 单击“开始”菜单，在“搜索程序和文件”框中输入“services. msc”命令，按 Enter 键，出现“服务”窗口，如图 2.14 所示。可以看出，MySQL 服务已启动，服务的启动类型为自动类型。

图 2.14 “服务”窗口

(2) 在图 2.14 中，可以更改 MySQL 服务的启动类型，选中服务名称为 MySQL 的项目，鼠标右击，在弹出的快捷菜单中选择“属性”命令，弹出如图 2.15 所示的对话框，在“启动类型”下拉列表框中可以选择“自动”“手动”和“禁用”等选项。

图 2.15 “MySQL 的属性”对话框

(3) 在图 2.15 中，在“服务状态”栏，可以更改服务状态为“停止”“暂停” 和“恢复”。这里，单击“停止”按钮，即可关闭服务器。

2.4　登录 MySQL 服务器

在 Windows 操作系统下，有 MySQL 命令行客户端和 Windows 命令行两种方式登录服务器，下面分别进行介绍。

2.4.1　MySQL 命令行客户端

在安装 MySQL 的过程中，MySQL 命令行客户端被自动配置到计算机上，以 C/S 模式连接和管理 MySQL 服务器。

选择“开始”→“所有程序”→MySQL→MySQL Server 8.0→MySQL Server 8.0 Command Line Client 命令，进入密码输入窗口，输入管理员口令，即安装 MySQL 时自己设置的密码，这里是 123456，出现命令行提示符“mysql >”，表示已经成功登录 MySQL 服务器，如图 2.16 所示。

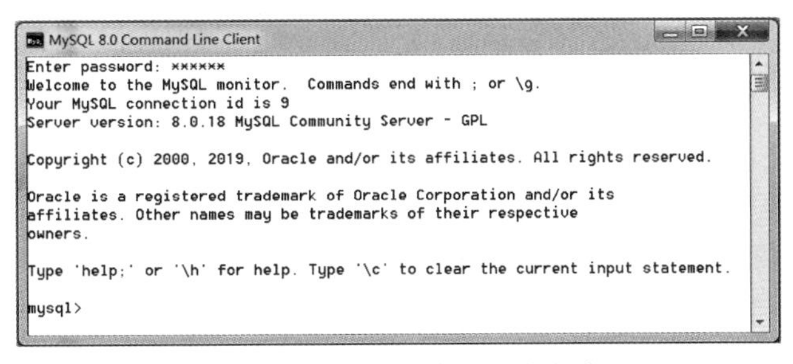

图 2.16　MySQL 命令行客户端

2.4.2　Windows 命令行

以 Windows 命令行登录服务器步骤如下。

(1) 单击“开始”菜单，在“搜索程序和文件”框中输入 cmd 命令，按 Enter 键，进入 DOS 窗口。

(2) 输入 cd C:\Program Files\MySQL\MySQL Server 8.0\bin 命令，按 Enter 键，进入安装 MySQL 的 bin 目录。

输入 C:\Program Files\MySQL\MySQL Server 8.0\bin > mysql -u root-p 命令，按 Enter 键，出现输入密码“Enter password: ******”，密码是 123456，出现命令行提示符“mysql >”，表示已经成功登录 MySQL 服务器，如图 2.17 所示。

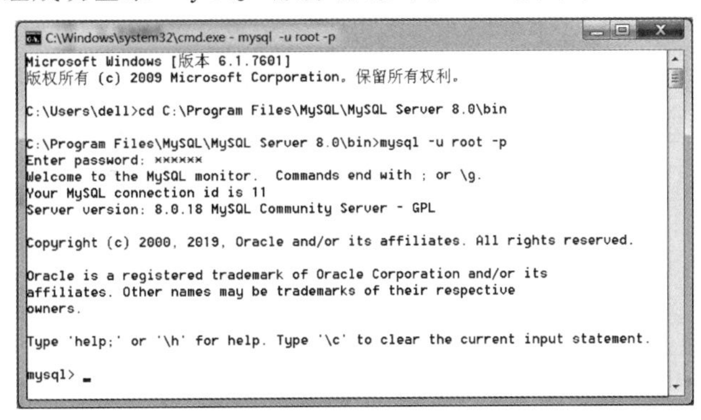

图 2.17　Windows 命令行

2.5 MySQL 图形化管理工具

MySQL 图形化管理工具采用 C/S 架构，用户通过安装在桌面计算机上的客户端软件连接并操作后台的 MySQL 数据库，客户端是图形化用户界面(GUI)。

除了 MySQL 官方提供的管理工具 MySQL Administrator 和 MySQL Workbench，还有很多第三方开发的优秀工具，列举如下：Navicat、Sequel Pro、HeidiSQL、SQL Maestro MySQL Tools Family、SQLWave、dbForge Studio、DBTools Manager、MyDB Studio、Aqua Data Studio、SQLyog、MySQL Front 和 SQL Buddy 等。

2.6 小　　结

本章主要介绍了以下内容。

(1) MySQL 8.0 在 InnoDB 存储引擎增强、账户与安全、公用表表达式、窗口函数、查询优化、JSON 增强、字符集支持等方面具有新特性。

(2) MySQL 8.0 的安装和配置步骤。

(3) 启动和关闭 MySQL 服务器的操作步骤。

(4) 使用 MySQL 命令行客户端和 Windows 命令行两种方式登录服务器。

习　题　2

一、选择题

2.1 MySQL 是(　　)。

A. 数据库系统　　B. 数据库

C. 数据库管理员　　D. 数据库管理系统

2.2 MySQL 组织数据采用(　　)。

A. 数据模型　　B. 关系模型　　C. 网状模型　　D. 层次模型

2.3 下面的数据库产品，(　　)是开源数据库。

A. MySQL　　B. Oracle　　C. SQL Server　　D. DB2

2.4 UNIX 和 Linux 操作系统平台不能使用(　　)作为数据库。

A. DB2　　B. SQL Server　　C. Oracle　　D. MySQL

二、填空题

2.5 登录服务器可以使用________方式和 Windows 命令行两种方式。

2.6 在 MySQL 服务的"启动类型"下拉列表框中可以选择"自动""________"和"禁用"等选项。

三、问答题

2.7 简述 MySQL 的特点。MySQL 8.0 具有哪些新特征？

2.8 简述 MySQL 安装和配置步骤。

2.9 为什么需要配置服务器？主要配置哪些内容？

2.10　简述启动和关闭 MySQL 服务器的操作步骤。

2.11　如何判断 MySQL 服务器已经运行?

2.12　简述使用 MySQL 命令行客户端登录服务器的步骤。

2.13　简述使用 Windows 命令行登录服务器的步骤。

2.14　为什么使用 Windows 命令行登录服务器需要进入 MySQL 安装目录?

2.15　运行 MySQL 使系统提示符变成“mysql >”,与 MySQL 服务器有何关系?

第3章

MySQL 数据库

本章要点

(1) MySQL 数据库简介。

(2) 数据定义。

(3) 存储引擎。

数据库是一个存储数据对象的容器,数据对象包含表、视图、索引、存储过程、触发器等,我们必须首先创建数据库,然后才能创建存放于数据库中的数据对象。本章介绍 MySQL 数据库概述,MySQL 数据库的创建、选择、修改和删除,存储引擎等内容。

本书很多例题都是基于学生信息数据库 stusys,stusys 是本书的重要数据库,参见附录 B 学生信息数据库 stusys 的表结构和样本数据。

3.1 MySQL 数据库简介

安装 MySQL 数据库时,生成了系统使用的数据库,包括 mysql、information_schema、performance_schema 和 sys 等,MySQL 把有关数据库管理系统自身的管理信息都保存在这几个数据库中,如果删除了它们,MySQL 将不能正常工作,操作时要十分小心。

可以使用 SHOW DATABASES 命令查看已有的数据库。

【例 3.1】 查看 MySQL 服务器中的已有数据库。

在 MySQL 命令行客户端输入如下语句:

```
mysql > SHOW DATABASES;
```

执行结果:

```
+----------------+
|Database        |
+----------------+
|information_schema |
|mysql           |
|performance_schema |
|sys             |
+----------------+
4 rows in set (0.00 sec)
```

这几个系统使用的数据库如果被删除了,MySQL 将无法正常工作,操作时务必注意,其作用分别介绍如下。

(1) information_schem:保存关于 MySQL 服务器所维护的所有其他数据库的信息。如数据库名、数据库的表、表栏的数据类型与访问权限等。

（2）mysql：描述用户访问权限。

（3）performance_schema：主要用于收集数据库服务器性能参数。

（4）sys：该数据库里面包含了一系列的存储过程、自定义函数以及视图，存储了许多系统的元数据信息。

3.2 定义数据库

数据定义语言用于定义数据库和定义表、视图等，定义数据库包括创建数据库、选择数据库、修改数据库和删除数据库等操作，下面分别介绍。

3.2.1 创建数据库

在使用数据库以前，首先需要创建数据库。在学生成绩管理系统中，以创建名称为stusys的学生信息数据库为例，说明创建数据库使用的SQL语句。

创建数据库使用CREATE DATABASE语句。

语法格式：

```
CREATE {DATABASE | SCHEMA} [IF NOT EXISTS]db_name
[[DEFAULT] CHARACTER SET charset_name]
[[DEFAULT] COLLATE collation_name];
```

说明：

（1）语句中"[ ]"为可选语法项，"{ }"为必选语法项，"|"分隔括号或大括号中的语法项，只能选择其中一项。

（2）db_name：数据库名称。

（3）IF NOT EXISTS：在创建数据库前进行判断，只有该数据库目前尚不存在时才执行CREATE DATABASE操作。

（4）CHARACTER SET：指定数据库字符集。

（5）COLLATE：指定字符集的校对规则。

（6）DEFAULT：指定默认值。

【例3.2】 创建名称为stusys的学生信息数据库，该数据库是本书的重要数据库。

在MySQL命令行客户端输入如下SQL语句：

```
mysql> CREATE DATABASE stusys;
```

执行结果：

```
Query OK, 1 row affected (0.06 sec)
```

查看已有数据库的语句如下：

```
mysql> SHOW DATABASES;
```

显示结果：

```
+----------------+
|Database        |
+----------------+
|information_schema |
|mysq            |
|performance_schema |
|stusys          |
|sys             |
+----------------+
5 rows in set (0.36 sec)
```

可以看出，数据库列表中包含了刚创建的数据库 stusys。

3.2.2 选择数据库

用 CREATE DATABASE 语句创建了数据库之后，该数据库不会自动成为当前数据库，需要用 USE 语句指定其为当前数据库。

语法格式：

```
USE db_name;
```

【例 3.3】 选择 stusys 为当前数据库。

```
mysql > USE stusys;
```

执行结果：

```
Database changed
```

3.2.3 修改数据库

数据库创建后，如果需要修改数据库的参数，可以使用 ALTER DATABASE 语句。

语法格式：

```
ALTER{DATABASE | SCHEMA} [db_name]
[DEFAULT] CHARACTER SET charset_name
[DEFAULT] COLLATE collation_name;
```

说明：

(1) 数据库名称可以省略，表示修改当前(默认)数据库。

(2) 选项 CHARACTER SET 和 COLLATE 与创建数据库语句相同。

【例 3.4】 修改数据库 stusys 的默认字符集和校对规则。

```
mysql> ALTER DATABASE stusys
     -< DEFAULT CHARACTER SET gb2312
     -< DEFAULT COLLATE gb2312_chinese_ci;
```

执行结果：

```
Query OK, 1 row affected (0.31 sec)
```

3.2.4 删除数据库

删除数据库使用 DROP DATABASE 语句。

语法格式：

```
DROP{DATABASE | SCHEMA} [IF EXISTS] db_name
```

说明：

(1) db_name：指定要删除的数据库名称。

(2) DROP DATABASE 或 DROP SCHEMA：该命令会删除指定的整个数据库，数据库中所有的表和所有数据也将被永久删除，并不给出任何提示需要确认的信息。因此，删除数据库要特别小心。

(3) IF EXISTS：使用该子句，可避免删除不存在的数据库时出现 MySQL 错误信息。

【例 3.5】 删除数据库 stusys。

```
mysql > DROP DATABASE stusys;
```

执行结果：

```
Query OK, 0 rows affected (0.23 sec)
```

查看现有数据库：

```
mysql > SHOW DATABASES;
```

显示结果：

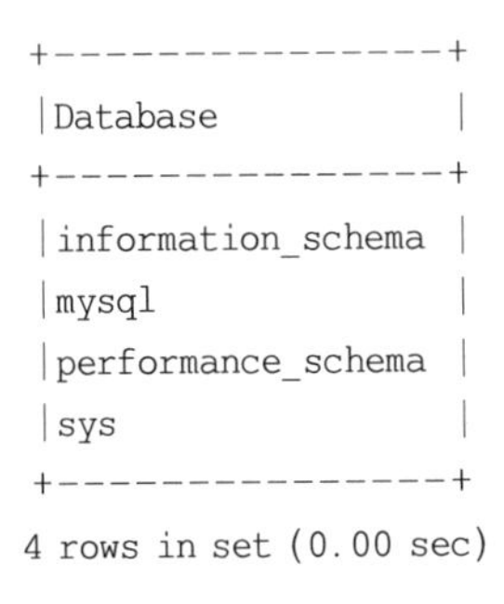

```
+-----------------+
|Database         |
+-----------------+
|information_schema |
|mysql            |
|performance_schema |
|sys              |
+-----------------+
4 rows in set (0.00 sec)
```

可以看到，由于数据库 stusys 被删除，数据库列表中已没有名称为 stusys 的数据库了。

3.3 存储引擎

存储引擎决定了表在计算机中的存储方式。存储引擎就是如何存储数据、如何为存储的数据建立索引和如何更新、查询数据等技术的实现方法。因为在关系数据库中数据的存储是以表的形式存储的，所以存储引擎简而言之就是指表的类型。

3.3.1 存储引擎概述

在 Oracle 和 SQL Server 等数据库管理系统中只有一种存储引擎，所有数据存储管理机制都是一样的。而 MySQL 提供了多种存储引擎,用户可以根据不同的需求为表选择不同的存储引擎,也可以根据自己的需要编写自己的存储引擎,MySQL 的核心就是存储引擎。

我们可以通过 SHOW ENGINES 命令查看存储引擎。

【例 3.6】 查看存储引擎。

```
mysql > SHOW ENGINES;
```

显示结果:

```
+-------------+----+-------------------------+--------+----+--------+
|Engine       |Support |Comment                   |Transactions |XA  |Savepoints|
+-------------+----+-------------------------+--------+----+--------+
|MEMORY       |YES     |Hash based, stored in memory,
                        useful for temporary tables |NO      |NO  |NO      |
|MRG_MYISAM   |YES     |Collection of identical MyISAM
                        tables                    |NO      |NO  |NO      |
|CSV          |YES     |CSV storage engine         |NO      |NO  |NO      |
|FEDERATED    |NO      |Federated MySQL storage engine|NULL |NULL|NULL    |
|PERFORMANCE_SCHEMA|YES|Performance Schema         |NO      |NO  |NO      |
|MyISAM       |YES     |MyISAM storage engine      |NO      |NO  |NO      |
|InnoDB       |DEFAULT |Supports transactions, row-level
                        locking, and foreign keys |YES     |YES |YES     |
|BLACKHOLE    |YES     |/dev/null storage engine (anyt
                        hing you write to it disappears)|NO |NO  |NO      |
|ARCHIVE      |YES     |Archive storage engine     |NO      |NO  |NO      |
+-------------+-------+-----------------------+--------+----+-------+
9 rows in set (0.28 sec)
```

由显示结果可看出,MySQL 8.0 支持的存储引擎有:MEMORY、MRG_MYISAM、CSV、FEDERATED、PERFORMANCE_SCHEMA、MyISAM、InnoDB、BLACKHOLE、ARCHIVE 等九种,默认的存储引擎是 InnoDB。

3.3.2 常用存储引擎

下面介绍几种常用的存储引擎。

1. 存储引擎 InnoDB

InnoDB 是 MySQL 8.0 的默认存储引擎,它给 MySQL 表提供了事务、回滚、崩溃恢复能力和并发控制的事务安全。

MySQL 5.6 以后,除系统数据库外,默认存储引擎由 MyISAM 改为 InnoDB,而 MySQL 8.0 在原先的基础上进一步将系统数据库存储引擎也改为 InnoDB。

InnoDB 支持外键约束、支持自动增长列 AUTO_INCREMENT。

InnoDB 存储引擎的优势是提供了良好的事务管理,缺点是读写效率稍差,占用数据空间较大。

2. 存储引擎 MyISAM

MyISAM 存储引擎是 MySQL 中常见的存储引擎,曾经是 MySQL 的默认存储引擎。

MyISAM存储引擎的表存储成三个文件。文件的名字与表名相同。扩展名包括frm、myd和myi。其中,以frm为扩展名的文件,存储表的结构;以myd为扩展名的文件,存储数据;以myi为扩展名的文件,存储索引。

MyISAM存储引擎的优势是占用空间小,处理速度快;缺点是不支持事务的完整性和并发性。

3. 存储引擎MEMORY

MEMORY存储引擎是MySQL中的一类特殊的存储引擎。它使用存储在内存中的内容来创建表,而且所有数据也放在内存中。这些特性都与InnoDB存储引擎、MyISAM存储引擎不同。

每个基于MEMORY存储引擎的表实际对应一个磁盘文件,该文件的文件名与表名相同,类型为frm类型。该文件中存储表的结构,而且数据文件是存储在内存中。这样有利于对数据的快速地处理,提高整个表的处理效率。

MEMORY表由于其存在于内存的特性,其处理速度很快,但其数据易丢失,生命周期短。

3.3.3 选择存储引擎

在实际工作中,选择一个合适的存储引擎是一个很复杂的问题。每种存储引擎都有各自的优势,可以根据各种存储引擎的特点进行对比,给出不同情况下选择存储引擎的建议。

下面,对存储引擎InnoDB、MyISAM和MEMORY的事务安全、存储显示、空间使用、内存使用、对外键的支持、插入数据速度、批量插入速度、锁机制、数据可压缩等进行比较,如表3.1所示。

表3.1 存储引擎比较

特　　性	InnoDB	MyISAM	MEMORY
事务安全	支持	无	无
存储显示	64TB	有	有
空间使用	高	低	低
内存使用	高	低	高
对外键的支持	支持	无	无
插入数据速度	低	高	高
批量插入速度	低	高	高
锁机制	行锁	表锁	表锁
数据可压缩	无	支持	无

依据表3.1对存储引擎InnoDB、MyISAM和MEMORY特性的对比,选择时建议如下。

1. InnoDB存储引擎

InnoDB存储引擎支持事务处理,支持外键,支持崩溃恢复能力和并发控制,如果对事务完整性和并发控制要求比较高,选择InnoDB存储引擎具有优势。对于需要频繁进行更新、删除操作的数据库,也可选择InnoDB存储引擎。

2. MyISAM 存储引擎

MyISAM 存储引擎处理数据快,空间和内存使用低。如果表主要是用于插入记录和读出记录,选择 MyISAM 存储引擎处理效率高。对于应用的完整性、并发性要求低,也可选择 MyISAM 存储引擎。

3. MEMORY 存储引擎

MEMORY 存储引擎的数据都在内存中,数据处理速度快,但安全性不高。如果要求很快的读写速度,对数据安全性要求低,可以选择 MEMORY 存储引擎。由于 MEMORY 存储引擎对表的大小有要求,不能建较大的表,所以使用于较小的数据库表中。

MySQL 中提到的存储引擎的概念,它是 MySQL 的一个特性,可简单理解为后面要介绍的表类型。每一个表都有一个存储引擎,可在创建时指定,也可以使用 ALTER TABLE 语句修改,通过 ENGINE 关键字设置。

3.4 小　　结

本章主要介绍了以下内容。

(1) 数据库是一个存储数据对象的容器,数据对象包含表、视图、索引、存储过程、触发器等。

安装 MySQL 数据库时,生成了系统使用的数据库,包括 mysql、information_schema、performance_schema 和 sys 等。

可以使用 SHOW DATABASES 命令查看已有的数据库。

(2) 在定义数据库中的语句使用如下。

创建数据库使用 CREATE DATABASE 语句。

选择数据库使用 USE 语句。

修改数据库使用 ALTER DATABASE 语句。

删除数据库使用 DROP DATABASE 语句。

(3) 存储引擎决定了表在计算机中的存储方式。存储引擎就是如何存储数据、如何为存储的数据建立索引和如何更新、查询数据等技术的实现方法。因为在关系数据库中数据的存储是以表的形式存储的,所以存储引擎简而言之就是指表的类型。

在 Oracle 和 SQL Server 等数据库管理系统中只有一种存储引擎,所有数据存储管理机制都是一样的。而 MySQL 提供了多种存储引擎,用户可以根据不同的需求为表选择不同的存储引擎,也可以根据自己的需要编写自己的存储引擎,MySQL 的核心就是存储引擎。

可以通过 SHOW ENGINES 命令查看存储引擎。

(4) MySQL 常用的存储引擎有 InnoDB、MyISAM 和 MEMORY。

① InnoDB 存储引擎。InnoDB 是 MySQL 8.0 的默认存储引擎,InnoDB 存储引擎支持事务处理,支持外键,支持崩溃恢复能力和并发控制,如果对事务完整性和并发控制要求比较高,选择 InnoDB 存储引擎具有优势。对于需要频繁进行更新、删除操作的数据库,也可选择 InnoDB 存储引擎。

② MyISAM 存储引擎。MyISAM 存储引擎处理数据快,空间和内存使用低。如果表

主要是用于插入记录和读出记录，选择 MyISAM 存储引擎处理效率高。对于应用的完整性、并发性要求低，也可选择 MyISAM 存储引擎。

③ MEMORY 存储引擎。MEMORY 存储引擎的数据都在内存中，数据处理速度快，但安全性不高。如果要求很快的读写速度，对数据安全性要求低，可以选择 MEMORY 存储引擎。由于 MEMORY 存储引擎对表的大小有要求，不能建较大的表，所以使用于较小的数据库表中。

习　题　3

一、选择题

3.1 MySQL 自带的数据库中，存储系统权限的是(　　)。

A. sys　　B. information_schema

C. mysql　　D. performance_schema

3.2 创建了数据库之后，需要用(　　)语句指定当前数据库。

A. USES　　B. USE

C. USED　　D. USING

3.3 (　　)语句用于修改数据库。

A. ALTER DATABASE　　B. DROP DATABASE

C. CREATE DATABASE　　D. USE

3.4 在创建数据库时，确保数据库不存在时才执行创建的子句是(　　)。

A. IF EXIST　　B. IF NOT EXIST

C. IF EXISTS　　D. IF NOT EXISTS

3.5 (　　)存储引擎支持事务处理，支持外键和并发控制。

A. MEMORY　　B. InnoDB

C. MyISAM　　D. MySQL

二、填空题

3.6 系统使用的数据库，包括________、information_schema、performance_schema 和 sys 等。

3.7 定义数据库使用的语句有：CREATE DATABASE、USE、________、DROP DATABASE。

3.8 存储引擎决定了表在计算机中的________。

3.9 InnoDB 是 MySQL 8.0 的________存储引擎。

3.10 MySQL 提供了________存储引擎，用户可以根据不同的需求为表选择不同的存储引擎。

3.11 InnoDB 存储引擎支持________，支持外键，支持崩溃恢复能力和并发控制。

3.12 MyISAM 存储引擎的优势是占用空间小，处理速度快；缺点是不支持事务的________和并发性。

3.13 MEMORY 存储引擎的数据都在________中，数据处理速度快，但安全性不高。

三、问答题

3.14 为什么需要系统数据库？用户可否删除系统数据库？

3.15 在定义数据库中，包括哪些语句？

3.16 什么是存储引擎？MySQL 的存储引擎与 Oracle、SQL Server 的存储引擎有何不同？

3.17 简述存储引擎 InnoDB、MyISAM 和 MEMORY 的特点。

3.18 试对比分析常用的存储引擎 InnoDB、MyISAM 和 MEMORY。

第4章

MySQL表

本章要点

(1) 表的基本概念。

(2) 数据类型。

(3) 定义表。

在关系数据库中,关系就是表,表是数据库中最重要的数据库对象,用来存储数据库中的数据。本章介绍表的基本概念、数据类型、创建表、查看表、修改表、删除表等内容。

学生信息数据库 stusys 中的表——学生表 student、课程表 course、成绩表 score、教师表 teacher、讲课表 lecture,在很多例题中用到,参见附录 B 学生信息数据库 stusys 的表结构和样本数据。

4.1 表的基本概念

在创建数据库的过程中,最重要的一步就是创建表,下面介绍表和表结构、表结构设计。

4.1.1 表和表结构

在工作和生活中,表是经常使用的一种表示数据及其关系的形式。在基本数据库 stusys 中,学生表(student)如表 4.1 所示。

表 4.1 学生表(student)

学号	姓名	性别	出生日期	专业	总学分
191001	刘清泉	男	1998-06-21	计算机	52
191002	张慧玲	女	1999-11-07	计算机	50
191003	冯涛	男	1999-08-12	计算机	52
196001	董明霞	女	1999-05-02	通信	48
196002	李茜	女	1998-07-25	通信	52
196004	周俊文	男	1998-03-08	通信	50

表包含以下基本概念。

1. 表

表是数据库中存储数据的数据库对象,每个数据库包含了若干个表,表由行和列组成。例如,表 4.1 由 6 行 6 列组成。

2. 表结构

每个表具有一定的结构,表结构包含一组固定的列,列由数据类型、长度、允许 Null 值、键、默认值等组成。

3. 记录

每个表包含若干行数据，表中一行称为一个记录(Record)。表 4.1 有六个记录。

4. 字段

表中每列称为字段(Field)，每个记录由若干个数据项(列)构成，构成记录的每个数据项就称为字段。表 4.1 有六个字段。

5. 空值

空值(Null)通常表示未知、不可用或将在以后添加的数据。

6. 关键字

关键字用于唯一标识记录，如果表中记录的某一字段或字段组合能唯一标识记录，则该字段或字段组合称为候选键。如果一个表有多个候选键，则选定其中的一个为主键(Primary Key)。表 4.1 的主键为"学号"。

7. 默认值

默认值指在插入数据时，当没有明确给出某列的值，系统为此列指定一个值。在 MySQL 中，默认值即关键字 DEFAULT。

4.1.2 表结构设计

在数据库设计过程中，最重要的是表结构设计，好的表结构设计，对应着较高的效率和安全性，而差的表结构设计，对应着差的效率和安全性。

创建表的核心是定义表结构及设置表和列的属性，创建表之前，首先要确定表名和表的属性，表所包含的列名、列的数据类型、长度、是否为空、键、默认值等，这些属性构成表结构。

在基本数据库 stusys 中的学生表 student、课程表 course、成绩表 score、教师表 teacher、讲课表 lecture 的表结构，参见附录 B 学生信息数据库 stusys 的表结构和样本数据。其中，学生表 student 的表结构介绍如下。

学生表 student 包含 sno，sname，ssex，sbirthday，speciality，tc 等列。

(1) sno 列是学生的学号，例如，191001 中 19 表示 2019 年入学，01 表示学生的序号。sno 列的数据类型选字符型 char[(n)]，n 的值为 6，不允许空，无默认值。在 student 表中，只有 sno 列能唯一标识一个学生，所以将 sno 列设为主键。

(2) sname 列是学生的姓名，姓名一般不超过 4 个中文字符，所以选字符型 char[(n)]，n 的值为 8，不允许空，无默认值。

(3) ssex 列是学生的性别，选字符型 char[(n)]，n 的值为 2，不允许空，默认值为"男"。

(4) sbirthday 列是学生的出生日期，选 date 数据类型，不允许空，无默认值。

(5) speciality 列是学生的专业，选字符型 char[(n)]，n 的值为 12，允许空，无默认值。

(6) tc 列是学生的总学分，选 tinyint 数据类型，允许空，无默认值。

student 的表结构设计如表 4.2 所示。

表 4.2 student 的表结构

列名	数据类型	允许 NULL 值	键	默认值	说明
sno	char(6)	×	主键	无	学号
sname	char(8)	×		无	姓名

续表

列名	数据类型	允许 NULL 值	键	默认值	说明
ssex	char(2)	×		男	性别
sbirthday	date	×		无	出生日期
speciality	char(12)	√		无	专业
tc	tinyint	√		无	总学分

4.2 数据类型

数据类型是指系统中所允许的数据的类型，它可以决定数据的存储格式、有效范围和相应的值范围限制。

MySQL 的数据类型包括数值类型、字符串类型、日期和时间类型、二进制数据类型、其他类型等。下面分别介绍 MySQL 的数据类型。

4.2.1 数值类型

数值类型包括整数类型、定点数类型、浮点数类型，分别介绍如下。

1. 整数类型

整数类型包括 tinyint、smallint、mediumint、int、bigint 等类型，integer 是 int 的同义词，其字节数和取值范围如表 4.3 所示。

表 4.3 数值型

数据类型	字节数	无符号数取值范围	有符号数取值范围
tinyint	1	0～255	－128～127
smallint	2	0～65 535	－32 768～32 767
mediumint	3	0～16 777 215	－8 388 608～8 388 607
int 或 integer	4	0～4 294 967 295	－2 147 483 648～2 147 483 647
bigint	8	$0 \sim 1.84\times10^{19}$	$\pm9.22\times10^{18}$

2. 定点数类型

定点数类型用于存储定点数，保存的必须为确切精度的值。

在 MySQL 中，decimal(m,d) 和 numeric(m, d)视为相同的定点数类型，m 是小数总位数，d 是小数点后面的位数。

m 的取值范围为 1～65，取 0 时会被设为默认值，超出范围会报错。d 的取值范围为 0～30，而且必须 d≤m，超出范围会报错。m 的默认取值为 10，d 默认取值为 0。dec 是 decimal 的同义词。

3. 浮点数类型

浮点数类型包括单精度浮点数 float 类型和双精度浮点数 double 类型。

MySQL 中的浮点数类型有 float(m,d)，double(m,d)，m 是小数位数的总数，d 是小数点后面的位数。

1) float

占 4 字节,其中,1 位为符号位,8 位表示指数,23 位为尾数。

在 float(m,d)中,m≤6 时,数字通常是准确的,即 float 只保证 6 位有效数字的准确性。

2) double

占 8 字节,其中,1 位为符号位,11 位表示指数,52 位为尾数。

在 double(m,d)中,m≤16 时,数字通常是准确的,即 double 只保证 16 位有效数字的准确性。

说明:

数值类型的选择应遵循如下原则。

(1) 选择最小的可用类型,如果该字段的值不超过 127,则使用 tinyint 比 int 效果好。

(2) 对于完全都是数字的,即无小数点时,可以选择整数类型,比如,年龄。

(3) 浮点数类型用于可能具有小数部分的数,比如,学生成绩。

(4) 在需要表示金额等货币类型时优先选择 decimal 数据类型。

4.2.2 字符串类型

常用的字符串类型有 char(n)、varchar(n)、tinytext、text 等,如表 4.4 所示。

表 4.4 字符串类型

数据类型	取值范围	说明
char(n)	0～255 字节	固定长度字符串
varchar(n)	0～65 535 字节	可变长度字符串
tinytext	0～255 字节	可变长度短文本
text	0～65 535 字节	可变长度长文本

说明:

(1) char(n)和 varchar(n)中括号中 n 代表字符的个数,并不代表字节个数,所以当使用了中文的时候(UTF8)意味着可以插入 n 个中文,但是实际会占用 n×3 字节。

(2) char 和 varchar 最大的区别就在于 char 不管实际值是什么,都会占用 n 个字符的空间,而 varchar 只会占用实际字符应该占用的空间+1,并且实际空间+1≤n。

(3) 实际超过 char 和 varchar 的 n 设置后,字符串后面超过部分会被截断。

(4) char 的上限为 255 字节,varchar 的上限为 65 535 字节,text 的上限为 65 535。

(5) char 在存储的时候会截断尾部的空格,varchar 和 text 不会。

4.2.3 日期和时间类型

MySQL 主要支持五种日期和时间类型:date、time、datetime、timestamp、year,取值范围和格式如表 4.5 所示。

表 4.5 日期和时间类型

数据类型	取值范围	格式	说明
date	1000-01-01	YYYY-MM-DD	日期
time	−838:58:59～835:59:59	HH:MM:SS	时间

续表

数据类型	取值范围	格式	说明
datetime	1000-01-01 00：00：00～9999-12-31 23:59:59	YYYY-MM-DD HH:MM:SS	日期和时间
timestamp	1970-01-01 00:00:00～2037 年	YYYY-MM-DD HH:MM:SS	时间标签
year	1901～2155	YY 或 YY YY	年份

4.2.4 二进制数据类型

二进制数据类型包含 binary 和 blob 类。

1. binary

binary 和 varbinary 类型类似于 char 和 varchar 类型，但是不同的是，它们存储的不是字符型字符串，而是二进制串。所以它们没有字符集，并且排序和比较需要基于列字节的数值。

当保存 binary 值时，在它们右边填充 0x00 值以达到指定长度。取值时不删除尾部的字节。比较时注意空格和 0x00 是不同的(0x00＜空格)，插入 'a' 会变成 'a\0'。对于 varbinary，插入时不填充字符，选择时不裁剪字节。

2. blob

blob 是一个二进制大对象，可以容纳可变数量的数据，可以存储数据量很大的二进制数据，如图片、音频、视频等二进制数据。在大多数情况下，可以将 blob 列视为能够足够大的 varbinary 列。有四种 blob 类型：tinyblob、blob、mediumblob 和 longblob，它们的不同只是可容纳值的最大长度不同。

4.2.5 其他数据类型

1. 枚举类型

```
enum(成员 1, 成员 2, …)
```

enum 数据类型就是定义了一种枚举，最多包含 65 535 个不同的成员。当定义了一个 enum 的列时，该列的值限制为列定义中声明的值。如果列声明包含 NULL 属性，则 NULL 将被认为是一个有效值，并且是默认值。如果声明了 NOT NULL，则列表的第一个成员是默认值。

2. 集合类型

```
set(成员 1, 成员 2, …)
```

set 数据类型为指定一组预定义值中的零个或多个值提供了一种方法，这组值最多包括 64 个成员。值的选择限制为列定义中声明的值。

4.2.6 数据类型的选择

一般来讲，数据类型的选择遵循以下原则。

(1) 在符合应用要求(取值范围、精度)的前提下，尽量使用“短”数据类型。

(2) 数据类型越简单越好。

(3) 尽量采用精确小数类型(例如 decimal),而不采用浮点数类型。

(4) 在 MySQL 中,应该用内置的日期和时间数据类型,而不是用字符串来存储日期和时间。

(5) 尽量避免字段的属性为 NULL,建议将字段指定为 NOT NULL 约束。

4.3 定 义 表

定义表包括创建表、查看表、修改表、删除表等内容,下面分别介绍。

4.3.1 创建表

创建表包括创建新表和复制已有表。

1. 创建新表

在 MySQL 数据库中,创建新表使用 CREATE TABLE 语句。

语法格式:

```
CREATE[TEMPORARY] TABLE [IF NOT EXISTS] table_name
    [ ([ column_definition ], … [ index_definition ] ) ]
    [table_option] [SELECT_statement];
```

说明:

(1) TEMPORARY: 用 CREATE 命令创建临时表。

(2) IF NOT EXISTS: 只有该表目前尚不存在时才执行 CREATE TABLE 操作,以避免出现表已存在无法再新建的错误。

(3) column_definition: 列定义,包括列名、数据类型、宽度、是否允许空值、默认值、主键约束、唯一性约束、列注释、外键等,格式如下:

```
col_name type [NOT NULL | NULL] [DEFAULT default_value]
    [AUTO_INCREMENT] [UNIQUE [KEY] | [PRIMARY] KEY]
    [COMMENT 'string'] [reference_definition]
```

①col_name: 列名。

② type: 数据类型,有的数据类型需要指明长度 n,并使用括号括起来。

③ NOT NULL 或 NULL: 指定该列非空或允许空,如果不指定,则默认为空。

④ DEFAULT: 为列指定默认值,默认值必须为一个常数。

⑤ AUTO_INCREMENT: 设置自增属性,只有整数类型列才能设置此属性。

⑥ UNIQUE[KEY]: 设置该列为唯一性约束。

⑦ [PRIMARY]KEY: 设置该列为主键约束,一个表只能定义一个主键,主键必须是 NOT NULL。

⑧ COMMENT 'string': 注释字符串。

⑨ reference_definition: 设置该列为外键约束。

【例 4.1】 在学生信息数据库 stusys 中创建 student 表。

在 MySQL 命令行客户端输入如下 SQL 语句:

```
mysql > USE stusys;
Database changed
mysql > CREATE TABLE student
    ->   (
    ->       sno char(6) NOT NULL PRIMARY KEY,
    ->       sname char(8) NOT NULL,
    ->       ssex char(2) NOT NULL DEFAULT '男',
    ->       sbirthday date NOT NULL,
    ->       speciality char(12) NULL,
    ->       tc tinyint NULL
    ->   );
```

执行结果：

```
Query OK, 0 rows affected (0.26 sec)
```

提示：在 MySQL 中，整数类型显示宽度是不推荐的，并将在未来的版本中删除。

2. 复制已有表

使用直接复制数据库中已有表的结构和数据来创建一个表，更加方便和快捷。

语法格式：

```
CREATE [TEMPORARY] TABLE [IF NOT EXISTS] table_name
    [ ( ) LIKE old_table_name [ ] ]
    | [AS (SELECT_statement)];
```

说明：

(1) LIKE old_table_name：使用 LIKE 关键字创建一个与“源表名”相同结构的新表，但是表的内容不会复制。

(2) AS (SELECT_statement)：使用 AS 关键字可以复制表的内容，但索引和完整性约束不会复制。

【例 4.2】 在 stusys 数据库中，使用复制方式创建 student1 表，表结构取自 student 表。

```
mysql> USE stusys;
Database changed
mysql> CREATE TABLE student1 like student;
```

执行结果：

```
Query OK, 0 rows affected (0.23 sec)
```

4.3.2 查看表

查看表包括查看表的名称、查看表的基本结构、查看表的详细结构等，下面分别介绍。

1. 查看表的名称

可以使用 SHOW TABLES 语句查看表的名称。

语法格式：

```
SHOW TABLES [ { FROM | IN } db_name ];
```

其中,使用选项{ FROM | IN } db_name 可以显示非当前数据库中的表名。

【例 4.3】 查看数据库 stusys 中所有表名。

```
mysql > USE stusys;
Database changed
mysql > SHOW TABLES;
```

显示结果:

```
+--------------+
|Tables_in_stusys |
+--------------+
|student         |
|student1        |
+--------------+
2 rows in set (0.18 sec)
```

2. 查看表的基本结构

使用 SHOW COLUMNS 语句或 DESCRIBE/DESC 语句可以查看表的基本结构,包括列名、列的数据类型、长度、是否为空、是否为主键、是否有默认值等。

(1) 使用 SHOW COLUMNS 语句查看表的基本结构。

语法格式:

```
SHOW COLUMNS { FROM | IN } tb_name [ { FROM | IN } db_name ];
```

(2) 使用 DESCRIBE/DESC 语句查看表的基本结构。

语法格式:

```
{DESCRIBE | DESC } tb_name;
```

注意: MySQL 支持用 DESCRIBE 作为 SHOW COLUMNS 的一种快捷方式。

【例 4.4】 查看数据库 stusys 中 student 表的基本结构。

```
mysql > SHOW COLUMNS FROM student;
```

或

```
mysql > DESC student;
```

显示结果:

```
+---------+---------+-------+--------+-------+------------+
|Field     |Type       |Null    |Key     |Default |Extra        |
+---------+---------+-------+--------+-------+------------+
|sno       |char(6)    |NO      |PRI     |NULL    |             |
|sname     |char(8)    |NO      |        |NULL    |             |
|ssex      |char(2)    |NO      |        |男      |             |
|sbirthday |date       |NO      |        |NULL    |             |
|speciality|char(12)   |YES     |        |NULL    |             |
|tc        |tinyint(4) |YES     |        |NULL    |             |
```

```
+-----+---+---------+---------+-------+--------+-------+------------+
6 rows in set (0.10 sec)
```

3. 查看表的详细结构

可以使用 SHOW CREATE TABLE 语句查看表的详细结构。

语法格式：

```
SHOW CREATE TABLE tb_name;
```

【例 4.5】 查看数据库 stusys 中 student 表的详细结构。

```
mysql> SHOW CREATE TABLE student\G
```

显示结果：

```
******************** 1. row ********************
       Table: student
Create Table: CREATE TABLE 'student' (
  'sno' char(6) NOT NULL,
  'sname' char(8) NOT NULL,
  'ssex' char(2) NOT NULL DEFAULT '男',
  'sbirthday' date NOT NULL,
  'speciality' char(12) DEFAULT NULL,
  'tc' tinyint(4) DEFAULT NULL,
  PRIMARY KEY ('sno')
) ENGINE = InnoDB DEFAULT CHARSET = utf8mb4 COLLATE = utf8mb4_0900_ai_ci
1 row in set (0.00 sec)
```

4.3.3 修改表

修改表用于更改原有表的结构，可以添加列、修改列、删除列、重命名列或表等。

修改表使用 ALTER TABLE 语句。

语法格式：

```
ALTER [IGNORE] TABLE tbl_name
  alter_specification [, alter_specification]…

alter_specification:
ADD [COLUMN]column_definition [FIRST | AFTER col_name ]               /* 添加列 */
  | ALTER [COLUMN]col_name {SET DEFAULT literal | DROP DEFAULT}        /* 修改默认值 */
  | CHANGE [COLUMN]old_col_name column_definition [FIRST|AFTER col_name]  /* 对列重命名 */
  | MODIFY [COLUMN]column_definition [FIRST | AFTER col_name]          /* 修改列类型 */
  | DROP [COLUMN]col_name                                              /* 删除列 */
  | RENAME [TO]new_tbl_name                                            /* 重命名该表 */
  | ORDER BY col_name                                                  /* 排序 */
  | CONVERT TO CHARACTER SET charset_name [COLLATE collation_name]  /* 将字符集转换为二进制 */
  | [DEFAULT] CHARACTER SET charset_name [COLLATE collation_name]      /* 修改默认字符集 */
```

1. 添加列

在 ALTER TABLE 语句中，可使用 ADD [COLUMN]子句添加列，添加列的类型为：添加无完整性约束条件的列、添加有完整性约束条件的列、在表的第一个位置添加列、在表的指定位置之后添加列。

【例 4.6】 在数据库 stusys 的 student1 表中添加一列 sid，添加到表的第 1 列，不为空，取值唯一并自动增加。

```
mysql > ALTER TABLE stusys.student1
     -> ADD COLUMN sid int NOT NULL UNIQUE AUTO_INCREMENT FIRST;
```

执行结果：

```
Query OK, 0 rows affected (0.35 sec)
Records: 0  Duplicates: 0  Warnings: 0
```

使用 DESC 语句查看表 student1。

```
mysql > DESC stusys.student1;
```

显示结果：

```
+----------+----------+-------+--------+-------+------------+
|Field     |Type      |Null   |Key     |Default|Extra       |
+----------+----------+-------+--------+-------+------------+
|sid       |int(11)   |NO     |UNI     |NULL   |auto_increment |
|sno       |char(6)   |NO     |PRI     |NULL   |            |
|sname     |char(8)   |NO     |        |NULL   |            |
|ssex      |char(2)   |NO     |        |男     |            |
|sbirthday |date      |NO     |        |NULL   |            |
|speciality|char(12)  |YES    |        |NULL   |            |
|tc        |tinyint(4)|YES    |        |NULL   |            |
+----------+----------+-------+--------+-------+------------+
7 rows in set (0.01 sec)
```

2. 修改列

ALTER TABLE 语句有三个修改列的子句。

(1) ALTER [COLUMN] 子句：该子句用于修改或删除表中指定列的默认值。

(2) CHANGE [COLUMN] 子句：该子句可同时修改表中指定列的名称和数据类型。

(3) MODIFY [COLUMN] 子句：该子句只可修改表中指定列的名称，还可修改指定列在表中的位置。

【例 4.7】 将 stusys 数据库的 student1 表的列 sbirthday 修改为 sage，将数据类型改为 tinyint，可空，默认值为 18。

```
mysql > ALTER TABLE stusys.student1
     -> CHANGE COLUMN sbirthday sage tinyint DEFAULT 18;
```

执行结果：

```
Query OK, 0 rows affected (0.33 sec)
Records: 0  Duplicates: 0  Warnings: 0
```

使用 DESC 语句查看表 student1。

```
mysql > DESC stusys.student1;
```

显示结果：

```
+---------+---------+-------+---------+-------+------------+
|Field      |Type        |Null    |Key      |Default  |Extra          |
+---------+---------+-------+---------+-------+------------+
|sno        |char(6)     |NO      |PRI      |NULL     |               |
|sname      |char(8)     |NO      |         |NULL     |               |
|ssex       |char(2)     |NO      |         |男       |               |
|sage       |tinyint(4)  |YES     |         |18       |               |
|speciality |char(12)    |YES     |         |NULL     |               |
|tc         |tinyint(4)  |YES     |         |NULL     |               |
+---------+---------+-------+---------+-------+------------+
6 rows in set (0.07 sec)
```

3. 删除列

在 ALTER TABLE 语句中,可通过 DROP [COLUMN]子句完成删除列的功能。

【例 4.8】 删除数据库 stusys 的表 student1 中的列 sid。

```
mysql > ALTER TABLE stusys.student1
    -> DROP COLUMN sid;
```

执行结果：

```
Query OK, 0 rows affected (0.28 sec)
Records: 0  Duplicates: 0  Warnings: 0
```

4. 重命名表

可以使用 ALTER TABLE 语句中的 RENAME [TO]子句重命名表,也可使用 RENAME TABLE 语句重命名表。

1) RENAME [TO]子句

【例 4.9】 在 stusys 数据库中,将 student1 表重命名为 student2 表。

```
mysql > ALTER TABLE stusys.student1
    -> RENAME TO stusys.student2;
```

执行结果：

```
Query OK, 0 rows affected (0.10 sec)
```

2) RENAME TABLE 语句

RENAME TABLE 语句的语法格式如下：

```
RENAME TABLE old_table_name TO new_table_name [, old_table_name TO new_table_name ]…
```

【例 4.10】 在 stusys 数据库中,将 student2 表重命名为 student3 表。

```
mysql > RENAME TABLE stusys.student2 TO stusys.student3;
```

执行结果：

```
Query OK, 0 rows affected (0.23 sec)
```

4.3.4 删除表

当不需要表的时候，可将其删除。删除表时，表的结构定义、表中的所有数据以及表的索引约束等都被删除掉。

删除表使用 DROP TABLE 语句。

语法格式：

```
DROP [TEMPORARY] TABLE [IF NOT EXISTS] table_name [, table_name ]…
```

【例 4.11】 删除 stusys 数据库中的 student3 表。

```
mysql> DROP TABLE stusys.student3;
```

执行结果：

```
Query OK, 0 rows affected (0.14 sec)
```

4.4 小 结

本章主要介绍了以下内容。

(1) 表是数据库中存储数据的数据库对象，每个数据库包含了若干个表，表由行和列组成。每个表具有一定的结构，表结构包含一组固定的列，列由列名、列的数据类型、长度、是否为空、键、默认值等组成。

(2) MySQL 的数据类型包括数值类型、字符串类型、日期和时间类型、二进制数据类型、其他类型等。

(3) 创建表使用 CREATE TABLE 语句。

(4) 查看表的名称使用 SHOW TABLES 语句，查看表的基本结构使用 SHOW COLUMNS 语句或 DESCRIBE/DESC 语句，查看表的详细结构使用 SHOW CREATE TABLE 语句。

(5) 修改表使用 ALTER TABLE 语句。其中：添加列可用 ADD COLUMN 子句，修改列可用 ALTER COLUMN 子句、CHANGE COLUMN 子句和 MODIFY COLUMN 子句，删除列可用 DROP COLUMN 子句，重命名表可用 RENAME TO 子句或 RENAME TABLE 语句。

(6) 删除表使用 DROP TABLE 语句。

习 题 4

一、选择题

4.1 (　　)字段可以采用默认值。

A. 出生日期　　B. 姓名　　C. 专业　　D. 学号

4.2 性别字段不宜选择(　　)。

A. char　　B. tinyint　　C. int　　D. float

4.3 下面描述正确的是(　　)。

A. 一个数据库只能包含一个表
B. 一个数据库只能包含两个表
C. 一个数据库可以包含多个表
D. 一个表可以包含多个数据库

4.4 使当前创建的表为临时表,可以使用关键字(　　)。
A. TEMPTABLE
B. TEMPORARY
C. TRUNCATE
D. IGNORE

4.5 创建表时,不允许某列为空可以使用关键字(　　)。
A. NOT NULL
B. NOT BLANK
C. NO NULL
D. NO BLANK

4.6 修改表结构的语句是(　　)。
A. ALTER STRUCTURE
B. MODIFY STRUCTURE
C. ALTER TABLE
D. MODIFY TABLE

4.7 只修改列的数据类型的语句是(　　)。
A. ALTER TABLE…MODIFY COLUMN…
B. ALTER TABLE…ALTER COLUMN…
C. ALTER TABLE…UPDATE COLUMN…
D. ALTER TABLE…UPDATE…

4.8 删除列的语句是(　　)。
A. ALTER TABLE…DELETE COLUMN…
B. ALTER TABLE…DROP COLUMN…
C. ALTER TABLE… DELETE…
D. ALTER TABLE… DROP…

二、填空题

4.9 关键字用于唯一________记录。

4.10 空值通常表示________、不可用或将在以后添加的数据。

4.11 在MySQL中,默认值即关键字________。

4.12 整数类型包括________、smallint、mediumint、int、bigint等类型。

4.13 浮点数类型包括float类型和________类型。

4.14 常用的字符串类型有:char(n)、________、tinytext、text等。

4.15 日期和时间类型有:________、time、datetime、timestamp、year等。

三、问答题

4.16 什么是表?简述表的组成。

4.17 什么是表结构设计?简述表结构的组成。

4.18 什么是关键字?什么是主键?

4.19 简述MySQL常用的数据类型。

4.20 简述创建表、查看表、修改表、删除表使用的语句。

四、应用题

4.21 创建课程表(course)、成绩表(score)、教师表(teacher)、讲课表(lecture),其表结构参见附录B。

4.22 在student表中,插入一列id(身份证号,char(18)),然后删除该列。

第5章

表数据操作

本章要点

(1) 插入数据。

(2) 修改数据。

(3) 删除数据。

对表进行插入数据、修改数据和删除数据等操作，分别使用数据操纵语言 DML 中的插入语句 INSERT、修改语句 UPDATE 和删除语句 DELETE 来进行。本章介绍插入数据、修改数据、删除数据等内容。

学生信息数据库 stusys 中的学生表 student、课程表 course、成绩表 score、教师表 teacher、讲课表 lecture 的样本数据，参见附录 B 学生信息数据库 stusys 的表结构和样本数据。

5.1 插入数据

下面介绍 INSERT 语句、REPLACE 语句和插入查询结果语句。

5.1.1 为表的所有列插入数据

向数据库的表插入一行或多行数据，使用 INSERT 语句，其基本语法格式如下。

语法格式：

```
INSERT [LOW_PRIORITY | DELAYED | HIGH_PRIORITY] [IGNORE]
    [INTO]table_name [(col_name , … )]
    VALUES({EXPR| DEFAULT}, … ),( … ), …
    |
```

说明：

(1) table_name：需要插入数据的表名。

(2) col_name：列名，插入列值的方法有两种：

① 不指定列名：必须为每个列都插入数据，且值的顺序必须与表定义的列的顺序一一对应，且数据类型相同；

② 指定列名：只需要为指定列插入数据。

(3) VALUES 子句：包含各列需要插入的数据清单，数据的顺序要与列的顺序相对应。

下面举例说明给表的所有列插入数据时，列名可以省略。设 student 表、student1 表和 student2 表已创建，其表结构参见附录 B。

【例 5.1】 向 student1 表插入一条记录('196001','董明霞','女','1999-05-02','通信',48)。

在 MySQL 命令行客户端输入如下 SQL 语句：

```
mysql> INSERT INTO student1
    -> VALUES ('196001','董明霞','女','1999-05-02','通信',48);
```

执行结果：

```
Query OK, 1 row affected (0.06 sec)
```

使用 SELECT 语句查询插入的数据。

```
mysql> SELECT * FROM student1;
```

查询结果：

```
+--------+---------+--------+------------+-----------+---+
|sno     |sname    |ssex    |sbirthday   |speciality |tc |
+--------+---------+--------+------------+-----------+---+
|196001  |董明霞   |女      |1999 - 05 - 02 |通信      |48 |
+--------+---------+--------+------------+-----------+---+
1 row in set (0.00 sec)
```

可以看出插入全部列的数据成功，在插入语句中，已省略列名表，只有插入值表，且插入值的顺序和表定义的列的顺序相同。

如果插入值的顺序和表定义的列的顺序不同，在插入全部列时，则不能省略列名表，参见下例。

【例 5.2】 向 student1 表插入一条记录，学号为“196002”，姓名为“李茜”，专业为“通信”，总学分 52，性别为“女”，出生日期为“1998-07-25”。

```
mysql> INSERT INTO student1 (sno, sname, speciality, tc, ssex, sbirthday)
    ->     VALUES('196002','李茜','通信',52,'女','1998 - 07 - 25');
```

执行结果：

```
Query OK, 1 row affected (0.18 sec)
```

使用 SELECT 语句查询插入的数据：

```
mysql> SELECT * FROM student1;
```

查询结果：

```
+--------+---------+--------+------------+-----------+---+
|sno     |sname    |ssex    |sbirthday   |speciality |tc |
+--------+---------+--------+------------+-----------+---+
|196001  |董明霞   |女      |1999 - 05 - 02 |通信      |48 |
|196002  |李茜     |女      |1998 - 07 - 25 |通信      |58 |
+--------+---------+--------+------------+-----------+---+
2 rows in set (0.08 sec)
```

5.1.2　为表的指定列插入数据

为表的指定列插入数据，在插入语句中，只给出了部分列的值，其他列的值为表定义时的默认值，或允许该列取空值。

【例 5.3】 向 student1 表插入一条记录，学号为“196004”，姓名为“周俊文”，性别为“男”，取默认值，出生日期为“1998-03-10”，专业为空值，总学分为 50 分。

```
mysql> INSERT INTO student1 (sno, sname, sbirthday, tc)
    ->        VALUES('196004','周俊文', '1998-03-10', 50);
```

执行结果：

```
Query OK, 1 row affected (0.06 sec)
```

使用 SELECT 语句查询插入的数据：

```
mysql> SELECT * FROM student1;
```

查询结果：

```
+--------+---------+-------+------------+-----------+---+
|sno     |sname    |ssex   |sbirthday   |speciality |tc  |
+--------+---------+-------+------------+-----------+---+
|196001  |董明霞   |女     |1999-05-02  |通信       |48  |
|196002  |李茜     |女     |1998-07-25  |通信       |52  |
|196004  |周俊文   |男     |1998-03-10  |NULL       |50  |
+--------+---------+-------+------------+-----------+---+
3 rows in set (0.00 sec)
```

5.1.3 插入多条记录

插入多条记录时，在插入语句中，只需指定多个插入值列表，插入值列表之间用逗号隔开。

【例 5.4】 向 student 表插入样本数据，共 6 条记录，参见附录 B。

```
mysql> INSERT INTO student
    ->       VALUES('191001','刘清泉','男','1998-06-21','计算机',52),
    ->       ('191002','张慧玲','女','1999-11-07','计算机',50),
    ->       ('191003','冯涛','男','1999-08-12','计算机',52),
    ->       ('196001','董明霞','女','1999-05-02','通信',48),
    ->       ('196002','李茜','女','1998-07-25','通信',52),
    ->       ('196004','周俊文','男','1998-03-10','通信',50);
```

执行结果：

```
Query OK, 6 rows affected (0.03 sec)
Records: 6  Duplicates: 0  Warnings: 0
```

使用 SELECT 语句查询插入的数据：

```
mysql> SELECT * FROM student;
```

查询结果：

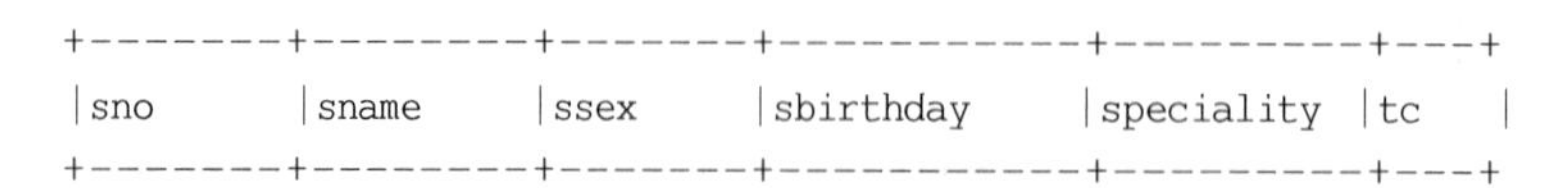

```
+--------+---------+-------+------------+-----------+---+
|sno     |sname    |ssex   |sbirthday   |speciality |tc  |
+--------+---------+-------+------------+-----------+---+
```

```
|196001   |刘清泉   |男     |1998-06-21 |计算机    |52  |
|196002   |张慧玲   |女     |1999-11-07 |计算机    |50  |
|191003   |冯涛     |男     |1999-08-12 |计算机    |52  |
|196001   |董明霞   |女     |1999-05-02 |通信      |48  |
|196002   |李茜     |女     |1998-07-25 |通信      |52  |
|196004   |周俊文   |男     |1998-03-10 |通信      |50  |
+--------+--------+-------+-----------+---------+---+
6 rows in set (0.00 sec)
```

5.1.4 REPLACE 语句

REPLACE 语句的语法格式与 INSERT 语句基本相同,当存在相同的记录时,REPLACE 语句可以在插入数据之前将与新记录冲突的旧记录删除,使新记录能够正常插入。

【例 5.5】 对 student1 表,重新插入记录('196002','李茜','女','1998-07-25','通信',52)。

```
mysql> REPLACE INTO student1 VALUES
    ->     ('196002','李茜','女','1998-07-25','通信',52);
```

执行结果:

```
Query OK, 1 row affected (0.04 sec)
```

5.1.5 插入查询结果语句

将已有表的记录快速插入当前表中,使用 INSERT INTO…SELECT…语句。其中,SELECT 语句返回一个查询结果集,INSERT 语句将这个结果集插入指定表中。

语法格式:

```
INSERT[INTO] table_name 1 (column_list1)
    SELECT(column_list2) FROM table_name e2 WHERE (condition)
```

其中,table_name 1 是待插入数据的表名,column_list1 是待插入数据的列名表;table_name 2 是数据来源表名,column_list2 是数据来源表的列名表;column_list2 列名表必须和 column_list1 列名表的列数相同,且数据类型匹配;condition 指定查询语句的查询条件。

【例 5.6】 向 student2 表插入 student 表的记录。

```
mysql> INSERT INTO student2
    ->     SELECT * FROM student;
```

执行结果:

```
Query OK, 6 rows affected (0.06 sec)
Records: 6  Duplicates: 0  Warnings: 0
```

5.2 修改数据

修改表中的一行或多行记录的列值使用 UPDATE 语句。

语法格式:

```
UPDATE table_name
    SET column1 = value1[, column2 = value2, … ]
    [WHERE < condition >]
```

说明:

(1) SET 子句: 用于指定表中要修改的列名及其值,column1, column2,…为指定修改的列名,value1, value2,…为相应的指定列修改后的值。

(2) WHERE 子句: 用于限定表中要修改的行,condition 指定要修改的行满足的条件,若语句中不指定 WHERE 子句,则修改所有行。

注意: UPDATE 语句修改的是一行或多行中的列。

5.2.1 修改指定记录

修改指定记录需要通过 WHERE 子句指定要修改的记录满足的条件。

【例 5.7】 在 student1 表中,将学生周俊文的出生日期改为"1999-03-10"。

```
mysql > UPDATE student1
     ->      SET sbirthday = '1999 - 03 - 10'
     ->      WHERE sname = '周俊文';
```

执行结果:

```
Query OK, 1 row affected (0.07 sec)
Rows matched: 1  Changed: 1  Warnings: 0
```

使用 SELECT 语句查询修改指定记录后的数据:

```
mysql > SELECT * FROM student1;
```

查询结果:

```
+--------+---------+-------+-----------+---------+---+
|sno     |sname    |ssex   |sbirthday  |speciality |tc  |
+--------+---------+-------+-----------+---------+---+
|196001  |董明霞   |女     |1999 - 05 - 02 |通信    |48  |
|196002  |李茜     |女     |1998 - 07 - 25 |通信    |52  |
|196004  |周俊文   |男     |1998 - 03 - 10 |NULL    |50  |
+--------+---------+-------+-----------+---------+---+
3 rows in set (0.00 sec)
```

5.2.2 修改全部记录

修改全部记录不需要指定 WHERE 子句。

【例 5.8】 在 student1 表中,将所有学生的学分增加 2 分。

```
mysql > UPDATE student1
     ->      SET tc = tc + 2;
```

执行结果:

```
Query OK, 3 rows affected (0.10 sec)
Rows matched: 3  Changed: 3  Warnings: 0
```

使用 SELECT 语句查询修改全部记录后的数据：

```
mysql> SELECT * FROM student1;
```

查询结果：

```
+--------+--------+-------+------------+----------+---+
|sno     |sname   |ssex   |sbirthday   |speciality|tc |
+--------+--------+-------+------------+----------+---+
|196001  |董明霞  |女     |1999-05-02  |通信      |50 |
|196002  |李茜    |女     |1998-07-25  |通信      |54 |
|196004  |周俊文  |男     |1999-03-10  |NULL      |52 |
+--------+--------+-------+------------+----------+---+
3 rows in set (0.00 sec)
```

5.3 删除数据

删除表中的一行或多行记录使用 DELETE 语句。

语法格式：

```
DELETE FROM table_name
    [WHERE <condition>]
```

其中，table_name 是要删除数据的表名，WHERE 子句是可选项，用于指定表中要删除的行，condition 指定删除条件，若省略 WHERE 子句，则删除所有行。

注意：DELETE 语句删除的是一行或多行。如果删除所有行，表结构仍然存在，即存在一个空表。

5.3.1 删除指定记录

删除指定记录需要通过 WHERE 子句指定表中要删除的行所满足的条件。

【例 5.9】 在 student1 表中，删除学号为“196004”的行。

```
mysql> DELETE FROM student1
    ->     WHERE sno = '196004';
```

执行结果：

```
Query OK, 1 row affected (0.02 sec)
```

使用 SELECT 语句查询删除一行后的数据：

```
mysql> SELECT * FROM student1;
```

查询结果：

```
+-------+--------+-------+-----------+---------+---+
|sno    |sname   |ssex   |sbirthday  |speciality |tc  |
+-------+--------+-------+-----------+---------+---+
|196001 |董明霞  |女     |1999-05-02 |通信      |50  |
|196002 |李茜    |女     |1998-07-25 |通信      |54  |
+-------+--------+-------+-----------+---------+---+
2 rows in set (0.00 sec)
```

5.3.2 删除全部记录

删除全部记录有两种方式：一种方式是通过 DELETE 语句并省略 WHERE 子句，则删除表中所有行，仍保留表的定义在数据库中。另一种方式是通过 TRUNCATE 语句，则删除原来的表并重新创建一个表。

1. DELETE 语句

省略 WHERE 子句的 DELETE 语句，用于删除表中所有行，而不删除表的定义。

【例 5.10】 在 student1 表中，删除所有行。

```
mysql> DELETE FROM student1;
```

执行结果：

```
Query OK, 2 rows affected (0.07 sec)
```

使用 SELECT 语句进行查询：

```
mysql> SELECT * FROM student1;
```

查询结果：

```
Empty set (0.00 sec)
```

2. TRUNCATE 语句

TRUNCATE 语句用于删除原来的表并重新创建一个表，而不是逐行删除表中记录，执行速度比 DELETE 语句快。

语法格式：

```
TRUNCATE[TABLE] table_name
```

其中，table_name 是要删除全部数据的表名。

【例 5.11】 在 student 表中，删除所有行。

```
mysql> TRUNCATE student;
```

执行结果：

```
Query OK, 0 rows affected (0.21 sec)
```

使用 SELECT 语句进行查询：

```
mysql> SELECT * FROM student1;
```

查询结果：

```
Empty set (0.01 sec)
```

5.4 小　　结

本章主要介绍了以下内容。

(1) 插入数据的语句有：INSERT 语句、REPLACE 语句和插入查询结果语句。

INSERT 语句用于向数据库的表插入一行或多行数据，可为表的所有列插入数据，也可为表的指定列插入数据和插入多行数据。

当存在相同的记录时，REPLACE 语句可以在插入数据之前将与新记录冲突的旧记录删除，使新记录能够正常插入。

将已有表的记录快速插入当前表中，可以使用 INSERT INTO…SELECT…语句。

(2) 修改表中的一行或多行记录的列值使用 UPDATE 语句。

修改指定记录需要通过 WHERE 子句指定要修改的记录满足的条件，修改全部记录不需要指定 WHERE 子句。

(3) 删除表中的一行或多行记录使用 DELETE 语句。

删除指定记录需要通过 DELETE 语句的 WHERE 子句指定表中要删除的行所满足的条件。

删除全部记录有两种方式：一种方式是通过 DELETE 语句并省略 WHERE 子句，则删除表中所有行，仍保留表的定义在数据库中。另一种方式是通过 TRUNCATE 语句，则删除原来的表并重新创建一个表。

习　题　5

一、选择题

5.1　表数据操作的基本语句不包括(　　)。

A. INSERT　　B. DROP

C. UPDATE　　D. DELETE

5.2　删除表的全部记录采用(　　)。

A. DELETE　　B. TRUNCATE

C. A 和 B 选项　　D. INSERT

5.3　以下语句无法添加记录的是(　　)。

A. INSERT INTO…UPDATE…　　B. INSERT INTO…SELECT…

C. INSERT INTO…SET…　　D. INSERT INTO…VALUES…

5.4　快速清空表中的记录可采用(　　)语句。

A. DELETE　　B. TRUNCATE

C. CLEAR TABLE　　D. DROP TABLE

5.5　(　　)字段可以采用默认值。

A. 出生日期　　B. 姓名

C. 专业　　D. 学号

二、填空题

5.6　插入数据的语句有________语句和 REPLACE 语句。

5.7　将已有表的记录快速插入当前表中,可以使用________ 语句。

5.8　插入数据时不指定列名,要求必须为每个列都插入数据,且值的顺序必须与表定义的列的顺序 ________。

5.9　VALUES 子句包含了 ________ 需要插入的数据,数据的顺序要与列的顺序相对应。

5.10　为表的指定列插入数据,在插入语句中,除给出了部分列的值外,其他列的值为表定义时的默认值或允许该列取 ________。

5.11　当存在相同的记录时,REPLACE 语句可以在插入数据之前将与新记录冲突的旧记录 ________,使新记录能够正常插入。

5.12　插入多条记录时,在插入语句中只需指定多个插入值列表,插入值列表之间用________隔开。

5.13　修改表中的一行或多行记录的________ 使用 UPDATE 语句。

5.14　修改指定记录需要通过 WHERE 子句指定要修改的记录满足的________。

5.15　删除全部记录有两种方式:一种方式是通过 DELETE 语句并省略 WHERE 子句,另一种方式是通过________语句。

三、问答题

5.16　简述插入数据所使用的语句。

5.17　比较插入列值使用的两种方法:不指定列名和指定列名。

5.18　修改数据有哪两种方法?

5.19　比较删除数据使用的两种方法:删除指定记录和删除全部记录。

5.20　删除全部记录有哪两种方式?各有何特点?

四、应用题

5.21　向课程表(course)插入样本数据,参见附录 B。

5.22　使用 INSERT INTO…SELECT…语句,将 course 表的记录快速插入 course1 表中。

5.23　采用三种不同的方法,向 course2 表插入数据。

(1) 省略列名表,插入记录('1004','数据库系统',4)。

(2) 不省略列名表,插入课程号为“1017”、学分为 3 分、课程名为“操作系统”的记录。

(3) 插入课程号为“4002”,课程名为“数字电路”,学分为空的记录。

5.24　在 course1 表中,将课程名“操作系统”改为“计算机网络”。

5.25　在 course1 表中,将课程号 1201 的学分改为 3 分。

5.26　在 course1 表中,删除课程名为“高等数学”的记录。

5.27　采用两种不同的方法,删除表中的全部记录。

(1) 使用 DELETE 语句,删除 course1 表中的全部记录。

(2) 使用 TRUNCATE 语句,删除 course2 表中的全部记录。

5.28　分别向成绩表(score)、教师表(teacher)、讲课表(lecture)插入样本数据,参见附录 B。

第6章

数据查询

本章要点

(1) SELECT 语句。

(2) 投影查询。

(3) 选择查询。

(4) 分组查询和统计计算。

(5) 排序查询和限制查询结果的数量。

(6) 连接查询。

(7) 子查询。

(8) 联合查询。

数据库查询是数据库的核心操作,SQL 语言通过 SELECT 语句来实现查询功能,SELECT 语句具有灵活的使用方式和强大的功能,能够实现选择、投影和连接等操作。

本章重点讨论使用 SELECT 查询语句对数据库进行单表查询和多表查询的各种查询方法,介绍投影查询、选择查询、分组查询和统计计算、排序查询和限制查询结果的数量、连接查询、子查询和联合查询等内容。

6.1 SELECT 语句

SELECT 语句是 SQL 语言的核心,其基本语法格式如下:

语法格式:

```
SELECT [ALL | DISTINCT | DISTINCTROW ]列名或表达式 …                    /* SELECT 子句 */
[FROM 源表 … ]                                                          /* FROM 子句 */
[WHERE 条件]                                                            /* WHERE 子句 */
[GROUP BY {列名| 表达式 | position} [ASC | DESC], … [WITH ROLLUP]]      /* GROUP BY 子句 */
[HAVING 条件]                                                           /* HAVING 子句 */
[ORDER BY {列名 | 表达式 | position} [ASC | DESC] , … ]                 /* ORDER BY 子句 */
[LIMIT {[offset,] row_count | row_count OFFSET offset}]                 /* LIMIT 子句 */
```

说明:

(1) SELECT 子句:用于指定要显示的列或表达式。

(2) FROM 子句:用于指定查询数据来源的表或视图,可以指定一个表,也可以指定多个表。

(3) WHERE 子句:用于指定选择行的条件。

(4) GROUP BY 子句:用于指定分组表达式。

(5) HAVING 子句:用于指定满足分组的条件。

(6) ORDER BY 子句：用于指定行的升序或降序排序。

(7) LIMIT 子句：用于指定查询结果集包含的行数。

6.2 投影查询

投影查询用于选择列，投影查询通过 SELECT 语句的 SELECT 子句来表示。

语法格式：

```
SELECT [ALL | DISTINCT | DISTINCTROW ]列名或表达式 …
```

其中，如果没有指定 ALL | DISTINCT | DISTINCTROW 这些选项，则默认为 ALL，即返回投影操作所有匹配行，包括可能存在的重复行。如果指定 DISTINCT 或 DISTINCTROW，则清除结果集中重复行。DISTINCT 与 DISTINCTROW 为同义词。

1. 投影指定的列

使用 SELECT 语句可选择表中的一个列或多个列，如果是多个列，各列名中间要用逗号分开。

【例 6.1】 查询 student 表中所有学生的学号、姓名和专业。

在 MySQL 命令行客户端输入如下 SQL 语句：

```
mysql> SELECT sno, sname, speciality
    -> FROM student;
```

查询结果：

```
+--------+--------+----------+
|sno     |sname   |speciality |
+--------+--------+----------+
|191001  |刘清泉  |计算机     |
|191002  |张慧玲  |计算机     |
|191003  |冯涛    |计算机     |
|196001  |董明霞  |通信       |
|196002  |李茜    |通信       |
|196004  |周俊文  |通信       |
+--------+--------+----------+
6 rows in set (0.00 sec)
```

2. 投影全部列

在 SELECT 子句指定列的位置上使用 * 号时，则为查询表中所有列。

【例 6.2】 查询 student 表中所有列。

```
mysql> SELECT *
    -> FROM student;
```

SELECT * 语句与下面语句等价：

```
mysql> SELECT sno, sname, ssex, sbirthday, speciality, tc
    -> FROM student;
```

查询结果：

```
+--------+---------+--------+------------+---------+-----+
|sno     |sname    |ssex    |sbirthday   |speciality|tc  |
+--------+---------+--------+------------+---------+-----+
|191001  |刘清泉   |男      |1998-06-01  |计算机   |52   |
|191002  |张慧玲   |女      |1999-11-07  |计算机   |50   |
|191003  |冯涛     |男      |1999-08-12  |计算机   |52   |
|196001  |董明霞   |女      |1999-05-02  |通信     |50   |
|196002  |李茜     |女      |1998-07-25  |通信     |48   |
|196004  |周俊文   |男      |1998-03-10  |通信     |52   |
+--------+---------+--------+------------+---------+-----+
6 rows in set (0.00 sec)
```

3. 修改查询结果的列标题

为了改变查询结果中显示的列标题,可以在列名后使用 AS <列别名>。

语法格式:

```
SELECT …列名 [AS 列别名]
```

【例 6.3】 查询 student 表中所有学生的 sno、sname、speciality,并将结果中各列的标题分别修改为学号, 姓名, 专业。

```
mysql> SELECT sno AS 学号, sname AS 姓名, speciality AS 专业
    -> FROM student;
```

查询结果:

```
+--------+---------+---------+
|学号    |姓名     |专业     |
+--------+---------+---------+
|191001  |刘清泉   |计算机   |
|191002  |张慧玲   |计算机   |
|191003  |冯涛     |计算机   |
|196001  |董明霞   |通信     |
|196002  |李茜     |通信     |
|196004  |周俊文   |通信     |
+--------+---------+---------+
6 rows in set (0.00 sec)
```

4. 计算列值

使用 SELECT 子句对列进行查询时,可以对数字类型的列进行计算,可以使用加(+)、减(—)、乘(*)、除(/)等算术运送符,SELECT 子句可使用表达式。

语法格式:

```
SELECT <表达式> [ , <表达式> ]
```

【例 6.4】 列出 Goods 表的商品名称、商品价格和打 9 折后的商品价格。

```
mysql> SELECT GoodsName AS 商品名称, UnitPrice AS 商品价格, UnitPrice * 0.9 AS 商品 9 折价格
    -> FROM Sales.Goods;
```

查询结果:

```
+-------------------+-------+-----------+
|商品名称            |商品价格 |商品9折价格 |
+-------------------+-------+-----------+
|Microsoft Surface Pro 4 |5488.00 |4939.200 |
|Apple iPad Pro      |5888.00 |5299.200   |
|DELL PowerEdgeT130  |6699.00 |6029.100   |
|EPSON L565          |1899.00 |1709.100   |
+-------------------+-------+-----------+
4 rows in set (0.12 sec)
```

5. 去掉重复行

去掉结果集中的重复行可使用DISTINCT关键字。

语法格式：

```
SELECT DISTINCT <列名> [ , <列名>… ]
```

【例6.5】 查询student表中speciality列,消除结果中的重复行。

```
mysql> SELECT DISTINCT speciality
    -> FROM student;
```

查询结果：

```
+----------+
|speciality |
+----------+
|计算机      |
|通信        |
+----------+
2 rows in set (0.07 sec)
```

6.3 选择查询

选择查询用于选择行,选择查询通过WHERE子句实现,WHERE子句通过条件表达式给出查询条件,该子句必须紧跟FROM子句之后。

语法格式：

```
WHERE 条件

条件 = :
<判定条件> [ 逻辑运算符 <判定条件> ]

<判定条件> = :
表达式 { = |<|<= |>|>= |<=>|<>|!= }表达式                      /* 比较运算 */
|表达式[ NOT ] LIKE 表达式 [ ESCAPE 'escape_character ' ]      /* LIKE 运算符 */
    |表达式[ NOT ][ REGEXP|RLIKE ] 表达式                       /* REGEXP 运算符 */
    |表达式[ NOT ] BETWEEN 表达式 AND 表达式                    /* 指定范围 */
    |表达式 IS [ NOT ] NULL                                     /* 是否空值判断 */
    |表达式[ NOT ] IN ( subquery|表达式[,…n] )                  /* IN 子句 */
```

```
|表达式{ = |<|<= |>|>= |<=>|<>|!= } { ALL|SOME|ANY } ( subquery )  /* 比较子查询 */
|EXIST ( 子查询 )                                                  /* EXIST 子查询 */
```

说明：

(1) 判定运算包括比较运算、模式匹配、指定范围、空值判断、子查询等。

(2) 判定运算的结果为 TRUE、FALSE 或 UNKNOWN。

(3) 逻辑运算符包括 AND(与)、OR(或)、NOT(非)，逻辑运算符的使用是有优先级的，三者之中，NOT 优先级最高，AND 次之，OR 优先级最低。

(4) 条件表达式可以使用多个判定运算通过逻辑运算符组成复杂的查询条件。

(5) 字符串和日期必须用单引号括起来。

1. 表达式比较

比较运算符用于比较两个表达式值，共有 7 个运算符：=(等于)、<(小于)、<=(小于或等于)、>(大于)、>=(大于或等于)、<>(不等于)、!=(不等于)，其语法格式如下。

语法格式：

```
<表达式 1> { = |<|<= |>|>= |<>|!= } <表达式 2>
```

【例 6.6】 查询 student 表中专业为计算机或性别为女的学生。

```
mysql> SELECT *
    -> FROM student
    -> WHERE speciality = '计算机' or ssex = '女';
```

查询结果：

```
+--------+---------+-------+------------+-----------+----+
|sno     |sname    |ssex   |sbirthday   |speciality |tc  |
+--------+---------+-------+------------+-----------+----+
|191001  |刘清泉   |男     |1998-06-21  |计算机     | 52 |
|191002  |张慧玲   |女     |1999-11-07  |计算机     | 50 |
|191003  |冯涛     |男     |1999-08-12  |计算机     | 52 |
|196001  |董明霞   |女     |1999-05-02  |通信       | 50 |
|196002  |李茜     |女     |1998-07-25  |通信       | 48 |
+--------+---------+-------+------------+-----------+----+
5 rows in set (0.05 sec)
```

2. 指定范围

BETWEEN、NOT BETWEEN、IN 是用于指定范围的三个关键字，用于查找字段值在(或不在)指定范围的行。

当要查询的条件是某个值的范围时，可以使用 BETWEEN 关键字。BETWEEN 关键字指出查询范围。

语法格式：

```
<表达式> [ NOT ] BETWEEN <表达式 1> AND <表达式 2>
```

【例 6.7】 查询 score 表成绩为 92 分、95 分的记录。

```
mysql> SELECT *
    -> FROM score
```

```
    -> WHERE grade in (92,95);
```

查询结果：

```
+--------+------+------+
|sno     |cno   |grade |
+--------+------+------+
|191001  |1004  |    95|
|191001  |1201  |    92|
|191001  |8001  |    92|
|196004  |1201  |    92|
+--------+------+------+
4 rows in set (0.05 sec)
```

【例 6.8】 查询 student 表中不在 1998 年出生的学生情况。

```
mysql> SELECT *
    -> FROM student
    -> WHERE sbirthday NOT BETWEEN '19980101' AND '19981231';
```

查询结果：

```
+--------+---------+--------+------------+----------+----+
|sno     |sname    |ssex    |sbirthday   |speciality|tc  |
+--------+---------+--------+------------+----------+----+
|191002  |张慧玲   |女      |1999-11-07  |计算机    |  50|
|191003  |冯涛     |男      |1999-08-12  |计算机    |  52|
|196001  |董明霞   |女      |1999-05-02  |通信      |  50|
+--------+---------+--------+------------+----------+----+
3 rows in set (0.03 sec)
```

3. 空值判断

判定一个表达式的值是否为空值时，使用 IS NULL 关键字。

语法格式：

```
<表达式> IS [ NOT ] NULL
```

【例 6.9】 查询已选课但未参加考试的学生情况。

```
mysql> SELECT *
    -> FROM score
    -> WHERE grade IS NULL;
```

查询结果：

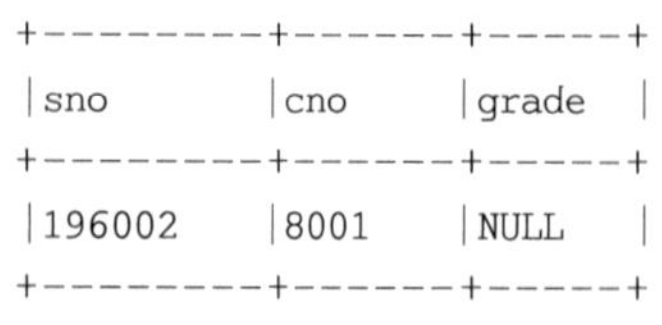

```
+---------+------+-----+
|sno      |cno   |grade|
+---------+------+-----+
|196002   |8001  |NULL |
+---------+------+-----+
1 row in set (0.00 sec)
```

4. 使用 LIKE 关键字的字符串匹配查询

关键字 LIKE 用于进行字符串匹配。

语法格式：

```
<字符串表达式 1 > [ NOT ] LIKE <字符串表达式 2 > [ ESCAPE '<转义字符>' ]
```

在使用 LIKE 关键字时，<字符串表达式 2 >可以含有通配符，通配符有以下两种。

%：代表 0 或多个字符。

_：代表一个字符。

LIKE 匹配中使用通配符的查询也称模糊查询。

【例 6.10】 查询 student 表中姓董的学生情况。

```
mysql > SELECT *
     -> FROM student
     -> WHERE sname LIKE '董 % ';
```

查询结果：

```
+--------+--------+-------+-----------+---------+----+
|sno     |sname   |ssex   |sbirthday  |speciality |tc  |
+--------+--------+-------+-----------+---------+----+
|196001  |董明霞  |女     |1999 - 05 - 02 |通信     |  50 |
+--------+--------+-------+-----------+---------+----+
1 row in set (0.07 sec)
```

5. 使用正则表达式进行查询

正则表达式通常用来检索或替换符合某个模式的文本内容，根据指定的匹配模式匹配文本中符合要求的特殊字符串。例如，从一个文本文件中提取电话号码，查找一篇文章中重复的单词等。正则表达式的查询能力比通配字符的查询能力更强大、更灵活，可以应用于非常复杂的查询。

在 MySQL 中，使用 REGEXP 关键字来匹配查询正则表达式。REGEXP 是正则表达式(Regular Expression)的缩写，它的一个同义词是 RLIKE。

语法格式：

```
match_表达式 [ NOT ][ REGEXP|RLIKE ] match_表达式
```

MySQL 中使用 REGEXP 运算符指定正则表达式的字符匹配模式，可以匹配任意一个字符，可以在匹配模式中使用"|"分隔每个供选择的字符串，可以使用定位符匹配处于特定位置的文本，还可以对要匹配的字符或字符串的数目进行控制，常用字符匹配选项如表 6.1 所示。

表 6.1　正则表达式中常用的字符匹配选项

选项	说明	例子	匹配值示例
<字符串>	匹配包含指定的字符串的文本	'fa'	fan，afa，faad
[]	匹配[]中的任何一个字符	'[ab]'	bay，big，app
[^]	匹配不在[]中的任何一个字符	'[^abc]'	desk，six
^	匹配文本的开始字符	'^b	bed，bridge
$	匹配文本的结束字符	'er$'	worker，teacher
.	匹配任何单个字符	'b.t'	bit，better

续表

选项	说明	例子	匹配值示例
*	匹配零个或多个*前面的字符	'f*n'	fn，fan，begin
+	匹配+前面的字符1次或多次	'ba+'	bay，bare，battle
{n}	匹配前面的字符串至少n次	'b{2}'	bb，bbb，bbbbbb

【例 6.11】 查询含有"系统"或"数字"的所有课程名称。

```
mysql> SELECT *
    -> FROM course
    -> WHERE cname REGEXP '系统|数字';
```

查询结果：

```
+--------+----------+------+
|con     |cname     |credit|
+--------+----------+------+
|1004    |数据库系统 |    4 |
|1017    |操作系统   |    3 |
|4002    |数字电路   |    3 |
+--------+----------+------+
3 rows in set (0.19 sec)
```

6.4 分组查询和统计计算

查询数据常常需要进行统计计算，本节介绍使用聚合函数、GROUP BY 子句、HAVING 子句进行统计计算的方法。

1. 聚合函数

聚合函数实现数据的统计计算，用于计算表中的数据，返回单个计算结果。聚合函数包括 COUNT、SUM、AVG、MAX、MIN 等函数，下面分别介绍。

1) COUNT 函数

COUNT 函数用于计算组中满足条件的行数或总行数。

语法格式：

```
COUNT ( { [ ALL|DISTINCT ] <表达式> }| * )
```

其中，ALL 表示对所有值进行计算，ALL 为默认值；DISTINCT 指去掉重复值；COUNT 函数用于计算时忽略 NULL 值。

【例 6.12】 求学生的总人数。

```
mysql> SELECT COUNT( * ) AS 总人数
    -> FROM student;
```

该语句采用 COUNT(*)计算总行数，总人数与总行数一致。

查询结果：

```
+--------+
|总人数   |
+--------+
|       6 |
+--------+
1 row in set (0.09 sec)
```

【例 6.13】 查询通信专业学生的总人数。

```
mysql> SELECT COUNT( * ) AS 总人数
    -> FROM student
    -> WHERE speciality = '通信';
```

该语句采用 COUNT(*)计算总人数,并用 WHERE 子句指定的条件限定为 201836。

查询结果:

```
+--------+
|总人数   |
+--------+
|       3 |
+--------+
1 row in set (0.01 sec)
```

2) SUM 和 AVG 函数

SUM 函数用于求出一组数据的总和,AVG 函数用于求出一组数据的平均值,这两个函数只能针对数值类型的数据。

语法格式:

```
SUM / AVG ( [ ALL|DISTINCT ] <表达式> )
```

其中,ALL 表示对所有值进行计算,ALL 为默认值,DISTINCT 指去掉重复值,SUM / AVG 函数用于计算时忽略 NULL 值。

【例 6.14】 查询 1201 课程总分。

```
mysql> SELECT SUM(grade) AS 课程 1201 总分
    -> FROM score
    -> WHERE cno = '1201';
```

该语句采用 SUM ()计算课程总分,并用 WHERE 子句指定的条件限定为 1201 课程。

查询结果:

```
+---------------+
|课程 1201 总分   |
+---------------+
|          515    |
+---------------+
1 row in set (0.00 sec)
```

3) MAX 和 MIN 函数

MAX 函数用于求出一组数据的最大值,MIN 函数用于求出一组数据的最小值,这两个函数都适用于任意类型数据。

语法格式：

```
MAX / MIN ( [ ALL|DISTINCT ] <表达式> )
```

其中，ALL表示对所有值进行计算，ALL为默认值，DISTINCT指去掉重复值，MAX / MIN函数用于计算时忽略NULL值。

【例6.15】 查询8001课程的最高分、最低分、平均成绩。

```
mysql > SELECT MAX(grade) AS 课程8001最高分, MIN(grade) AS 课程8001最低分, AVG(grade) AS 课程8001平均成绩
    -> FROM score
    -> WHERE cno = '8001';
```

该语句采用MAX求最高分、MIN求最低分、AVG求平均成绩。

查询结果：

```
+--------------+--------------+----------------+
|课程8001最高分 |课程8001最低分 |课程8001平均成绩 |
+--------------+--------------+----------------+
|           94 |           84 |        89.0000 |
+--------------+--------------+----------------+
1 row in set (0.14 sec)
```

2. GROUP BY子句

GROUP BY子句用于指定需要分组的列。

语法格式：

```
GROUP BY [ ALL ] <分组表达式> [, … n]
```

其中，分组表达式通常包含字段名，ALL显示所有分组。

注意：如果SELECT子句的列名表包含聚合函数，则该列名表只能包含聚合函数指定的列名和GROUP BY子句指定的列名。聚合函数常与GROUP BY子句一起使用。

【例6.16】 查询各门课程的最高分、最低分、平均成绩。

```
mysql > SELECT cno AS 课程号, MAX(grade) AS 最高分,MIN(grade) AS 最低分, AVG(grade) AS 平均成绩
    -> FROM score
    -> WHERE NOT grade IS null
    -> GROUP BY cno;
```

该语句采用MAX、MIN、AVG等聚合函数，并用GROUP BY子句对cno(课程号)进行分组。

查询结果：

```
+-----------+-----------+-----------+-----------+
|课程号      |最高分      |最低分      |平均成绩    |
+-----------+-----------+-----------+-----------+
|1004       |        95 |        87 |   91.6667 |
|1201       |        93 |        76 |   85.8333 |
```

```
|8001        |         94 |         84 |    89.0000 |
|4002        |         90 |         79 |    85.6667 |
+------------+------------+------------+------------+
4 rows in set (0.05 sec)
```

3. HAVING 子句

HAVING 子句用于对分组按指定条件进一步进行筛选，过滤出满足指定条件的分组。

语法格式：

```
[ HAVING <条件表达式> ]
```

其中，条件表达式为筛选条件，可以使用聚合函数。

注意：HAVING 子句可以使用聚合函数，WHERE 子句不可以使用聚合函数。

当 WHERE 子句、GROUP BY 子句、HAVING 子句、ORDER BY 子句在一个 SELECT 语句中时，执行顺序如下。

(1) 执行 WHERE 子句，在表中选择行。

(2) 执行 GROUP BY 子句，对选取行进行分组。

(3) 执行聚合函数。

(4) 执行 HAVING 子句，筛选满足条件的分组。

(5) 执行 ORDER BY 子句，进行排序。

注意：HAVING 子句要放在 GROUP BY 子句的后面，ORDER BY 子句放在 HAVING 子句后面。

【例 6.17】 查询平均成绩在 90 分以上的学生的学号和平均成绩。

```
mysql> SELECT sno AS 学号, AVG(grade) AS 平均成绩
    -> FROM score
    -> GROUP BY sno
    -> HAVING AVG(grade)> 90;
```

该语句采用 COUNT 聚合函数、WHERE 子句、GROUP BY 子句、HAVING 子句。

查询结果：

```
+------------+----------+
|学号        |平均成绩   |
+------------+----------+
|191001      |  93.0000 |
|196004      |  91.3333 |
+------------+----------+
2 rows in set (0.02 sec)
```

【例 6.18】 查询至少有 5 名学生选修且以 8 开头的课程号和平均分数。

```
mysql> SELECT cno AS 课程号, AVG (grade) AS 平均分数
    -> FROM score
    -> WHERE cno LIKE '8%'
```

```
    -> GROUP BY cno
    -> HAVING COUNT( * )> 5;
```

该语句采用 AVG 聚合函数、WHERE 子句、GROUP BY 子句、HAVING 子句。

查询结果：

```
+---------+---------+
|课程号    |平均分数   |
+---------+---------+
|8001     | 89.0000 |
+---------+---------+
1 row in set (0.07 sec)
```

6.5 排序查询和限制查询结果的数量

本节介绍排序查询和限制查询结果的数量。

1. 排序查询

ORDER BY 子句用于对查询结果进行排序。

语法格式：

```
[ ORDER BY { <排序表达式> [ ASC|DESC ] } [ ,…n ]
```

其中，排序表达式，可以是列名、表达式或一个正整数，ASC 表示升序排列，它是系统默认排序方式，DESC 表示降序排列。

提示： 排序操作可对数值、日期、字符三种数据类型使用，ORDER BY 子句只能出现在整个 SELECT 语句的最后。

【例 6.19】 将计算机专业的学生按出生时间降序排序。

```
mysql> SELECT *
    -> FROM student
    -> WHERE speciality = '计算机'
    -> ORDER BY sbirthday DESC;
```

该语句采用 ORDER BY 子句进行排序。

查询结果：

```
+---------+---------+---------+-----------+----------+---------+
|sno      |sname    |ssex     |sbirthday  |speciality|tc       |
+---------+---------+---------+-----------+----------+---------+
|191002   |张慧玲    |女       |1999-11-07 |计算机     |      50 |
|191003   |冯涛      |男       |1999-08-12 |计算机     |      52 |
|191001   |刘清泉    |男       |1998-06-21 |计算机     |      52 |
+---------+---------+---------+-----------+----------+---------+
3 rows in set (0.00 sec)
```

2. 限制查询结果的数量

LIMIT 子句用于限制 SELECT 语句返回的行数。

语法格式：

```
LIMIT {[offset,] row_count|row_count OFFSET offset}
```

说明：

(1) offset：位置偏移量，指示从哪一行开始显示，第 1 行的位置偏移量是 0，第 2 行的位置偏移量是 1，…，以此类推，如果不指定位置偏移量，系统会从表中第 1 行开始显示。

(2) row_count：返回的行数。

(3) LIMIT 子句有两种语法格式，例如，显示表中第 2 行到第 4 行，可写为"LIMIT 1, 3"，也可写为"LIMIT 3 OFFSET 1"。

【例 6.20】 查询成绩表中成绩前 3 名学生的学号、课程号和成绩。

```
mysql> SELECT sno, cno, grade
    -> FROM score
    -> ORDER BY grade DESC
    -> LIMIT 0, 3;
```

或

```
mysql> SELECT sno, cno, grade
    -> FROM score
    -> ORDER BY grade DESC
    -> LIMIT 3 OFFSET 0;
```

查询结果：

```
+---------+---------+---------+
|sno      |cno      |grade    |
+---------+---------+---------+
|191001   |1004     |    95   |
|196004   |8001     |    94   |
|191003   |1201     |    93   |
+---------+---------+---------+
3 rows in set (0.00 sec)
```

6.6　连接查询

连接查询是重要查询方式，包括内连接、外连接和交叉连接。前面介绍的查询都是对一个表进行的，称之为单表查询。如果一个查询涉及两个表或多个表，则称之为多表查询，连接查询属于多表查询。

6.6.1　交叉连接

交叉连接(CROSS JOIN)又称笛卡儿积，由第一个表的每一行与第二个表的每一行连接起来后形成的表。

语法格式：

```
SELECT * FROM table1 CROSS JOIN table 2;
```

或

```
SELECT * FROMtable 1, table 2;
```

【例6.21】 采用交叉连接查询教师和讲课地点所有可能的组合。

```
mysql> SELECT tname, location
    -> FROM teacher CROSS JOIN lecture;
```

或

```
mysql> SELECT tname, location
    -> FROM teacher, lecture;
```

该语句采用交叉连接。

查询结果：

```
+----------+----------+
|tname     |location  |
+----------+----------+
|何艺杰    |2-311     |
|何艺杰    |6-215     |
|何艺杰    |1-106     |
|何艺杰    |6-104     |
|孙浩然    |2-311     |
|孙浩然    |6-215     |
|孙浩然    |1-106     |
|孙浩然    |6-104     |
|刘颖      |2-311     |
|刘颖      |6-215     |
|刘颖      |1-106     |
|刘颖      |6-104     |
|李亚兰    |2-311     |
|李亚兰    |6-215     |
|李亚兰    |1-106     |
|李亚兰    |6-104     |
|袁万明    |2-311     |
|袁万明    |6-215     |
|袁万明    |1-106     |
|袁万明    |6-104     |
+----------+----------+
20 rows in set (0.00 sec)
```

交叉连接返回结果集的行数等于所连接的两个表行数的乘积。例如，第一个表有100条记录，第二个表有200条记录，交叉连接后结果集的记录有：100×200=20000条。由于交叉连接查询结果集十分庞大，执行时间长，消耗大量计算机资源，而且结果集中很多记录没有意义，所以在实际工作中很少用到。因此，需要避免使用交叉连接，也可在FROM子句后面使用WHERE子句中设置查询条件，减少返回结果集的行数。

6.6.2 内连接

在内连接(INNER JOIN)查询中，只有满足查询条件的记录才能出现在结果集中。

内连接使用比较运算符进行表间某些字段值的比较操作，并将与连接条件相匹配的数据行组成新记录，以消除交叉连接中没有意义的数据行。

内连接有两种连接方式：

(1) 使用 INNER JOIN 的显示语法结构。

语法格式：

```
SELECT 目标列表达式 1, 目标列表达式 2, …, 目标列表达式 n,
FROM table1 [INNER] JOIN table2 ON 连接条件
[WHERE 过滤条件]
```

(2) 使用 WHERE 子句定义连接条件的隐示语法结构。

语法格式：

```
SELECT 目标列表达式 1, 目标列表达式 2, …, 目标列表达式 n,
FROM table1, table2
WHERE 连接条件[AND 过滤条件]
```

说明：

(1) 目标列表达式：需要检索的列的名称或别名。

(2) table1，table2：进行内连接的表名。

(3) 连接条件：连接查询中用来连接两个表的条件，其格式如下。

```
[<表名 1.>] <列名 1> <比较运算符> [<表名 2.>] <列名 2>
```

其中，比较运算符有：<、<=、=、>、>=、!=、<>。

(4) 在使用 INNER JOIN 的连接中，连接条件放在 FROM 子句的 ON 子句中，过滤条件放在 WHERE 子句中。

(5) 在使用 WHERE 子句定义连接条件的连接中，连接条件和过滤条件都放在 WHERE 子句中。

内连接是系统默认的，可省略 INNER 关键字。

经常用到的内连接有等值连接与非等值连接、自然连接和自连接等，下面分别介绍。

1. 等值连接与非等值连接

表之间通过比较运算符“=”连接起来，称为等值连接，而使用其他运算符称为非等值连接。

【例 6.22】 查询每个学生选修课程的情况。

```
mysql> SELECT student. * , score. *
    -> FROM student, score
    -> WHERE student. sno = score. sno;
```

或

```
mysql> SELECT student. * , score. *
    -> FROM student INNER JOIN score ON student. sno = score. sno;
```

该语句采用等值连接。

查询结果：

```
+--------+---------+----+-----------+----------+---+------+------+-----+
|sno     |sname    |ssex|sbirthday  |speciality|tc |son   |cno   |grade|
+--------+---------+----+-----------+----------+---+------+------+-----+
|191001  |刘清泉   |男  |1998-06-21 |计算机    |52 |191001|1004  |95   |
|191001  |刘清泉   |男  |1998-06-21 |计算机    |52 |191001|1201  |92   |
|191001  |刘清泉   |男  |1998-06-21 |计算机    |52 |191001|8001  |92   |
|191002  |张慧玲   |女  |1999-11-07 |计算机    |50 |191002|1004  |87   |
|191002  |张慧玲   |女  |1999-11-07 |计算机    |50 |191002|1201  |78   |
|191002  |张慧玲   |女  |1999-11-07 |计算机    |50 |191002|8001  |88   |
|191003  |冯涛     |男  |1999-08-12 |计算机    |52 |191003|1004  |93   |
|191003  |冯涛     |男  |1999-08-12 |计算机    |52 |191003|1201  |93   |
|191003  |冯涛     |男  |1999-08-12 |计算机    |52 |191003|8001  |84   |
|196001  |董明霞   |女  |1999-05-02 |通信      |50 |196001|1201  |84   |
|196001  |董明霞   |女  |1999-05-02 |通信      |50 |196001|4002  |90   |
|196001  |董明霞   |女  |1999-05-02 |通信      |50 |196001|8001  |87   |
|196002  |李茜     |女  |1998-07-25 |通信      |48 |196002|1201  |76   |
|196002  |李茜     |女  |1998-07-25 |通信      |48 |196002|4002  |79   |
|196002  |李茜     |女  |1998-07-25 |通信      |48 |196002|8001  |NULL |
|196004  |周俊文   |男  |1998-03-10 |通信      |52 |196004|1201  |92   |
|196004  |周俊文   |男  |1998-03-10 |通信      |52 |196004|4002  |88   |
|196004  |周俊文   |男  |1998-03-10 |通信      |52 |196004|8001  |94   |
+--------+---------+----+-----------+----------+---+------+------+-----+
18 rows in set (0.00 sec)
```

由于连接多个表存在公共列，为了区分是哪个表中的列，引入表名前缀指定连接列。例如，student.sno 表示 student 表的 sno 列，score.sno 表示 score 表的 sno 列。为了简化输入，SQL 允许在查询中使用表的别名，可在 FROM 子句中为表定义别名，然后在查询中引用。

【例 6.23】 查询选修了数据库系统课程且成绩在 80 分以上的学生情况。

```
mysql> SELECT a.sno, sname, cname, grade
    -> FROM student a, score b, course c
    -> WHERE a.sno = b.sno AND b.cno = c.cno AND cname = '数据库系统' AND grade >= 80;
```

或

```
mysql> SELECT a.sno, sname, cname, grade
    -> FROM student a JOIN score b ON a.sno = b.sno JOIN course c ON b.cno = c.cno
    -> WHERE cname = '数据库系统' AND grade >= 80;
```

该语句采用内连接，省略 INNER 关键字，使用了 WHERE 子句。

查询结果：

```
+-----------+-----------+-----------+-----------+
|sno        |sname      |cname      |grade      |
+-----------+-----------+-----------+-----------+
|191001     |刘清泉     |数据库系统 |95         |
|191002     |张慧玲     |数据库系统 |87         |
|191003     |冯涛       |数据库系统 |93         |
+-----------+-----------+-----------+-----------+
3 rows in set (0.11 sec)
```

注意：（1）内连接可用于多个表的连接，本例用于3个表的连接，注意FROM子句中JOIN关键字与多个表连接的写法。

（2）在本例所用的连接中，为student表指定的别名是a，为course表指定的别名是b，为score表指定的别名是c。

2. 自然连接

自然连接在FROM子句中使用关键字NATURAL JOIN，自然连接在目标列中去除相同的字段名。

【例6.24】 对例6.22进行自然连接查询。

```
mysql> SELECT *
    -> FROM student NATURAL JOIN score;
```

该语句采用自然连接。

查询结果：

```
+--------+--------+----+------------+----------+----+------+-----+
|sno     |sname   |ssex|sbirthday   |speciality|tc  |cno   |grade|
+--------+--------+----+------------+----------+----+------+-----+
|191001  |刘清泉  |男  |1998-06-21  |计算机    |52  |1004  | 95  |
|191001  |刘清泉  |男  |1998-06-21  |计算机    |52  |1004  | 95  |
|191001  |刘清泉  |男  |1998-06-21  |计算机    |52  |1201  | 92  |
|191001  |刘清泉  |男  |1998-06-21  |计算机    |52  |8001  | 92  |
|191002  |张慧玲  |女  |1999-11-07  |计算机    |50  |1004  | 87  |
|191002  |张慧玲  |女  |1999-11-07  |计算机    |50  |1201  | 78  |
|191002  |张慧玲  |女  |1999-11-07  |计算机    | 50 |8001  | 88  |
|191003  |冯涛    |男  |1999-08-12  |计算机    |52  |1004  | 93  |
|191003  |冯涛    |男  |1999-08-12  |计算机    |52  |1201  | 93  |
|191003  |冯涛    |男  |1999-08-12  |计算机    | 52 |8001  | 84  |
|196001  |董明霞  |女  |1999-05-02  |通信      |50  |1201  | 84  |
|196001  |董明霞  |女  |1999-05-02  |通信      |50  |4002  | 90  |
|196001  |董明霞  |女  |1999-05-02  |通信      |50  |8001  | 87  |
|196002  |李茜    |女  |1998-07-25  |通信      |48  |1201  | 76  |
|196002  |李茜    |女  |1998-07-25  |通信      |48  |4002  | 79  |
|196002  |李茜    |女  |1998-07-25  |通信      |48  |8001  |NULL |
|196004  |周俊文  |男  |1998-03-10  |通信      |52  |1201  | 92  |
|196004  |周俊文  |男  |1998-03-10  |通信      |52  |4002  | 88  |
|196004  |周俊文  |男  |1998-03-10  |通信      | 52 |8001  | 94  |
+--------+--------+----+------------+----------+----+------+-----+
18 rows in set (0.00 sec)
```

3. 自连接

将某个表与自身进行连接，称为自表连接或自身连接，简称自连接，使用自连接需要为表指定多个别名，且对所有查询字段的引用必须使用表别名限定。

举例如下。

【例6.25】 查询选修了"1201"课程的成绩高于学号为"191002"的成绩的学生姓名。

```
mysql> SELECT a.cno, a.sno, a.grade
```

```
    -> FROM score a, score b
    -> WHERE a.grade > b.grade AND a.cno = '1201' AND b.cno = '1201' AND b.sno = '191002'
    -> ORDER BY a.grade DESC;
```

或

```
mysql > SELECT a.cno, a.sno, a.grade
    -> FROM score a JOIN score b ON a.grade > b.grade
    -> WHERE a.cno = '1201' AND b.cno = '1201' AND b.sno = '191002'
    -> ORDER BY a.grade DESC;
```

该语句实现了自连接，使用自连接时为一个表指定了两个别名。

查询结果：

```
+---------+---------+---------+
| cno     | sno     | grade   |
+---------+---------+---------+
| 1201    | 191003  |      93 |
| 1201    | 191001  |      92 |
| 1201    | 196004  |      92 |
| 1201    | 196001  |      84 |
+---------+---------+---------+
4 rows in set (0.00 sec)
```

6.6.3 外连接

在内连接的结果表，只有满足连接条件的行才能作为结果输出。外连接的结果表不但包含满足连接条件的行，还包括相应表中的所有行。外连接有以下两种。

(1) 左外连接(LEFT OUTER JOIN)：结果表中除了包括满足连接条件的行外，还包括左表的所有行，当左表有记录而在右表中没有匹配记录时，右表对应列被设置为空值NULL。

(2) 右外连接(RIGHT OUTER JOIN)：结果表中除了包括满足连接条件的行外，还包括右表的所有行，当右表有记录而在左表中没有匹配记录时，左表对应列被设置为空值NULL。

注意：外连接语句中的 OUTER 可以省略。

【例 6.26】 采用左外连接查询教师任课情况。

```
mysql > SELECT tname, cno
    -> FROM teacher LEFT JOIN lecture ON (teacher.tno = lecture.tno);
```

该语句采用左外连接。

查询结果：

```
+-----------+----------+
| tname     | cno      |
+-----------+----------+
| 何艺杰    | 1004     |
```

```
|孙浩然          | NULL      |
|刘颖            |1201       |
|李亚兰          |4002       |
|袁万明          |8001       |
+-----------+----------+
5 rows in set (0.00 sec)
```

【例 6.27】 采用右外连接查询教师任课情况。

```
mysql > SELECT tno, cname
    -> FROM lecture RIGHT JOIN course ON (course.cno = lecture.cno);
```

该语句采用右外连接。

查询结果：

```
+--------+----------+
|tno     |cname     |
+--------+----------+
|100006  |数据库系统 |
|120046  |英语       |
|400017  |数字电路   |
|800028  |高等数学   |
|NULL    |操作系统   |
+--------+----------+
5 rows in set (0.05 sec)
```

6.7 子 查 询

使用子查询，可以用一系列简单的查询构成复杂的查询，从而增强 SQL 语句的功能。

在 SQL 语言中，一个 SELECT … FROM … WHERE 语句称为一个查询块。在 WHERE 子句或 HAVING 子句所指定条件中，可以使用另一个查询块的查询的结果作为条件的一部分，这种将一个查询块嵌套在另一个查询块的子句指定条件中的查询称为嵌套查询。例如：

```
SELECT *
FROM student
WHERE sno IN
    (SELECT sno
     FROM score
     WHERE cno = '1004'
     );
```

在本例中，下层查询块"SELECT sno FROM sore WHERE cno='1004'"的查询结果，作为上层查询块"SELECT * FROM student WHERE sno IN"的查询条件，上层查询块称为父查询或外层查询，下层查询块称为子查询(Subquery)或内层查询，嵌套查询的处理过程是由内向外，即由子查询到父查询，子查询的结果作为父查询的查询条件。

SQL 允许 SELECT 多层嵌套使用，即一个子查询可以嵌套其他子查询，以增强查询能力。

子查询通常与IN、EXIST谓词和比较运算符结合使用。

6.7.1 IN 子查询

在IN子查询中,使用IN谓词实现子查询和父查询的连接。

语法格式:

```
<表达式> [ NOT ] IN ( <子查询>)
```

说明:

在IN子查询中,首先执行括号内的子查询,再执行父查询,子查询的结果作为父查询的查询条件。

当表达式与子查询的结果集中的某个值相等时,IN关键字返回TRUE,否则返回FALSE;若使用了NOT,则返回的值相反。

【例 6.28】 查询选修了课程号为8001的课程的学生情况。

```
mysql > SELECT *
     -> FROM student
     -> WHERE sno IN
     ->     (SELECT sno
     ->      FROM score
     ->      WHERE cno = '8001'
     ->     );
```

该语句采用IN子查询。

查询结果:

```
+--------+---------+-----+------------+----------+----+
|sno     |sname    |ssex |sbirthday   |speciality|tc  |
+--------+---------+-----+------------+----------+----+
|191001  |刘清泉   |男   |1998-06-21  |计算机    | 52 |
|191002  |张慧玲   |女   |1999-11-07  |计算机    | 50 |
|191003  |冯涛     |男   |1999-08-12  |计算机    | 52 |
|196001  |董明霞   |女   |1999-05-02  |通信      | 50 |
|196002  |李茜     |女   |1998-07-25  |通信      | 48 |
|196004  |周俊文   |男   |1998-03-10  |通信      | 52 |
+--------+---------+-----+------------+----------+----+
6 rows in set (0.00 sec)
```

【例 6.29】 查询选修某课程的学生人数多于4人的教师姓名。

```
mysql > SELECT tname AS 教师姓名
     -> FROM teacher
     -> WHERE tno IN
     ->     (SELECT tno
     ->      FROM lecture
     ->      WHERE cno IN
     ->          (SELECT a.cno
     ->           FROM course a, score b
     ->           WHERE a.cno = b.cno
```

```
    ->          GROUP BY a.cno
    ->          HAVING COUNT(a.cno)> 4
    ->         )
    ->     );
```

该语句采用IN子查询,在子查询中使用了谓词连接、GROUP BY子句、HAVING子句。

查询结果:

```
+----------+
|老师姓名  |
+----------+
|刘颖      |
|袁万明    |
+----------+
2 rows in set (0.00 sec)
```

注意:使用IN子查询时,子查询返回的结果和父查询引用列的值在逻辑上应具有可比较性。

6.7.2 比较子查询

比较子查询是指父查询与子查询之间用比较运算符进行关联。

语法格式:

```
<表达式> { <|<= | = |>|>= |!= |<>} { ALL|SOME|ANY } ( <子查询> )
```

说明:

关键字ALL、SOME和ANY用于对比较运算的限制,ALL指定表达式要与子查询结果集中每个值都进行比较,当表达式与子查询结果集中每个值都满足比较关系时,才返回TRUE,否则返回FALSE;SOME和ANY指定表达式只要与子查询结果集中某个值满足比较关系时,就返回TRUE,否则返回FALSE。

【例6.30】 查询比所有通信专业学生年龄都小的学生。

```
mysql> SELECT *
    -> FROM student
    -> WHERE sbirthday > ALL
    ->     (SELECT sbirthday
    ->      FROM student
    ->      WHERE speciality = '通信'
    ->     );
```

该语句采用比较子查询。

查询结果:

```
+--------+--------+----+-----------+----------+----+
|sno     |sname   |ssex|sbirthday  |speciality|tc  |
+--------+--------+----+-----------+----------+----+
|191002  |张慧玲  |女  |1999-11-07 |计算机    |50  |
```

```
|191003    |冯涛      |男  |1999-08-12 |计算机    |52  |
+---------+---------+----+-----------+---------+----+
2 rows in set (0.00 sec)
```

6.7.3 EXISTS 子查询

在 EXISTS 子查询中，EXISTS 谓词只用于测试子查询是否返回行，若子查询返回一个或多个行，则 EXISTS 返回 TRUE，否则返回 FALSE，如果为 NOT EXISTS，其返回值与 EXIST 相反。

语法格式：

```
[ NOT ] EXISTS ( <子查询> )
```

说明：

在 EXISTS 子查询中，父查询的 SELECT 语句返回的每一行数据都要由子查询来评价，如果 EXISTS 谓词指定条件为 TRUE，查询结果就包含该行，否则该行被丢弃。

【例 6.31】 查询选修 1004 课程的学生姓名。

```
mysql> SELECT sname AS 姓名
    -> FROM student
    -> WHERE EXISTS
    ->     (SELECT *
    ->      FROM score
    ->      WHERE score.sno = student.sno AND cno = '1004'
    ->     );
```

该语句采用 EXISTS 子查询。

查询结果：

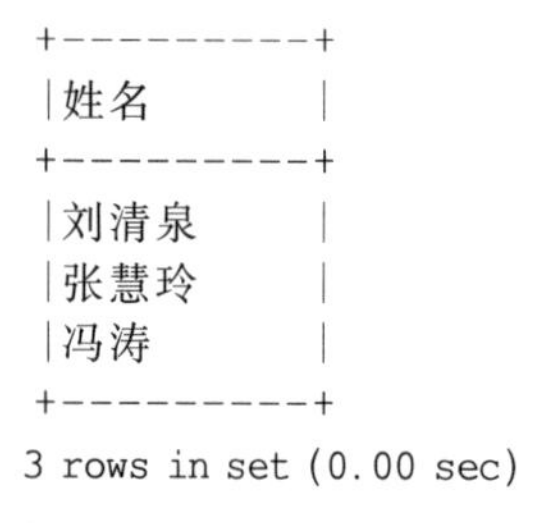

```
+---------+
|姓名      |
+---------+
|刘清泉    |
|张慧玲    |
|冯涛      |
+---------+
3 rows in set (0.00 sec)
```

注意： 由于 EXISTS 的返回值取决于子查询是否返回行，不取决于返回行的内容，因此子查询输出列表无关紧要，可以使用 * 来代替。

提示： 子查询和连接往往都要涉及两个表或多个表，其区别是连接可以合并两个表或多个表的数据，而带子查询的 SELECT 语句的结果只能来自一个表。

6.8 联合查询

联合查询将两个或多个 SQL 语句的查询结果集合并起来，利用联合进行查询处理以完成特定的任务，使用 UNION 关键字，将两个或多个 SQL 查询语句结合成一个单独 SQL 查询语句。

联合查询的基本语法如下。

语法格式：

```
<SELECT 查询语句 1>
{UNION|UNION ALL }
<SELECT 查询语句 2>
```

UNION 语句将第一个查询中的所有行与第二个查询的所有行相加。不使用关键字 ALL，消除重复行，所有返回行都是唯一的。使用关键字 ALL，不去掉重复记录，也不对结果自动排序。

在联合查询中，需要遵循的规则如下。

(1) 在构成联合查询的各个单独的查询中，列数和列的顺序必须匹配，数据类型必须兼容。

(2) ORDER BY 子句和 LIMIT 子句，必须置于最后一条 SELECT 语句之后。

【例 6.32】 查询性别为女及选修了课程号为 4002 的学生。

```
mysql> SELECT sno, sname, ssex
    -> FROM student
    -> WHERE ssex = '女'
    -> UNION
    -> SELECT a.sno, a.sname, a.ssex
    -> FROM student a, score b
    -> WHERE a.sno = b.sno AND b.cno = '4002';
```

该语句采用 UNION 将两个查询的结果合并成一个结果集，消除重复行。

查询结果：

```
+--------+--------+----+
|sno     |sname   |ssex|
+--------+--------+----+
|191002  |张慧玲  |女  |
|196001  |董明霞  |女  |
|196002  |李茜    |女  |
|196004  |周俊文  |男  |
+--------+--------+----+
4 rows in set (0.05 sec)
```

6.9 小　　结

本章主要介绍了以下内容。

(1) SELECT 语句是 SQL 语言的核心，它包含 SELECT 子句、FROM 子句、WHERE 子句、GROUP BY 子句、HAVING 子句、ORDER BY 子句、LIMIT 子句等。

(2) 投影查询用于选择列，投影查询通过 SELECT 语句的 SELECT 子句来表示。

(3) 选择查询用于选择行，选择查询通过 WHERE 子句实现，WHERE 子句通过条件表达式给出查询条件，该子句必须紧跟 FROM 子句之后。

(4) GROUP BY 子句用于指定需要分组的列。HAVING 子句用于对分组按指定条件进一步进行筛选，过滤出满足指定条件的分组。

聚合函数实现数据的统计计算，用于计算表中的数据，返回单个计算结果。聚合函数包括COUNT、SUM、AVG、MAX、MIN等函数。

(5) ORDER BY子句用于对查询结果进行排序。LIMIT子句用于限制SELECT语句返回的行数。

(6) 连接查询是重要查询方式，包括内连接、外连接和交叉连接。

交叉连接(CROSS JOIN)又称笛卡儿积，由第一个表的每一行与第二个表的每一行连接起来后形成的表。

在内连接(INNER JOIN)查询中，只有满足查询条件的记录才能出现在结果集中。常用的内连接有等值连接与非等值连接、自然连接和自连接等。内连接有两种连接方式：使用INNER JOIN的显示语法结构和使用WHERE子句定义连接条件的隐示语法结构。

外连接(OUTER JOIN)的结果表不但包含满足连接条件的行，还包括相应表中的所有行。外连接有以下两种：左外连接(LEFT OUTER JOIN)和右外连接(RIGHT OUTER JOIN)。

(7) 将一个查询块嵌套在另一个查询块的子句指定条件中的查询称为嵌套查询，在嵌套查询中，上层查询块称为父查询或外层查询，下层查询块称为子查询(Subquery)或内层查询。

子查询通常包括IN子查询、比较子查询和EXISTS子查询。

(8) 联合查询将两个或多个SQL语句的查询结果集合起来，利用集合进行查询处理以完成特定的任务，使用关键字UNION，将两个或多个SQL查询语句结合成一个单独SQL查询语句。

习 题 6

一、选择题

6.1 以下语句执行出错的原因是(　　)。

```
SELECT sno AS 学号, AVG(grade) AS 平均分 FROM score GROUP BY 学号;
```

A. 不能对grade(学分)计算平均值
B. 不能在GROUP BY子句中使用别名
C. GROUP BY子句必须有分组内容
D. score表没有sno列

6.2 统计表中记录数，使用聚合函数(　　)。

A. SUM　　B. AVG
C. COUNT　　D. MAX

6.3 在SELECT语句中使用哪一个关键字去掉结果集中的重复行(　　)。

A. ALL　　B. MERGE
C. UPDATE　　D. DISTINCT

6.4 查询course表的记录数，使用(　　)语句。

A. SELECT COUNT(cno) FROM course

B. SELECT COUNT(tno) FROM course

C. SELECT MAX(credit) FROM course

D. SELECT AVG(credit) FROM course

6.5 需要将 student 表中所有行连接 score 表中所有行,应创建( )连接。

A. 内连接 B. 外连接

C. 交叉连接 D. 自然连接

6.6 下面( )运算符可以用于多行运算。

A. = B. IN

C. <> D. LIKE

6.7 使用( )关键字进行子查询时,只注重子查询是否返回行,如果子查询返回一个或多个行,则返回真,否则为假。

A. EXISTS B. ANY

C. ALL D. IN

6.8 使用交叉连接查询两个表,一个表有 6 条记录,另一个表有 9 条记录,如果未使用子句,查询结果有( )条记录。

A. 15 B. 3

C. 9 D. 54

6.9 LIMIT 1,5 描述的是( )。

A. 获取第 1 条到第 6 条记录 B. 获取第 1 条到第 5 条记录

C. 获取第 2 条到第 6 条记录 D. 获取第 2 条到第 5 条记录

二、填空题

6.10 SELECT 语句有 SELECT、FROM、WHERE、GROUP BY、HAVING、ORDER BY、________等子句。

6.11 WHERE 子句可以接收________子句输出的数据。

6.12 MySQL 中使用________ 运算符指定正则表达式的字符匹配模式。

6.13 JOIN 关键字指定的连接类型有 INNER JOIN、OUTER JOIN、________ 三种。

6.14 内连接有两种连接方式:使用________的显示语法结构和使用 WHERE 子句定义连接条件的隐示语法结构。

6.15 外连接有 LEFT OUTER JOIN、________两种。

6.16 SELECT 语句的 WHERE 子句可以使用子查询,________的结果作为父查询的条件。

6.17 使用 IN 操作符实现指定匹配查询时,使用________操作符实现任意匹配查询,使用 ALL 操作符实现全部匹配查询。

6.18 集合运算符 UNION 实现了集合的________运算。

三、问答题

6.19 SELECT 语句包含那几个子句?简述各个子句的功能。

6.20 比较 LIKE 关键字和 REGEXP 关键字用于匹配基本字符串的异同。

6.21 什么是聚合函数?简述聚合函数的函数名称和功能。

6.22 在一个SELECT语句中，当WHERE子句、GROUP BY子句和HAVING子句同时出现在一个查询中时，SQL的执行顺序如何？

6.23 在使用JOIN关键字指定的连接中，怎样指定连接的多个表的表名？怎样指定连接条件？

6.24 内连接、外连接有什么区别？左外连接、右外连接和全外连接有什么区别？

6.25 什么是子查询？IN子查询、比较子查询、EXISTS子查询各有何功能？

6.26 什么是联合查询？简述其功能。

四、应用题

6.27 查询score表中学号为“196004”，课程号为“1201”的学生成绩。

6.28 查询student表中姓周的学生情况。

6.29 查询数学成绩第2名到第5名的信息。

6.30 查询通信专业的最高学分的学生的情况。

6.31 查询1004课程的最高分、最低分、平均成绩。

6.32 查询至少有3名学生选修且以4开头的课程号和平均分数。

6.33 将计算机专业的学生按出生时间升序排列。

6.34 查询各门课程最高分的课程号和分数，并按分数降序排列。

6.35 查询选修课程3门以上且成绩在85分以上的学生的情况。

6.36 查询选修了“英语”的学生姓名及成绩。

6.37 查询选修了“高等数学”且成绩在80分以上的学生情况。

6.38 查询选修某课程的平均成绩高于85分的教师姓名。

6.39 查询选修‘1201’号课程或选修‘1004’号课程的学生姓名、性别、总学分。

6.40 查询每个专业最高分的课程名和分数。

6.41 查询通信专业的最高分。

6.42 查询数据库系统课程的任课教师。

6.43 查询成绩高于平均分的成绩记录。

第7章 视 图

本章要点

(1) 视图及其作用。

(2) 创建视图和查询视图。

(3) 更新视图。

(4) 修改视图和删除视图。

视图通过 SELECT 查询语句定义,用于方便用户的查询和处理,增加安全性和便于数据共享。本章介绍视图及其作用、创建视图、查询视图、更新视图、修改视图和删除视图等内容。

7.1 视图及其作用

视图(View)是从一个或多个表(或视图)导出的,用来导出视图的表称为基表(Base Table)或基本表,导出的视图称为虚表。在数据库中,视图通过 SELECT 查询语句定义,它只存储视图的定义,不存放视图对应的数据,这些数据仍然存放在原来的基表中。视图一经定义,就可以像表一样被查询、修改、删除和更新。

视图可以由一个基表中选取的某些行和列组成,也可以由多个表中满足一定条件的数据组成,视图就像是基表的窗口,它反映了一个或多个基表的局部数据。

视图有以下优点。

(1) 方便用户的查询和处理,集中分散的数据。

(2) 保护数据安全,增加安全性。

(3) 便于数据共享。

(4) 简化查询操作,屏蔽数据库的复杂性。

(5) 可以重新组织数据。

7.2 创 建 视 图

使用视图前,必须首先创建视图。在 MySQL 中,创建视图的语句是 CREATE VIEW 语句。

语法格式:

```
CREATE [ OR REPLACE ] VIEW view_name[ (column_list) ]
    AS
    SELECT_statement
    [ WITH [ CASCADE|LOCAL ] CHECK OPTION ]
```

说明：

(1) OR REPLACE：为可选项，在创建视图时，如果存在同名视图，则要重新创建。

(2) view_name：指定视图名称。

(3) column_list：该子句为视图中每个列指定列名，为可选子句。可以自定义视图中包含的列，若使用源表或视图中相同的列名，可不必给出列名。

(4) SELECT_statement：定义视图的SELECT语句，用于创建视图，可查询多个表或视图。

对SELECT语句有以下限制。

① 定义视图的用户必须对所涉及的基表或其他视图有查询的权限。

② 不能包含FROM子句中的子查询。

③ 不能引用系统或用户变量。

④ 不能引用预处理语句参数。

⑤ 在定义中引用的表或视图必须存在。

⑥ 若引用的不是当前数据库的表或视图，要在表或视图前加上数据库的名称。

⑦ 在视图定义中允许使用ORDER BY，但是，如果从特定视图进行了选择，而该视图使用了具有自己ORDER BY的语句，它将被忽略。

⑧ 对于SELECT语句中其他选项或子句，若所创建的视图中包含了这些选项，则语句执行效果未定义。

(5) WITH CHECK OPTION：指出在视图上进行的修改都要符合SELECT语句所指定的限制条件。

【例7.1】 在stusys数据库中创建V_StudentScore视图，包括学号、姓名、性别、专业、课程号、成绩，且专业为计算机。

创建V_StudentScore视图语句如下：

```
mysql> CREATE OR REPLACE VIEW V_StudentScore
     -> AS
     -> SELECT a.sno, sname, ssex, speciality, cno, grade
     -> FROM student a, score b
     -> WHERE a.sno = b.sno AND speciality = '计算机'
     -> WITH CHECK OPTION;
Query OK, 0 rows affected (0.06 sec)
```

【例7.2】 在stusys数据库中创建V_StudentCourseScore视图，包括学号、姓名、性别、课程名、成绩，按学号升序排列，且专业为计算机。

创建V_StudentCourseScore视图语句如下：

```
mysql> CREATE OR REPLACE VIEW V_StudentCourseScore
     -> AS
     -> SELECT a.sno, sname, ssex, speciality, cname, grade
     -> FROM student a, course b, score c
     -> WHERE a.sno = c.sno AND b.cno = c.cno AND speciality = '计算机'
     -> ORDER BY a.sno;
Query OK, 0 rows affected (0.06 sec)
```

7.3 查询视图

使用 SELECT 语句对视图进行查询与使用 SELECT 语句对表进行查询类似,但可简化用户的程序设计,方便用户,通过指定列限制用户访问,提高安全性。

【例 7.3】 分别查询 V_StudentScore 视图、V_StudentCourseScore 视图。

使用 SELECT 语句对 V_StudentScore 视图进行查询:

```
mysql> SELECT *
    -> FROM V_StudentScore;
```

查询结果:

```
+--------+---------+----+-----------+------+-----+
|sno     |sname    |ssex|sbirthday  |cno   |grade|
+--------+---------+----+-----------+------+-----+
|191001  |刘清泉   |男  |计算机     |1004  |   95|
|191001  |刘清泉   |男  |计算机     |1201  |   92|
|191001  |刘清泉   |男  |计算机     |8001  |   92|
|191002  |张慧玲   |女  |计算机     |1004  |   87|
|191002  |张慧玲   |女  |计算机     |1201  |   78|
|191002  |张慧玲   |女  |计算机     |8001  |   88|
|191003  |冯涛     |男  |计算机     |1004  |   93|
|191003  |冯涛     |男  |计算机     |1201  |   93|
|191003  |冯涛     |男  |计算机     |8001  |   84|
+--------+---------+----+-----------+------+-----+
9 rows in set (0.09 sec)
```

使用 SELECT 语句对 V_StudentCourseScore 视图进行查询:

```
mysql> SELECT *
    -> FROM V_StudentCourseScore;
```

查询结果:

```
+--------+---------+----+-----------+----------+------+
|sno     |sname    |ssex|sbirthday  |cname     |grade |
+--------+---------+----+-----------+----------+------+
|191001  |刘清泉   |男  |计算机     |数据库系统|    95|
|191001  |刘清泉   |男  |计算机     |英语      |    92|
|191001  |刘清泉   |男  |计算机     |高等数学  |    92|
|191002  |张慧玲   |女  |计算机     |数据库系统|    87|
|191002  |张慧玲   |女  |计算机     |英语      |    78|
|191002  |张慧玲   |女  |计算机     |高等数学  |    88|
|191003  |冯涛     |男  |计算机     |数据库系统|    93|
|191003  |冯涛     |男  |计算机     |英语      |    93|
|191003  |冯涛     |男  |计算机     |高等数学  |    84|
+--------+---------+----+-----------+----------+------+
9 rows in set (0.01 sec)
```

【例 7.4】 查询计算机专业学生的学号、姓名、性别、课程名。

查询计算机专业学生的学号、姓名、性别、课程名，不使用视图直接使用 SELECT 语句需要连接 student、course 两个表，较为复杂，此处使用视图则十分简捷方便。

```
mysql> SELECT sno, sname, ssex, cname
    -> FROM V_StudentCourseScore;
```

该语句对 V_StudentCourseScore 视图进行查询。

查询结果：

```
+--------+--------+----+---------+
|sno     |sname   |ssex|cname    |
+--------+--------+----+---------+
|191001  |刘清泉  |男  |数据库系统|
|191001  |刘清泉  |男  |英语      |
|191001  |刘清泉  |男  |高等数学  |
|191002  |张慧玲  |女  |数据库系统|
|191002  |张慧玲  |女  |英语      |
|191002  |张慧玲  |女  |高等数学  |
|191003  |冯涛    |男  |数据库系统|
|191003  |冯涛    |男  |英语      |
|191003  |冯涛    |男  |高等数学  |
+--------+--------+----+---------+
9 rows in set (0.00 sec)
```

7.4 更新视图

更新视图指通过视图进行插入、删除、修改数据，由于视图是不存储数据的虚表，对视图的更新最终转化为对基表的更新。

7.4.1 可更新视图

通过更新视图数据可更新基表数据，但只有满足可更新条件的视图才能更新。

如果视图包含下述结构中的任何一种，那么它就是不可更新的。

(1) 聚合函数。

(2) DISTINCT 关键字。

(3) GROUP BY 子句。

(4) ORDER BY 子句。

(5) HAVING 子句。

(6) UNION 运算符。

(7) 位于选择列表中的子查询。

(8) FROM 子句中包含多个表。

(9) SELECT 语句中引用了不可更新视图。

(10) WHERE 子句中的子查询，引用 FROM 子句中的表。

【例 7.5】 在 stusys 数据库中，以 student 为基表，创建专业为通信的可更新视图 V_StudentSpecialityComm。

创建视图 V_StudentSpecialityComm 语句如下：

```
mysql > CREATE OR REPLACE VIEW V_StudentSpecialityComm
     -> AS
     -> SELECT *
     -> FROM student
     -> WHERE speciality = '通信';
Query OK, 0 rows affected (0.06 sec)
```

使用 SELECT 语句查询 V_StudentSpecialityComm 视图。

```
mysql > SELECT *
     -> FROM V_StudentSpecialityComm;
```

查询结果：

```
+--------+---------+----+------------+----------+----+
|sno     |sname    |ssex|sbirthday   |speciality|tc  |
+--------+---------+----+------------+----------+----+
|196001  |董明霞    |女  |1999 - 05 - 02|通信      |  50|
|196002  |李茜      |女  |1998 - 07 - 25|通信      |  48|
|196004  |周俊文    |男  |1998 - 03 - 10|通信      |  52|
+--------+---------+----+------------+----------+----+
3 rows in set (0.03 sec)
```

7.4.2 插入数据

使用 INSERT 语句通过视图向基表插入数据。

【例 7.6】 向 V_StudentSpecialityComm 视图中插入一条记录：('196006','程超','男','1998-04-28','通信', 50)。

```
mysql > INSERT INTO V_StudentSpecialityComm
     -> VALUES('196006','程超','男','1998 - 04 - 28','通信', 50);
Query OK, 1 row affected (0.05 sec)
```

使用 SELECT 语句查询 V_StudentSpecialityComm 视图的基表 student。

```
mysql > SELECT *
     -> FROM student;
```

上述语句对基表 student 进行查询,该表已添加记录('196006','程超','男','1998-04-28','通信', 50)。

查询结果：

```
+--------+---------+----+------------+----------+----+
|sno     |sname    |ssex|sbirthday   |speciality|tc  |
+--------+---------+----+------------+----------+----+
|191001  |刘清泉    |男  |1998 - 06 - 21|计算机    |  52|
|191002  |张慧玲    |女  |1999 - 11 - 07|计算机    |  50|
|191003  |冯涛      |男  |1999 - 08 - 12|计算机    |  52|
|196001  |董明霞    |女  |1999 - 05 - 02|通信      |  50|
|196002  |李茜      |女  |1998 - 07 - 25|通信      |  48|
```

```
|196004  |周俊文   |男  |1998-03-10 |通信      |  52 |
|196006  |程超     |男  |1998-04-28 |通信      |  50 |
+--------+--------+----+-----------+----------+----+
7 rows in set (0.00 sec)
```

注意：当视图依赖的基表有多个表时，不能向该视图插入数据。

7.4.3 修改数据

使用UPDATE语句通过视图修改基表数据。

【例7.7】 将V_StudentSpecialityComm视图中学号为"196006"的学生的总学分增加2分。

```
mysql> UPDATE V_StudentSpecialityComm SET tc = tc + 2
    -> WHERE sno = '196006';
Query OK, 1 row affected (0.15 sec)
Rows matched: 1  Changed: 1  Warnings: 0
```

使用SELECT语句查询V_StudentSpecialityComm视图的基表student。

```
mysql> SELECT *
    -> FROM student;
```

上述语句对基表student进行查询，该表已将学号为"196006"的学生的总学分增加了2分。

查询结果：

```
+--------+--------+----+-----------+----------+----+
|sno     |sname   |ssex|sbirthday  |speciality|tc  |
+--------+--------+----+-----------+----------+----+
|191001  |刘清泉   |男  |1998-06-21 |计算机    |  52 |
|191002  |张慧玲   |女  |1999-11-07 |计算机    |  50 |
|191003  |冯涛     |男  |1999-08-12 |计算机    |  52 |
|196001  |董明霞   |女  |1999-05-02 |通信      |  50 |
|196002  |李茜     |女  |1998-07-25 |通信      |  48 |
|196004  |周俊文   |男  |1998-03-10 |通信      |  52 |
|196006  |程超     |男  |1998-04-28 |通信      |  52 |
+--------+--------+----+-----------+----------+----+
7 rows in set (0.00 sec)
```

注意：当视图依赖的基表有多个表时，一次修改视图只能修改一个基表的数据。

7.4.4 删除数据

使用DELETE语句通过视图向基表删除数据。

【例7.8】 删除V_StudentSpecialityComm视图中学号为"196006"的记录。

```
mysql> DELETE FROM V_StudentSpecialityComm
    -> WHERE sno = '196006';
```

```
Query OK, 1 row affected (0.12 sec)
```

使用 SELECT 语句查询 V_StudentSpecialityComm 视图的基表 student。

```
mysql> SELECT *
    -> FROM student;
```

上述语句对基表 student 进行查询,该表已删除记录('196006','程超','男','1998-04-28','通信', 50)。

查询结果:

```
+--------+--------+----+-----------+----------+----+
|sno     |sname   |ssex|sbirthday  |speciality|tc  |
+--------+--------+----+-----------+----------+----+
|191001  |刘清泉   |男  |1998-06-21 |计算机     | 52 |
|191002  |张慧玲   |女  |1999-11-07 |计算机     | 50 |
|191003  |冯涛     |男  |1999-08-12 |计算机     | 52 |
|196001  |董明霞   |女  |1999-05-02 |通信       | 50 |
|196002  |李茜     |女  |1998-07-25 |通信       | 48 |
|196004  |周俊文   |男  |1998-03-10 |通信       | 52 |
+--------+--------+----+-----------+----------+----+
6 rows in set (0.00 sec)
```

注意:当视图依赖的基表有多个表时,不能向该视图删除数据。

7.5 修改视图定义

修改视图定义使用 ALTER VIEW 语句。

语法格式:

```
ALTER VIEW view_name[ (column_list) ]
    AS
    SELECT_statement
    [ WITH [ CASCADE|LOCAL ] CHECK OPTION ]
```

ALTER VIEW 语句的语法与 CREATE VIEW 类似,此处不再重复。

【例 7.9】 将例 7.1 定义的视图 V_StudentScore 进行修改,取消专业为计算机的要求。

```
mysql> ALTER VIEW V_StudentScore
    -> AS
    -> SELECT a.sno, sname, ssex, speciality, cno, grade
    -> FROM student a, score b
    -> WHERE a.sno = b.sno
    -> WITH CHECK OPTION;
Query OK, 0 rows affected (0.39 sec)
```

使用 SELECT 语句对修改后的 V_StudentScore 视图进行查询,可看出修改后的 V_StudentScore 视图已取消专业为计算机的要求。

```
mysql> SELECT *
 -> FROM V_StudentScore;
```

查询结果：

```
+--------+---------+----+-----------+-------+-----+
|sno     |sname    |ssex|sbirthday  |cno    |grade|
+--------+---------+----+-----------+-------+-----+
|191001  |刘清泉   |男  |计算机     |1004   |   95|
|191001  |刘清泉   |男  |计算机     |1201   |   92|
|191001  |刘清泉   |男  |计算机     |8001   |   92|
|191002  |张慧玲   |女  |计算机     |1004   |   87|
|191002  |张慧玲   |女  |计算机     |1201   |   78|
|191002  |张慧玲   |女  |计算机     |8001   |   88|
|191003  |冯涛     |男  |计算机     |1004   |   93|
|191003  |冯涛     |男  |计算机     |1201   |   93|
|191003  |冯涛     |男  |计算机     |8001   |   84|
|196001  |董明霞   |女  |通信       |1201   |   84|
|196001  |董明霞   |女  |通信       |4002   |   90|
|196001  |董明霞   |女  |通信       |8001   |   87|
|196002  |李茜     |女  |通信       |1201   |   76|
|196002  |李茜     |女  |通信       |4002   |   79|
|196002  |李茜     |女  |通信       |8001   | NULL|
|196004  |周俊文   |男  |通信       |1201   |   92|
|196004  |周俊文   |男  |通信       |4002   |   88|
|196004  |周俊文   |男  |通信       |8001   |   94|
+--------+---------+----+-----------+-------+-----+
18 rows in set (0.15 sec)
```

【例 7.10】 修改例 7.2 创建的视图 V_StudentCourseScore，学号以降序排列。

```
mysql> ALTER VIEW V_StudentCourseScore
    -> AS
    -> SELECT a.sno, sname, ssex, speciality, cname, grade
    -> FROM student a, course b, score c
    -> WHERE a.sno = c.sno AND b.cno = c.cno AND speciality = '计算机'
    -> ORDER BY a.sno DESC;
Query OK, 0 rows affected (0.05 sec)
```

使用 SELECT 语句对修改后的 V_StudentCourseScore 视图进行查询，可看出修改后的 V_StudentCourseScore 视图学号以降序排列。

```
mysql> SELECT *
    -> FROM V_StudentCourseScore;
```

查询结果：

```
+--------+---------+----+-----------+-----------+-------+
|sno     |sname    |ssex|sbirthday  |cname      |grade  |
+--------+---------+----+-----------+-----------+-------+
|191003  |冯涛     |男  |计算机     |数据库系统 |     93|
|191003  |冯涛     |男  |计算机     |英语       |     93|
```

```
|191003    |冯涛     |男   |计算机      |高等数学       |      84 |
|191002    |张慧玲   |女   |计算机      |数据库系统     |      87 |
|191002    |张慧玲   |女   |计算机      |英语           |      78 |
|191002    |张慧玲   |女   |计算机      |高等数学       |      88 |
|191001    |刘清泉   |男   |计算机      |数据库系统     |      95 |
|191001    |刘清泉   |男   |计算机      |英语           |      92 |
|191001    |刘清泉   |男   |计算机      |高等数学       |      92 |
+--------+--------+----+-----------+-----------+------+
9 rows in set (0.13 sec)
```

7.6　删除视图

如果不再需要视图，可以进行删除，删除视图对创建该视图的基表没有任何影响。

删除视图使用 DROP VIEW 语句。

语法格式：

```
DROP VIEW [IF EXISTS]
    view_name [, view_name] …
```

其中，view_name 是视图名，声明了 IF EXISTS，可防止因视图不存在而出现错误信息。使用 DROP VIEW 一次可删除多个视图。

【例 7.11】　在 stusys 数据库中，将视图 V_StudentCourseScore 删除。

```
mysql> DROP VIEW V_StudentCourseScore;
Query OK, 0 rows affected (0.08 sec)
```

注意：删除视图时，应将由该视图导出的其他视图删去。删除基表时，应将由该表导出的其他视图删去。

7.7　小　　结

本章主要介绍了以下内容。

(1) 视图(View)通过 SELECT 查询语句定义，它是从一个或多个表(或视图)导出的，用来导出视图的表称为基表(Base Table)，导出的视图称为虚表。在数据库中，只存储视图的定义，不存放视图对应的数据，这些数据仍然存放在原来的基表中。

视图的优点是：方便用户操作、集中分散的数据，增加安全性，便于数据共享，简化查询操作、屏蔽数据库的复杂性，可以重新组织数据。

(2) 创建视图的语句是 CREATE VIEW 语句。定义视图的 SELECT 语句的限制。

(3) 使用 SELECT 语句对视图进行查询与使用 SELECT 语句对表进行查询类似，但可简化用户的程序设计，方便用户，通过指定列限制用户访问，提高安全性。

(4) 更新视图指通过视图进行插入、删除、修改数据，由于视图是不存储数据的虚表，对视图的更新最终转化为对基表的更新，只有满足可更新条件的视图才能更新。

(5) 修改视图的定义使用 ALTER VIEW 语句。

(6)删除视图使用 DROP VIEW 语句。

习　题　7

一、选择题

7.1　下面语句中用于创建视图的是(　　)。

A. ALTER VIEW　　B. DROP VIEW
C. CREATE TABLE　　D. CREATE VIEW

7.2　下面语句中不可对视图进行操作的是(　　)。

A. UPDATE　　B. CREATE INDEX
C. DELETE　　D. INSERT

7.3　以下关于视图的描述中,错误的是(　　)。

A. 视图中保存有数据
B. 视图通过 SELECT 查询语句定义
C. 可以通过视图操作数据库中表的数据
D. 通过视图操作的数据仍然保存在表中

7.4　以下不正确的是(　　)。

A. 视图的基表可以是表或视图
B. 视图占用实际的存储空间
C. 创建视图必须通过 SELECT 查询语句
D. 利用视图可以将数据永久地保存

二、填空题

7.5　视图的优点是方便用户操作、________。

7.6　视图的数据存放在________中。

7.7　可更新视图指________的视图。

7.8　修改视图的定义使用________语句。

三、问答题

7.9　什么是视图?简述视图的优点。

7.10　简述表与视图的区别和联系。

7.11　什么是可更新视图?可更新视图需要满足哪些条件?

四、应用题

7.12　在 stusys 数据库中,创建一个视图 V_SpecialityStudentCourseScore,包含学号、姓名、性别、课程号、课程名、成绩等列,专业为计算机,并查询视图的所有记录。

7.13　在 stusys 数据库中,创建一个视图 V_CourseScore,包含学号、课程名、成绩等列,然后查询该视图的所有记录。

7.14　在 stusys 数据库中,创建一个视图 V_AvgGradeStudentScore,包含学号、姓名、平均分等列,按平均分降序排列,再查询该视图的所有记录。

第8章

索　引

本章要点

(1) 索引及其作用。

(2) 创建索引。

(3) 查看表上建立的索引。

(4) 删除索引。

索引是与表关联的存储在磁盘上的单独结构,用于快速访问数据。本章介绍索引及其作用、创建索引、查看表上建立的索引、删除索引等内容。

8.1 索引及其作用

1. 索引的概念

对数据库中的表进行查询操作时,有两种搜索扫描方式:一种是全表扫描,另一种是使用表上建立的索引扫描。

全表扫描要查找某个特定的行,必须从头开始一一查看表中的每一行,与查询条件作对比,返回满足条件的记录,当表中有很多行的时候,查询效率非常低。

索引是按照数据表中一列或多个列进行索引排序,并为其建立指向数据表记录所在位置的指针,如图 8.1 所示。索引表中的列称为索引字段或索引项,该列的各个值称为索引值。索引访问首先搜索索引值,再通过指针直接找到数据表中对应的记录。

索引

sno	指针
191001	
191002	
191003	
196001	
196002	
196004	

数据表

sno	sname	ssex	sbirthday	specialist	tc
196004	周俊文	男	1998-03-10	通信	52
191003	冯涛	男	1999-08-12	计算机	52
196002	李茜	女	1998-07-25	通信	48
191001	刘清泉	男	1998-06-21	计算机	52
196001	董明霞	女	1999-05-02	通信	50
191002	张慧玲	女	1999-11-07	计算机	50

图 8.1　索引示意

例如,用户对 student 表中学号列建立索引后,当查找学号为"191001"的学生信息,首先在索引项中找到"191001",通过指针直接找到 student 表中相应的行('191001','刘清泉','男','1998-06-21','计算机',52)。在这个过程中,除搜索索引项外,只需处理一行即可返回结果,从而大幅度地提高了查询速度。如果没有学号列的索引,则要扫描 student 表中的所有行。

建立索引的作用如下。

（1）提高查询速度。

（2）保证列值的唯一性。

（3）查询优化依靠索引起作用。

（4）提高 ORDER BY、GROUP BY 执行速度。

2. 索引的分类

（1）普通索引(INDEX)。这是最基本的索引类型，它没有唯一性之类的限制。创建普通索引的关键字是 INDEX。

（2）唯一性索引(UNIQUE)。这种索引和前面的普通索引基本相同，但有一个区别：索引列的所有值都只能出现一次，即必须是唯一的。创建唯一性索引的关键字是 UNIQUE。

（3）主键(PRIMARY KEY)。主键是一种唯一性索引，它必须指定为“PRIMARY KEY”。主键一般在创建表的时候指定，也可以通过修改表的方式加入主键。但是每个表只能有一个主键。

（4）聚簇索引。聚簇索引的索引顺序就是数据存储的物理顺序，这样能保证索引值相近的元组所存储的物理位置也相近。一个表只能有一个聚簇索引。

（5）全文索引(FULLTEXT)。MySQL 支持全文检索和全文索引。在 MySQL 中，全文索引的索引类型为 FULLTEXT。

索引可以建立在一列上，称为单列索引，一个表可以建立多个单列索引。索引也可以建立在多个列上，称为组合索引、复合索引或多列索引。

3. 索引的使用

使用索引可以提高系统的性能，加快数据检索的速度，但是使用索引是要付出一定的代价。

（1）占用存储空间。索引需要占用磁盘空间。

（2）降低更新表中数据的速度。当更新表中数据时，系统会自动更新索引列的数据，这可能需要重新组织一个索引。

建立索引的建议。

（1）查询中很少涉及的列、重复值比较多的列不要建立索引。

（2）数据量较小的表最好不要建立索引。

（3）限制表中索引的数量。

（4）在表中插入数据后创建索引。

（5）如果 char 列或 varchar 列字符数很多，可视具体情况选取前 *N* 个字符值进行索引。

8.2 创建索引

在 MySQL 中，有三种创建索引的方法：在已有的表上创建索引用 CREATE INDEX 语句和 ALTER TABLE 语句，在创建表的同时创建索引用 CREATE TABLE 语句。

8.2.1 使用 CREATE INDEX 语句创建索引

使用 CREATE INDEX 语句可在一个已有的表上创建索引。

语法格式：

```
CREATE [UNIQUE] INDEX index_name
    ON tbl_name( col_name [ (length) ] [ ASC | DESC] , … )
```

说明：

(1) UNIQUE：可选项，指定所创建的索引是唯一性索引。

(2) index_name：指定所建立的索引名称。一个表中可建多个索引，而每个索引名称必须是唯一的。

(3) tbl_name：指定需要建立索引的表名。

(4) col_name：指定要创建索引的列名。

(5) length：可选项，用于指定使用列的前 length 个字符创建索引。

(6) ASC | DESC：可选项，指定索引是按升序(ASC)还是降序(DESC)排序，默认为 ASC。

【例 8.1】 在 stusys 数据库中 student 表的 sname 列上，创建一个普通索引 I_studentSname。

```
mysql> CREATE INDEX I_studentSname ON student(sname);
Query OK, 0 rows affected (0.73 sec)
Records: 0 Duplicates: 0 Warnings: 0
```

该语句执行后，在 student 表的 sname 列上建立了一个普通索引 I_studentSname，普通索引是没有唯一性等约束的索引。该语句没有指明排序方式，因此采用默认方式，即为升序索引。

【例 8.2】 在 stusys 数据库中 course 表的 cno 列上，创建一个索引 I_courseCno，要求按课程号 cno 字段值前两个字符降序排序。

```
mysql> CREATE INDEX I_courseCno ON course(cno(2) DESC);
Query OK, 0 rows affected (0.15 sec)
Records: 0  Duplicates: 0  Warnings: 0
```

该语句执行后，在 course 表的 cno 列上建立了一个普通索引 I_courseCno，按 cno 字段值前两个字符降序排序。对字符类型排序，如果是英文，按照英文字母顺序排序；如果是中文，按照汉语拼音对应的英文字母顺序排序。

【例 8.3】 在 stusys 数据库中 student 表的 tc 列(降序)和 sname 列(升序)，创建一个组合索引 I_studentTcSname。

```
mysql> CREATE INDEX I_studentTcSname ON student(tc DESC, sname);
Query OK, 0 rows affected (0.13 sec)
Records: 0  Duplicates: 0  Warnings: 0
```

该语句执行后，在 student 表的 tc 列和 sname 列上建立了一个组合索引 I_courseCno。排序时，先按 tc 列降序排序；若 tc 列值相同，再按 sname 列升序排序。

8.2.2 使用 ALTER TABLE 语句创建索引

使用 ALTER TABLE 语句也可在一个已有的表上创建索引。

语法格式：

```
ALTER TABLE tbl_name
    ADD[UNIQUE|FULLTEXT ] [ INDEX|KEY ] [ index_name ] ( col_name [ (length) ] [ ASC | DESC] , … )
```

上述语句中的tbl_name、UNIQUE、index_name、col_name、length、ASC | DESC等选项与CREATE INDEX语句中相关选项类似，此处不再重复解释。

【例8.4】 在stusys数据库teacher表的tname列，创建一个唯一性索引I_teacherTname，并按降序排序。

```
mysql > ALTER TABLE teacher
    -> ADD UNIQUE INDEX I_teacherTname(tname DESC);
Query OK, 0 rows affected (0.17 sec)
Records: 0  Duplicates: 0  Warnings: 0
```

8.2.3 使用CREATE TABLE语句创建索引

使用CREATE TABLE语句可在创建表的同时创建索引。

语法格式：

```
CREATE TABLE tbl_name [ col_name data_type ]
    [ CONSTRAINT index_name ] [UNIQUE|FULLTEXT ] [ INDEX|KEY ]
    [ index_name ]( col_name [ (length) ] [ ASC | DESC] , … )
```

上述语句中的tbl_name、index_name、UNIQUE、col_name、length、ASC | DESC等选项与CREATE INDEX语句中相关选项类似，此处不再重复解释。

【例8.5】 在stusys数据库中，创建新表score1表，主键为sno和cno，同时在grade列上创建普通索引。

```
mysql > CREATE TABLE score1
    -> (
    ->      sno char (6) NOT NULL,
    ->      cno char(4) NOT NULL,
    ->      grade tinyint NULL,
    ->      PRIMARY KEY(sno,cno),
    ->      INDEX(grade)
    -> );
```

8.3 查看表上建立的索引

查看表上建立的索引，使用SHOW INDEX语句。

语法格式：

```
SHOW { INDEX|INDEXES|KEYS } { FROM|IN } tbl_name [{ FROM|IN } db_name ]
```

该语句以二维表的形式显示建立在表上所有索引信息，由于显示的项目较多，不易查看，可使用\G参数。

【例8.6】 查看例8.5所创建的score1表的索引。

```
mysql > SHOW INDEX FROM score1 \G;
*************************** 1. row ***************************
        Table: score1
   Non_unique: 0
     Key_name: PRIMARY
 Seq_in_index: 1
  Column_name: sno
    Collation: A
  Cardinality: 0
     Sub_part: NULL
       Packed: NULL
         Null:
   Index_type: BTREE
      Comment:
Index_comment:
      Visible: YES
   Expression: NULL
*************************** 2. row ***************************
        Table: score1
   Non_unique: 0
     Key_name: PRIMARY
 Seq_in_index: 2
  Column_name: cno
    Collation: A
  Cardinality: 0
     Sub_part: NULL
       Packed: NULL
         Null:
   Index_type: BTREE
      Comment:
Index_comment:
      Visible: YES
   Expression: NULL
*************************** 3. row ***************************
        Table: score1
   Non_unique: 1
     Key_name: grade
 Seq_in_index: 1
  Column_name: grade
    Collation: A
  Cardinality: 0
     Sub_part: NULL
       Packed: NULL
         Null: YES
   Index_type: BTREE
      Comment:
Index_comment:
      Visible: YES
   Expression: NULL
3 rows in set (0.08 sec)
```

可以看出,在表 score1 上建立了三个索引：两个主键索引,索引名称是 PRIMARY,索引建立在 sno 和 cno 列上；一个普通索引,索引名称是 grade,索引建立在列 grade 上。

8.4 删除索引

索引的删除有两种方式：使用 DROP INDEX 语句删除索引和使用 ALTER TABLE 语句删除索引。

8.4.1 使用 DROP INDEX 语句删除索引

DROP INDEX 语句用于删除索引。

语法格式：

```
DROP INDEX index_name ON table_ name
```

其中,index_name 是要删除的索引名,table_ name 是索引所在的表。

【例 8.7】 删除已建索引 I_studentTcSname。

```
mysql > DROP INDEX I_studentTcSname ON student;
Query OK, 0 rows affected (0.14 sec)
Records: 0  Duplicates: 0  Warnings: 0
```

该语句执行后,表 student 上的索引 I_studentTcSname 被删除,对表 student 无影响,也不影响该表上其他索引。

8.4.2 使用 ALTER TABLE 语句删除索引

ALTER TABLE 语句不仅能创建索引,还能删除索引。

语法格式：

```
ALTER TABLE tbl_name
    DROP INDEX index_name
```

其中,tbl_ name 是索引所在的表,index_name 是要删除的索引名。

【例 8.8】 删除已建索引 I_teacherTname。

```
mysql > ALTER TABLE teacher
     - > DROP INDEX I_teacherTname;
Query OK, 0 rows affected (0.10 sec)
Records: 0  Duplicates: 0  Warnings: 0
```

8.5 小　　结

本章主要介绍了以下内容。

(1) 索引(Index)是按照数据表中一列或多个列进行索引排序,并为其建立指向数据表记录所在位置的指针。索引访问首先搜索索引值,并通过指针直接找到数据表中对应的记录。

建立索引的作用为：提高查询速度，保证列值的唯一性，查询优化依靠索引起作用，提高 ORDER BY、GROUP BY 执行速度。

(2) 索引可分为：普通索引(INDEX)、唯一性索引(UNIQUE)、主键(PRIMARY KEY)、聚簇索引和全文索引(FULLTEXT)。

索引可以建立在一列上，称为单列索引；也可以建立在多个列上，称为组合索引、复合索引或多列索引。

(3) 在 MySQL 中，有三种创建索引的方法：在已有的表上创建索引用 CREATE INDEX 语句和 ALTER TABLE 语句，在创建表的同时创建索引用 CREATE INDEX 语句。

(4) 查看表上建立的索引使用 SHOW INDEX 语句。

(5) 索引的删除有两种方式：使用 DROP INDEX 语句删除索引和使用 ALTER TABLE 语句删除索引。

习 题 8

一、选择题

8.1 建立索引的主要目的是(　　)。

A. 提高安全性　　B. 提高查询速度

C. 节省存储空间　　D. 提高数据更新速度

8.2 不能采用(　　)创建索引。

A. CREATE INDEX　　B. CREATE TABLE

C. ALTER INDEX　　D. ALTER TABLE

8.3 能够在已有的表上建立索引的语句是(　　)。

A. ALTER TABLE　　B. CREATE TABLE

C. UPDATE TABLE　　D. REINDEX TABLE

8.4 不属于 MySQL 索引类型的是(　　)。

A. 唯一性索引　　B. 主键

C. 非空值索引　　D. 全文索引

8.5 索引可以提高(　　)操作的效率。

A. UPDATE　　B. DELETE

C. INSERT　　D. SELECT

二、填空题

8.6 索引是按照数据表中一列或多列进行索引排序，并为其建立指向数据表记录所在位置的________。

8.7 索引访问首先搜索索引值，并通过指针直接找到数据表中对应的________。

8.8 在已有的表上创建索引用________语句和 ALTER TABLE 语句。

8.9 在创建表的同时创建索引的语句是________。

8.10 删除索引的语句有：DROP INDEX 语句和________语句。

三、问答题

8.11　什么是索引？简述索引的作用和使用代价。

8.12　简述 MySQL 中索引的分类及特点。

8.13　简述在 MySQL 中创建索引、查看索引和删除索引的语句。

四、应用题

8.14　写出在 course 表上 credit 列建立普通索引的语句。

8.15　写出在 teacher 表上 tname 列(升序)和 tbirthday 列(降序)建立组合索引的语句。

8.16　写出在 student 表的 sno 列上,创建索引的语句,要求按学号 sno 字段值前 4 个字符降序排序。

8.17　创建新表 score1 表,主键为 sno 和 cno,同时在 grade 列上创建唯一性索引。

第9章

数据完整性

本章要点

(1) 数据完整性概述。

(2) 实体完整性。

(3) 参照完整性。

(4) 用户定义的完整性。

数据完整性是衡量数据库质量的标准之一,使用数据完整性约束机制以防止无效的数据进入数据表。本章首先给出数据完整性的概述,然后介绍实体完整性、参照完整性、用户定义的完整性等内容。

9.1 数据完整性概述

数据完整性指数据库中的数据的正确性、一致性和有效性,数据完整性规则通过完整性约束来实现。数据完整性约束机制有以下优点。

(1) 完整性规则定义在表上,应用程序的任何数据都必须遵守表的完整性约束。

(2) 当定义或修改完整性约束时,不需要额外编程。

(3) 当由完整性约束所实施的事务规则改变时,只需改变完整性约束的定义,所有应用自动地遵守所修改的约束。

数据完整性一般包括实体完整性、参照完整性、用户定义的完整性和实现上述完整性的约束,下面分别进行介绍。

1. 实体完整性

实体完整性要求表中有一个主键,其值不能为空且能唯一地标识对应的记录,又称为行完整性,通过 PRIMARY KEY 约束、UNIQUE 约束实现数据的实体完整性。

例如,对于 stusys 数据库中 student 表,sno 列作为主键,每一个学生的 sno 列能唯一地标识该学生对应的行记录信息,通过 sno 列建立主键约束实现 student 表的实体完整性。

2. 参照完整性

参照完整性保证被参照表中的数据与参照表中数据的一致性,又称为引用完整性,参照完整性确保键值在所有表中一致,通过定义主键(PRIMARY KEY)与外键(FOREIGN KEY)之间的对应关系实现参照完整性。

主键(PRIMARY KEY):表中能唯一标识每个数据行的一个或多个列。

外键(FOREIGN KEY):一个表中的一个或多个列的组合是另一个表的主键。

例如,将 student 表作为被参照表,表中的 sno 列作为主键,score 表作为参照表,表中的 sno 列作为外键,从而建立被参照表与参照表之间的联系实现参照完整性,student 表和

score 表的对应关系如图 9.1 所示。

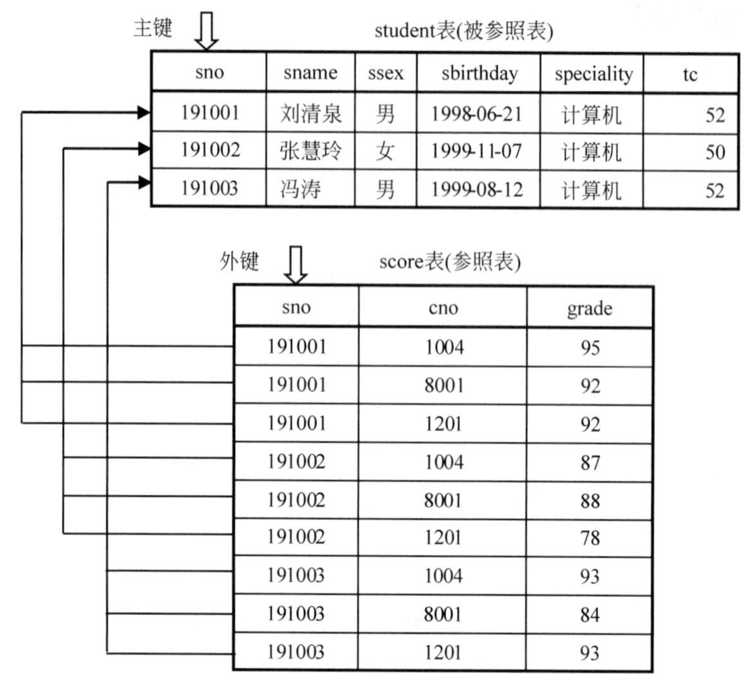

sno	sname	ssex	sbirthday	speciality	tc
191001	刘清泉	男	1998-06-21	计算机	52
191002	张慧玲	女	1999-11-07	计算机	50
191003	冯涛	男	1999-08-12	计算机	52

sno	cno	grade
191001	1004	95
191001	8001	92
191001	1201	92
191002	1004	87
191002	8001	88
191002	1201	78
191003	1004	93
191003	8001	84
191003	1201	93

图 9.1　表对应关系

如果定义了两个表之间的参照完整性，则要求：

（1）参照表不能引用不存在的键值。

（2）如果被参照表中的键值更改了，那么在整个数据库中，对参照表中该键值的所有引用要进行一致的更改。

（3）如果要删除被参照表中的某一记录，应先删除参照表中与该记录匹配的相关记录。

3. 用户定义的完整性

用户定义的完整性指列数据输入的有效性，通过 CHECK 约束、NOT NULL 约束实现用户定义的完整性。

CHECK 约束通过显示输入到列中的值来实现用户定义的完整性，例如：对于 stusys 数据库 score 表，grade 规定为 0 分到 100 分之间，可用 CHECK 约束表示。

4. 完整性约束

数据完整性规则通过完整性约束来实现，完整性约束是在表上强制执行的一些数据校验规则，在插入、修改或者删除数据时必须符合在相关字段上设置的这些规则，否则报错。

PRIMARY KEY 约束、UNIQUE 约束、FOREIGN KEY 约束、CHECK 约束、NOT NULL 约束，及其实现的数据完整性如下。

（1）PRIMARY KEY 约束，主键约束，实现实体完整性。

（2）UNIQUE 约束，唯一性约束，实现实体完整性。

（3）FOREIGN KEY 约束，外键约束，实现参照完整性。

（4）CHECK 约束，检查约束，实现用户定义的完整性。

（5）NOT NULL 约束，非空约束，实现用户定义的完整性。

1）列级完整性约束和表级完整性约束

定义完整性约束有两种方式：一种是作为列级完整性约束，只需在列定义的后面加上关键字 PRIMARY KEY。另一种是作为表级完整性约束，需要在表中所有列定义的后面加上一条 PRIMARY KEY(列名,…)子句。

2）完整性约束的命名

CONSTRAINT 关键字用来指定完整性约束的名字。

语法格式：

```
CONSTRAINT < symbol >
|PRIMARY KEY(主键列名)
|UNIQUE (唯一性约束列名)
|FOREIGN KEY(外键列名) REFERENCES 被参照关系表(主键列名)
|CHECK(约束条件表达式)
```

其中，symbol 是指定完整性约束名字，在完整性约束的前面被定义，在数据库里这个名字必须是唯一的。只能给表完整性约束指定名字，而无法给列完整性约束指定名字。如果没有明确给出约束名字，则 MySQL 自动创建这个名字。

9.2　实体完整性

实体完整性通过主键约束、唯一性约束来实现。

通过 PRIMARY KEY 约束定义主键，一个表只能有一个 PRIMARY KEY 约束，且 PRIMARY KEY 约束不能取空值。

通过 UNIQUE 约束定义唯一性约束，为了保证一个表非主键列不输入重复值，可在该列定义 UNIQUE 约束。

PRIMARY KEY 约束与 UNIQUE 约束主要区别如下。

（1）一个表只能创建一个 PRIMARY KEY 约束，但可创建多个 UNIQUE 约束。

（2）PRIMARY KEY 约束的列值不允许为空值，UNIQUE 约束的列值可取空值。

（3）创建 PRIMARY KEY 约束时，系统会自动产生 PRIMARY KEY 索引。创建 UNIQUE 约束时，系统会自动产生 UNIQUE 索引。

PRIMARY KEY 约束与 UNIQUE 约束都不允许对应列存在重复值。

9.2.1　主键约束

主键是表中的某一列或多个列的组合，由多个列的组合构成的主键又称为复合主键，主键的值必须是唯一的，且不允许为空。定义完整性约束有列级完整性约束和表级完整性约束两种方式。

MySQL 的主键列必须遵守以下规则。

（1）每个表只能定义一个主键。

（2）表中的两条记录在主键上不能具有相同的值，即遵守“唯一性规则”。

（3）如果从一个复合主键中删除一列后，剩下的列构成的主键仍然满足唯一性原则，那么，这个复合主键是不正确的，这就是“最小化规则”。

(4) 一个列名在复合主键的列表中只能出现一次。

创建主键约束可以使用CREATE TABLE 语句或 ALTER TABLE 语句,其方式可为列级完整性约束或表级完整性约束,可对主键约束命名。

1. 在创建表时创建主键约束

在创建表时创建主键约束使用CREATE TABLE 语句。

【例 9.1】 在 stusys 数据库中创建 course1 表,以列级完整性约束方式定义主键。

```
mysql > CREATE TABLE course1
     -> (
     ->       cno char(4) NOT NULL PRIMARY KEY,
     ->       cname char(16) NOT NULL,
     ->       credit tinyint NULL
     -> );
Query OK, 0 rows affected (0.24 sec)
```

在 cno 列定义的后面加上关键字 PRIMARY KEY,列级定义主键约束,未指定约束名字,MySQL 自动创建约束名字。

【例 9.2】 在 stusys 数据库中创建 course2 表,以表级完整性约束方式定义主键。

```
mysql > CREATE TABLE course2
     -> (
     ->       cno char(4) NOT NULL,
     ->       cname char(16) NOT NULL,
     ->       credit tinyint NULL,
     ->       PRIMARY KEY(cno)
     -> );
Query OK, 0 rows affected (0.19 sec)
```

在表中所有列定义的后面加上一条 PRIMARY KEY(cno)子句,表级定义主键约束,未指定约束名字,MySQL 自动创建约束名字。如果主键由表中一列构成,主键约束采用列级定义或表级定义均可。如果主键由表中多列构成,主键约束必须用表级定义。

【例 9.3】 在 stusys 数据库中创建 course3 表,以表级完整性约束方式定义主键,并指定主键约束名称。

```
mysql > CREATE TABLE course3
     -> (
     ->       cno char(4) NOT NULL,
     ->       cname char(16) NOT NULL,
     ->       credit tinyint NULL,
     ->       CONSTRAINT PK_course3 PRIMARY KEY(cno)
     -> );
Query OK, 0 rows affected (0.09 sec)
```

在表级定义主键约束,指定约束名字为 PK_course3。指定约束名字,在需要对完整性约束进行修改或删除时,引用更为方便。

2. 删除主键约束

删除主键约束使用 ALTER TABLE 语句。

语法格式:

```
ALTER TABLE <表名>
DROP PRIMARY KEY;
```

【例 9.4】 删除例 9.3 创建的在 course3 表上的主键约束。

```
mysql > ALTER TABLE course3
    -> DROP PRIMARY KEY;
Query OK, 0 rows affected (0.36 sec)
Records: 0  Duplicates: 0  Warnings: 0
```

3. 在修改表时创建主键约束

在修改表时创建主键约束使用 ALTER TABLE 语句。

语法格式：

```
ALTER TABLE <表名>
ADD([CONSTRAINT <约束名>] PRIMARY KEY(主键列名)
```

【例 9.5】 重新在 course3 表上定义主键约束。

```
mysql > ALTER TABLE course3
    -> ADD CONSTRAINT PK_course3 PRIMARY KEY(cno);
Query OK, 0 rows affected (0.63 sec)
Records: 0  Duplicates: 0  Warnings: 0
```

9.2.2 唯一性约束

唯一性约束是表中的某一列或多个列的组合，唯一性约束的值必须是唯一的，不允许重复。定义唯一性约束有列级完整性约束和表级完整性约束两种方式。一个表可创建多个 UNIQUE 约束。

创建唯一性约束可以使用 CREATE TABLE 语句或 ALTER TABLE 语句，其方式可为列级完整性约束或表级完整性约束，可对唯一性约束命名。

1. 在创建表时创建唯一性约束

在创建表时创建唯一性约束使用 CREATE TABLE 语句。

【例 9.6】 在 stusys 数据库中创建 course4 表，以列级完整性约束方式定义唯一性约束。

```
mysql > CREATE TABLE course4
    -> (
    ->      cno char(4) NOT NULL PRIMARY KEY,
    ->      cname char(16) NOT NULL UNIQUE,
    ->      credit tinyint NULL
    -> );
Query OK, 0 rows affected (0.25 sec)
```

在 cname 列定义的后面加上关键字 UNIQUE，列级定义唯一性约束，未指定约束名字，MySQL 自动创建约束名字。

【例 9.7】 在 stusys 数据库中创建 course5 表，以表级完整性约束方式定义唯一性约束。

```
mysql > CREATE TABLE course5
    -> (
    ->      cno char(4) NOT NULL PRIMARY KEY,
    ->      cname char(16) NOT NULL,
    ->      credit tinyint NULL,
    ->      CONSTRAINT UK_course5 UNIQUE(cname)
    -> );
Query OK, 0 rows affected (0.15 sec)
```

在表中所有列定义的后面加上一条 CONSTRAINT 子句，表级定义主键约束，指定约束名字为 UK_course5。

2. 删除唯一性约束

删除 UNIQUE 约束使用 ALTER TABLE 语句。删除唯一性约束时，MySQL 实际上是使用 DROP INDEX 子句删除唯一性索引。

语法格式：

```
ALTER TABLE <表名>
DROP INDEX <约束名>;
```

【例 9.8】 删除例 9.7 在 course5 表创建的唯一性约束。

```
mysql > ALTER TABLE course5
    -> DROP INDEX UK_course5;
Query OK, 0 rows affected (0.17 sec)
Records: 0  Duplicates: 0  Warnings: 0
```

3. 在修改表时创建唯一性约束

在修改表时创建 UNIQUE 约束使用 CREATE TABLE 语句。

语法格式：

```
CREATE TABLE <表名>
ADD([CONSTRAINT <约束名>] UNIQUE (唯一性约束列名)
```

【例 9.9】 重新在 course5 表上定义唯一性约束。

```
mysql > ALTER TABLE course5
    -> ADD CONSTRAINT UK_course5 UNIQUE(cname);
Query OK, 0 rows affected (0.17 sec)
Records: 0  Duplicates: 0  Warnings: 0
```

9.3 参照完整性

参照完整性保证被参照表中的数据与参照表中数据的一致性，又称为引用完整性。

9.3.1 参照完整性规则

外键是一个表中的一列或多列的组合，它不是这个表的主键，但它对应另一个表的主键。外键的作用是保持数据引用的完整性。外键所在的表称作参照表，相关联的主键所在的表称作被参照表。

参照完整性规则是外键与主键之间的引用规则，即外键的取值或为空值，或者等于被参照表中某个主键的值。

定义外键时，应遵守以下规则。

(1) 被参照表必须已经使用 CREATE TABLE 语句创建，或必须是当前正在创建的表。

(2) 必须为被参照表定义主键或唯一性约束。

(3) 必须在被参照表的表名后面指定列名或列名的组合，该列名或列名的组合必须是被参照表的主键或唯一性约束。

(4) 主键不能包含空值，但允许外键中出现空值。

(5) 外键对应列的数目必须和主键对应列的数目相同。

(6) 外键对应列的数据类型必须和主键对应列的数据类型相同。

9.3.2 外键约束

参照完整性定义和外键命名的语法格式如下：

语法格式：

```
CONSTRAINT <symbol> FOREIGN KEY(col_nam1[, col_nam2 … ]) REFERENCES table_name (col_nam1[,
col_nam2 … ])
    [ON DELETE {RESTRICT|CASCADE|SET NULL|NO ACTION}]
    [ON UPDATE {RESTRICT|CASCADE|SET NULL|NO ACTION}]
```

说明：

(1) symbol：指定外键约束名字。

(2) FOREIGN KEY(col_nam1[, col_nam2…])：FOREIGN KEY 为外键关键字，其后面为要设置的外键列名。

(3) table_name (col_nam1[, col_nam2…])：table_name 为被参照表名，其后面为要设置的主键列名。

(4) ON DELETE | ON UPDATE：可以为每个外键定义参照动作，包含以下两部分。

① 指定参照动作应用的语句，即 UPDATE 和 DELETE 语句。

② 指定采取的动作，即 RESTRICT、CASCADE、SET NULL、NO ACTION 和 SET DEFAULT，其中，RESTRICT 为默认值。

(5) RESTRICT：限制策略，要删除或更新被参照表中被参照列上且在外键中出现的值时，拒绝对被参照表的删除或更新操作。

(6) CASCADE：级联策略，从被参照表删除或更新行时自动删除或更新参照表中匹配的行。

(7) SET NULL：置空策略，从被参照表删除或更新行时，设置参照表中与之对应的外键列为 NULL。如果外键列没有指定 NOT NULL 限定词，这就是合法的。

(8) NO ACTION：拒绝动作策略，拒绝采取动作，即如果有一个相关的外键值在被参照表里，删除或更新被参照表中主键值的企图不被允许，和 RESTRICT 一样。

(9) SET DEFAULT：默认值策略，作用和 SET NULL 一样，只不过 SET DEFAULT

是指定参照表中的外键列为默认值。

创建外键约束可以使用CREATE TABLE语句或ALTER TABLE语句，其方式可为列级完整性约束或表级完整性约束，可对外键约束命名。

1. 在创建表时创建外键约束

在创建表时创建外键约束使用CREATE TABLE语句。

【例9.10】 创建score1表，在cno列以列级完整性约束方式定义外键。

```
mysql > CREATE TABLE score1
    -> (
    ->     sno char (6) NOT NULL ,
    ->     cno char(4) NOT NULL REFERENCES course1(cno),
    ->     grade tinyint NULL,
    ->     PRIMARY KEY(sno,cno)
    -> );
Query OK, 0 rows affected (0.13 sec)
```

由于已在course1表的cno列定义主键，故可在score1表的cno列定义外键，其值参照被参照表course1的cno列。列级定义外键约束，未指定约束名字，MySQL自动创建约束名字。

【例9.11】 创建score2表，在cno列以表级完整性约束方式定义外键，并定义相应的参照动作。

```
mysql > CREATE TABLE score2
    -> (
    ->     sno char (6) NOT NULL ,
    ->     cno char(4) NOT NULL,
    ->     grade tinyint NULL,
    ->     PRIMARY KEY(sno,cno),
    ->     CONSTRAINT FK_score2 FOREIGN KEY(cno) REFERENCES course2(cno)
    ->     ON DELETE CASCADE
    ->     ON UPDATE RESTRICT
    -> );
Query OK, 0 rows affected (0.18 sec)
```

在表级定义外键约束，指定约束名字为FK_score2。这里定义了两个参照动作，ON DELETE CASCADE表示当删除课程表中某个课程号的记录时，如果成绩表中有该课程号的成绩记录，则级联删除该成绩记录。ON UPDATE RESTRICT表示当某个课程号有成绩记录时，不允许修改该课程号。

注意：外键只能引用主键或唯一性约束。

2. 删除外键约束

删除外键约束使用ALTER TABLE语句。

语法格式：

```
ALTER TABLE <表名>
DROP FOREIGN KEY <外键约束名>;
```

【例 9.12】 删除例 9.11 在 score2 表上定义的外键约束。

```
mysql> ALTER TABLE score2
    -> DROP FOREIGN KEY FK_score2;
Query OK, 0 rows affected (0.13 sec)
Records: 0  Duplicates: 0  Warnings: 0
```

3. 在修改表时创建外键约束

在修改表时创建外键约束使用 ALTER TABLE 语句。

语法格式：

```
ALTER TABLE <表名>
ADD[CONSTRAINT <约束名>] FOREIGN KEY(外键列名) REFERENCES 被参照表(主键列名)
```

【例 9.13】 重新在 score2 表上定义外键约束。

```
mysql> ALTER TABLE score2
    -> ADD CONSTRAINT FK_score2 FOREIGN KEY(cno) REFERENCES course2(cno);
Query OK, 0 rows affected (0.37 sec)
Records: 0  Duplicates: 0  Warnings: 0
```

9.4 用户定义的完整性

用户定义的完整性通过检查约束、非空约束来实现，检查约束对输入列或整个表中的值设置检查条件，以限制输入值，保证数据库的数据完整性。下面介绍通过检查约束和非空约束实现用户定义的完整性。

9.4.1 检查约束

创建检查约束可以使用 CREATE TABLE 语句或 ALTER TABLE 语句，其方式可为列级完整性约束或表级完整性约束，可对检查约束命名。

1. 在创建表时创建检查约束

在创建表时创建检查约束使用 CREATE TABLE 语句，下面是检查约束常用的语法格式。

语法格式：

```
CHECK(expr)
```

其中，expr 为约束条件表达式。

【例 9.14】 在 stusys 数据库中创建表 score3，在 grade 列以列级完整性约束方式定义检查约束。

```
mysql> CREATE TABLE score3
    -> (
    ->      sno char (6) NOT NULL ,
    ->      cno char(4) NOT NULL,
    ->      grade tinyint NULL CHECK(grade >= 0 AND grade <= 100),
    ->      PRIMARY KEY(sno,cno)
```

```
    -> );
Query OK, 0 rows affected (0.17 sec))
```

在 grade 列定义的后面加上关键字 CHECK，约束表达式为 grade>=0 AND grade<=100，列级定义检查约束，未指定约束名字，MySQL 自动创建约束名字。

【例 9.15】 在 stusys 数据库中创建表 score4，在 grade 列以表级完整性约束方式定义检查约束。

```
mysql > CREATE TABLE score4
    -> (
    ->      sno char (6) NOT NULL ,
    ->      cno char(4) NOT NULL,
    ->      grade tinyint NULL,
    ->      PRIMARY KEY(sno,cno),
    ->      CONSTRAINT CK_score4 CHECK(grade >= 0 AND grade <= 100)
    -> );
Query OK, 0 rows affected (0.12 sec)
```

在表中所有列定义的后面加上一条 CONSTRAINT 子句，表级定义检查约束，指定约束名字为 CK_score5。

2. 删除检查约束

删除检查约束使用 ALTER TABLE 语句。

语法格式：

```
ALTER TABLE <表名>
DROP CHECK <约束名>
```

【例 9.16】 删除例 9.15 在 score4 表上定义的检查约束。

```
mysql > ALTER TABLE score4
    -> DROP CHECK CK_score4;
Query OK, 0 rows affected (0.07 sec)
Records: 0  Duplicates: 0  Warnings: 0
```

3. 在修改表时创建检查约束

在修改表时创建检查约束使用 ALTER TABLE 语句。

语法格式：

```
ALTER TABLE <表名>
ADD [ CONSTRAINT <约束名> ] CHECK(约束条件表达式)
```

【例 9.17】 重新在 score4 表上定义检查约束。

```
mysql > ALTER TABLE score4
    -> ADD CONSTRAINT CK_score4 CHECK(grade >= 0 AND grade <= 100);
Query OK, 0 rows affected (0.27 sec)
Records: 0  Duplicates: 0  Warnings: 0
```

9.4.2 非空约束

非空约束指字段值不能为空值，空值指“不知道”“不存在”“无意义”的值。

在 MySQL 中，可以使用 CREATE TABLE 语句或 ALTER TABLE 语句来定义非空约束，在某个列定义后面，加上关键字 NOT NULL 作为限定词，以约束该列的取值不能为空。例如，在例 9.1 创建 course1 表时，在 cno 列和 cname 列的后面，都添加了关键字 NOT NULL，作为非空约束，以确保这些列不能取空值。

9.5　小　　结

本章主要介绍了以下内容。

(1) 数据完整性指数据库中的数据的正确性、一致性和有效性，数据完整性规则通过完整性约束来实现。

数据完整性包括实体完整性、参照完整性、用户定义的完整性和实现上述完整性的约束。

定义完整性约束有列级完整性约束和表级完整性约束两种方式，完整性约束的命名。

① PRIMARY KEY 约束，主键约束，实现实体完整性。

② UNIQUE 约束，唯一性约束，实现实体完整性。

③ FOREIGN KEY 约束，外键约束，实现参照完整性。

④ CHECK 约束，检查约束，实现用户定义的完整性。

⑤ NOT NULL 约束，非空约束，实现用户定义的完整性。

(2) 实体完整性通过主键约束、唯一性约束来实现。

主键是表中的某一列或多个列的组合，由多个列的组合构成的主键又称为复合主键，主键的值必须是唯一的，且不允许为空。

唯一性约束是表中的某一列或多个列的组合，唯一性约束的值必须是唯一的，不允许重复。

可以分别使用 CREATE TABLE 语句或 ALTER TABLE 语句创建 PRIMARY KEY 约束、UNIQUE 约束，分别使用 ALTER TABLE 语句删除 PRIMARY KEY 约束、UNIQUE 约束。

(3) 参照完整性规则是外键与主键之间的引用规则，即外键的取值或为空值，或者等于被参照表中某个主键的值。

外键是一个表中的一列或多列的组合，它不是这个表的主键，但它对应另一个表的主键。外键的作用是保持数据引用的完整性。外键所在的表称作参照表，相关联的主键所在的表称作被参照表。

可以使用 CREATE TABLE 语句或 ALTER TABLE 语句创建 FOREIGN KEY 约束，使用 ALTER TABLE 语句删除 FOREIGN KEY 约束。

(4) 用户定义的完整性通过检查约束、非空约束来实现。

检查约束对输入列或整个表中的值设置检查条件，以限制输入值，保证数据库的数据完整性。

可以使用 CREATE TABLE 语句或 ALTER TABLE 语句创建 CHECK 约束，使用 ALTER TABLE 语句删除 CHECK 约束。

习　题　9

一、选择题

9.1　唯一性约束与主键约束的区别是(　　)。

A. 唯一性约束的字段可以为空值

B. 唯一性约束的字段不可以为空值

C. 唯一性约束的字段的值可以不是唯一的

D. 唯一性约束的字段的值不可以有重复值

9.2　使字段不接受空值的约束是(　　)。

A. IS EMPTY　　B. IS NULL

C. NULL　　D. NOT NULL

9.3　使字段的输入值小于100的约束是(　　)。

A. CHECK　　B. PRIMARY KYE

C. UNIQUE KEY　　D. FOREIGN KEY

9.4　保证一个表非主键列不输入重复值的约束是(　　)。

A. CHECK　　B. PRIMARY KYE

C. UNIQUE　　D. FOREIGN KEY

二、填空题

9.5　数据完整性一般包括实体完整性、________和用户定义的完整性。

9.6　完整性约束有________约束、NOT NULL约束、PRIMARY KEY约束、UNIQUE约束、FOREIGN KEY约束。

9.7　实体完整性可通过PRIMARY KEY、________实现。

9.8　参照完整性通过FOREIGN KEY和________之间的对应关系实现。

三、问答题

9.9　什么是数据完整性？MySQL有哪几种数据完整性类型？

9.10　什么是主键约束？什么是唯一性约束？两者有什么区别？

9.11　什么是外键约束？

9.12　怎样定义CHECK约束和NOT NULL约束。

四、应用题

9.13　在score表的grade列添加CHECK约束，限制grade列的值范围为0～100。

9.14　删除student表的sno列的PRIMARY KEY约束，然后在该列添加PRIMARY KEY约束。

9.15　在score表的sno列添加FOREIGN KEY约束，与student表中主键列对应，创建表间参照关系。

第10章 MySQL 语言

本章要点

(1) SQL 语言。

(2) MySQL 语言组成。

(3) MySQL 函数。

SQL(Structured Query Language，结构化查询语言)是关系型数据库的标准语言，MySQL 语言在标准 SQL 语言的基础上进行了扩展，并以标准 SQL 语言为主体。本章介绍 SQL 语言、MySQL 语言组成和 MySQL 函数等内容。

10.1 SQL 语言

SQL 语言是在关系型数据库上执行数据操作、数据检索以及数据库维护所需要的标准语言，是用户与数据库之间进行交流的接口，关系型数据库管理系统都支持 SQL 语言。

10.1.1 SQL 语言的特点

SQL 语言是应用于数据库的结构化查询语言，是一种专门用来与数据库通信的语言，本身不能脱离数据库而存在。SQL 语言是一种非过程性语言，一般高级语言存取数据库时要按照程序顺序处理许多动作，使用 SQL 语言只需简单的几行命令，由数据库系统来完成具体的内部操作，SQL 语言由很少的关键字组成，每个 SQL 语句由一个或多个关键字组成。

SQL 语言具有以下特点。

(1) 高度非过程化。SQL 语言是非过程化语言，进行数据操作，只要提出“做什么”，而无须指明“怎么做”，因此无须说明具体处理过程和存取路径，处理过程和存取路径由系统自动完成。

(2) 专门用来与数据库通信的语言。SQL 语言本身不能独立于数据库而存在，它是应用于数据库和表的语言，使用 SQL 语言，应熟悉数据库中的表结构和样本数据。

(3) 面向集合的操作方式。SQL 语言采用集合操作方式，不仅操作对象、查找结果可以是记录的集合，而且一次插入、删除、更新操作的对象也可以是记录的集合。

(4) 既是自含式语言，又是嵌入式语言。SQL 语言作为自含式语言，它能够用于联机交互的使用方式，用户可以在终端键盘上直接键入 SQL 命令对数据库进行操作；作为嵌入式语言，SQL 语句能够嵌入到高级语言(例如 C，C++，Java)程序中，供程序员设计程序时使用。在两种不同的使用方式下，SQL 语言的语法结构基本上是一致的，提供了极大的灵活性与方便性。

(5) 综合统一。SQL 语言集数据查询(Data Query)、数据操纵(Data Manipulation)、数

据定义(Data Definition)和数据控制(Data Control)功能于一体。

(6) 语言简洁,易学易用。SQL语言接近英语口语,易学使用,功能很强,由于设计巧妙,语言简洁,完成核心功能只用了9个动词,如表10.1所示。

表10.1　SQL语言的动词

SQL语言的功能	动　　词
数据定义	CREATE,ALTER,DROP
数据操纵	SELECT,TNSERT,UPDATE,DELETE
数据控制	GRANT,REVOKE

SQL语言不区分大小写。为了形成良好的编程风格,便于代码的阅读、调试和交流,本书对SQL关键字使用大写,而对数据库名、表名和字段名使用小写,或除首字母大写外其余字母小写。

10.1.2　SQL语言的分类

SQL语言可分为以下三类。

1. 数据定义语言(Data Definition Language, DDL)

数据定义语言用于对数据库及数据库中的各种对象进行创建、删除、修改等操作。数据库对象主要包括:表、默认约束、规则、视图、触发器、存储过程等。

数据定义语言包括的主要SQL语句如下。

(1) CREATE语句。用于创建数据库或数据库对象,不同数据库对象,其CREATE语句的语法形式不同。

(2) ALTER语句。对数据库或数据库对象进行修改,不同数据库对象,其ALTER语句的语法形式不同。

(3) DROP语句。删除数据库或数据库对象,不同数据库对象,其DROP语句的语法形式不同。

2. 数据操纵语言(Data Manipulation Language, DML)

数据操纵语言用于操纵数据库中各种对象,进行检索、插入、修改、删除等操作。

数据操纵语言包括的主要SQL语句如下。

(1) SELECT语句。用于从表或视图中检索数据,是使用最频繁的SQL语句之一,又称为数据查询语言(Data Query Language, DQL)。

(2) INSERT语句。将数据插入到表或视图中。

(3) UPDATE语句。修改表或视图中的数据,既可修改表或视图的一行数据,也可修改一组或全部数据。

(4) DELETE语句。从表或视图中删除数据,可根据条件删除指定的数据。

3. 数据控制语言(Data Control Language, DCL)

数据控制语言用于安全管理,确定哪些用户可以查看或修改数据库中的数据。

数据控制语言包括的主要SQL语句如下。

(1) GRANT语句。授予权限,可把语句许可或对象许可的权限授予其他用户和角色。

(2) REVOKE语句。收回权限,与GRANT的功能相反,但不影响该用户或角色从其他角色中作为成员继承许可权限。

10.2 MySQL 语言组成

MySQL 语言以标准 SQL 语言为主体，并进行了扩展。MySQL 数据库所支持的 SQL 语言由以下几部分组成。

1. 数据定义语言

数据定义语言（Data Definition Language，DDL）用于对数据库及数据库中的各种对象进行创建、删除、修改等操作，其包括的主要 SQL 语句有：CREATE 语句、ALTER 语句、DROP 语句。

2. 数据操纵语言

数据操纵语言（Data Definition Language，DDL）用于操纵数据库中各种对象，进行检索、插入、修改、删除等操作，其包括的主要 SQL 语句有：SELECT 语句、INSERT 语句、UPDATE 语句、DELETE 语句。

3. 数据控制语言

数据控制语言（Data Control Language，DCL）用于安全管理，确定哪些用户可以查看或修改数据库中的数据，其包括的主要 SQL 语句有：GRANT 语句、REVOKE 语句。

4. MySQL 扩展增加的语言要素

这部分不是 SQL 标准所包含的内容，而是为了用户编程的方便增加的语言元素。这些语言元素包括常量、变量、运算符、表达式、内置函数等。

1）常量

常量（Constant）的值在定义时被指定，在程序运行过程中不能改变，常量的使用格式取决于值的数据类型。

常量可分为字符串常量、数值常量、十六进制常量、日期时间常量、位字段值、布尔值和 NULL 值。

（1）字符串常量：字符串常量是用单引号或双引号括起来的字符序列，分为 ASCII 字符串常量和 Unicode 字符串常量，Unicode 字符中的每个字符用两字节存储，而每个 ASCII 字符用一字节存储。

（2）数值常量：可以分为整数常量和浮点数常量，整数常量即不带小数点的十进制数，浮点数常量是使用小数点的数值常量。

（3）十六进制常量：通常指定为一个字符串常量，每对十六进制数字被转换成一个字符，其前缀为 X 或 x。

（4）日期时间常量：用单引号将表示日期时间的字符串括起来构成。

（5）位字段值：可以使用 b'value'格式符号书写位字段值，位字段符号用于指定分配给 BIT 列的值。

（6）布尔值：只包含两个可能的值，分别为 TRUE 和 FALSE。FALSE 的数字值为 0，TRUE 的数字值为 1。

（7）NULL 值：通常用来表示“没有值”“无数据”等意义，并且不同于数字类型的 0 或字符串类型的空字符串。

2）变量

变量(Variable)和常量都用于存储数据，但变量的值可以根据程序运行的需要随时改变，而常量的值在程序运行中是不能改变的。变量名用于标识该变量，数据类型用于确定该变量存放值的格式和允许的运算。

MySQL 的变量可分为用户变量和系统变量。

在使用时，用户变量前常添加一个@符号，以与列名区分。大多数的系统变量应用时，必须在名称前加两个@符号，而某些特定的系统变量是要省略这两个@符号的。

定义用户变量可以使用 SET 语句。

语法格式：

```
SET @user_variable1 = expression1 [,@user_variable2 = expression2 , … ]
```

其中，@user_variable1 为用户变量的名称，expression1 为要给变量赋的值，可以是常量、变量或它们通过运算符组成的式子。

3）运算符

运算符是一种符号，用来指定在一个或多个表达式中执行的操作，在 MySQL 中常用的运算符有：算术运算符、比较运算符、逻辑运算符和位运算符。

(1) 算术运算符的运算有：＋(加)、－(减)、*(乘)、/(除)、%(求模)。

(2) 比较运算符的运算有：＝(等于)、＜(小于)、⇐(小于或等于)、＞(大于)、＞＝(大于或等于)、＜＞(不等于)、! = (不等于)、⇔(相等或都等于空)。

(3) 逻辑运算符的运算有：NOT 或！(逻辑非)、AND 或 &&(逻辑与)、OR 或||(逻辑或)、XOR(逻辑异或)。

(4) 位运算符的运算有：～(位取反)、&(位与)、|(位或)、^(位异或)、≫(位右移)、≪(位左移)。

4）表达式

表达式是由数字、常量、变量和运算符组成的式子，表达式的结果是一个值。根据表达式的值的数据类型可分为字符表达式、数值表达式、日期表达式。

5）内置函数

在设计 MySQL 程序时，经常要调用系统提供的内置函数，这些函数有 100 多个，使用户能够容易地对表中数据进行操作，这些函数可分为：数学函数、聚合函数、字符串函数、日期和时间函数、加密函数、控制流程函数、格式化函数、类型转换函数、系统信息函数。

10.3 MySQL 函数

MySQL 函数即 MySQL 提供的丰富的内置函数，不仅可在 SELECT 语句使用，还可在 INSERT 语句、UPDATE 语句、DELETE 语句中使用。下面介绍 MySQL 函数中几类常用的函数。

1. 数学函数

数学函数用于对数字表达式进行数学运算并返回运算结果，下面介绍几个常用的数学函数。

1）RAND()函数

RAND()函数用来返回 0～1 之间的随机值。

【例 10.1】 使用 RAND()函数求三个随机值。

```
mysql > SELECT RAND(), RAND(), RAND();
```

执行结果：

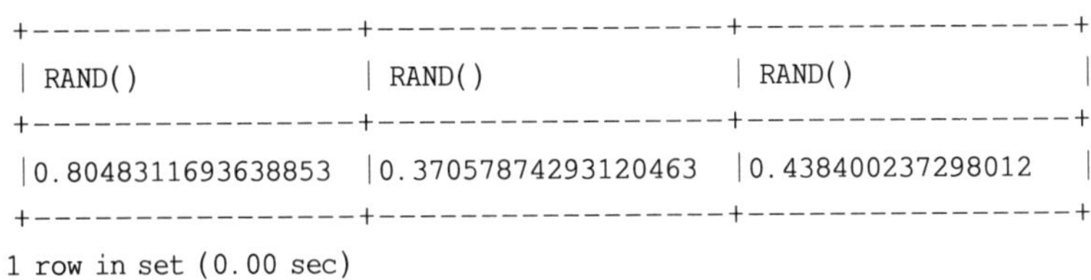

RAND()	RAND()	RAND()
0.8048311693638853	0.37057874293120463	0.438400237298012

1 row in set (0.00 sec)

2）SQRT()函数

SQRT()函数用于返回一个数的平方根。

【例 10.2】 求 3 和 4 的平方根。

```
mysql > SELECT SQRT(3), SQRT(4);
```

执行结果：

SQRT(3)	SQRT(4)
1.7320508075688772	2

1 row in set (0.03 sec)

3）ABS()函数

ABS()函数用于获取一个数的绝对值。

【例 10.3】 求 7.2 和－7.2 的绝对值。

```
mysql > SELECT ABS(7.2), ABS( - 7.2);
```

执行结果：

ABS(7.2)	ABS(- 7.2)
7.2	7.2

1 row in set (0.09 sec)

4）FLOOR()函数和 CEILING()函数

FLOOR ()函数用于获取小于或等于一个数的最大整数值。

CEILING()函数用于获取大于或等于一个数的最小整数值。

【例 10.4】 求小于或等于－3.5 或 6.8 的最大整数，大于或等于－3.5 或 6.8 的最小整数。

```
mysql > SELECT FLOOR( - 3.5), FLOOR(6.8), CEILING( - 3.5), CEILING(6.8);
```

执行结果：

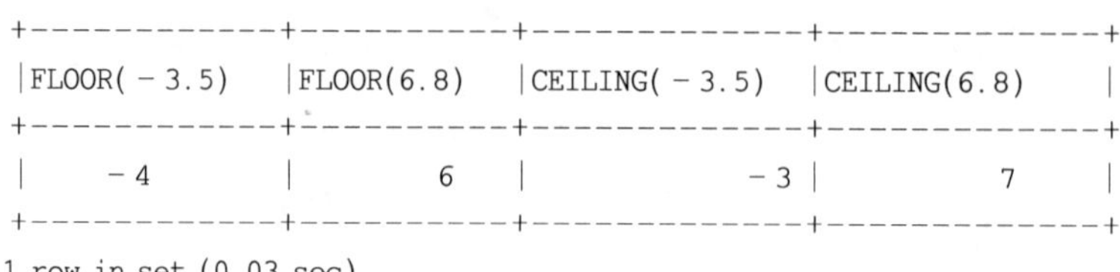

FLOOR(-3.5)	FLOOR(6.8)	CEILING(-3.5)	CEILING(6.8)
-4	6	-3	7

1 row in set (0.03 sec)

5) TRUNCATE()函数和ROUND()函数

TRUNCATE()函数用于截取一个指定小数位数的数字。

ROUND()函数用于获得一个数的四舍五入的整数值。

【例10.5】 求8.546小数点后两位的值和四舍五入的整数值。

```
mysql > SELECT TRUNCATE(8.546, 2), ROUND(8.546);
```

执行结果：

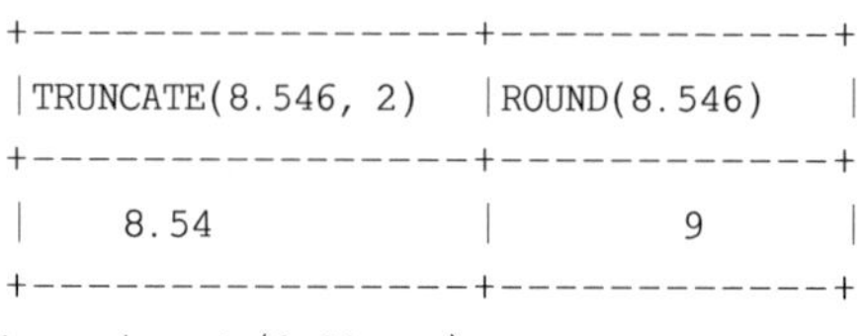

TRUNCATE(8.546, 2)	ROUND(8.546)
8.54	9

1 row in set (0.00 sec)

2. 字符串函数

字符串函数用于对字符串进行处理，下面对一些常用的字符串函数进行介绍。

1) ASCII()函数

ASCII()函数用来返回字符表达式最左端字符的ASCII码值。

【例10.6】 求X的ASCII码值。

```
mysql > SELECT ASCII('X');
```

执行结果：

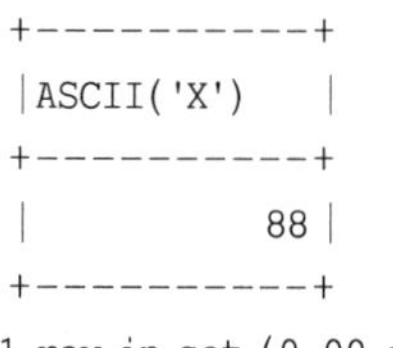

ASCII('X')
88

1 row in set (0.00 sec)

2) CHAR()函数

CHAR(x_1, x_2, x_3)函数用来将x_1, x_2, x_3的ASCII码值转换成ASCII码字符。

【例10.7】 将ASCII码值88、89、90组合成字符串。

```
mysql > SELECT CHAR(88, 89, 90);
```

执行结果：

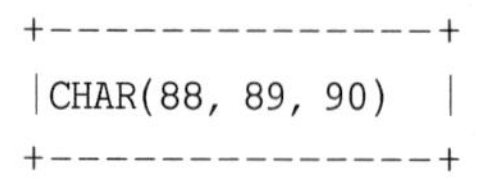

CHAR(88, 89, 90)

```
|XYZ            |
+---------------+
1 row in set (0.00 sec)
```

3）LEFT()函数和 RIGHT()函数

LEFT(s,n)函数和 RIGHT(s,n)函数分别返回字符串 s 左侧和右侧开始的 n 个字符。

【例 10.8】 求 joyful 左侧和右侧开始的三个字符。

```
mysql> SELECT LEFT('joyful', 3), RIGHT('joyful', 3);
```

执行结果：

```
+-----------------+-----------------+
|LEFT('joyful', 3)|RIGHT('joyful', 3)|
+-----------------+-----------------+
|joy              |ful              |
+-----------------+-----------------+
1 row in set (0.00 sec)
```

4）LENGTH()函数

LENGTH()函数用于返回参数值的长度，返回值为整数。参数值可以是字符串、数字或者表达式。

【例 10.9】 查询字符串“计算机网络”的长度。

```
mysql> SELECT LENGTH('计算机网络');
```

执行结果：

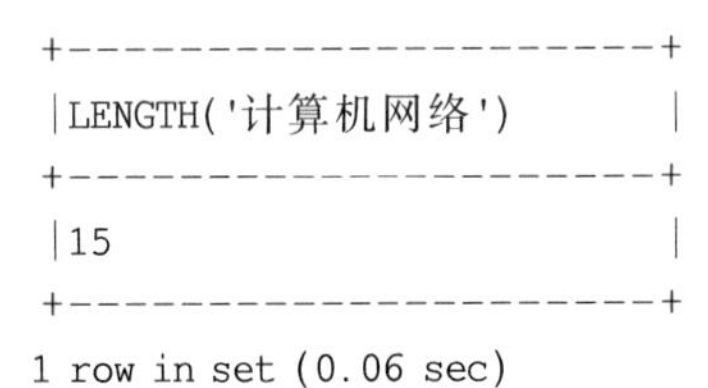

```
+---------------------+
|LENGTH('计算机网络')  |
+---------------------+
|15                   |
+---------------------+
1 row in set (0.06 sec)
```

5）REPLACE()函数

REPLACE()函数用第三个字符串表达式替换第一个字符串表达式中包含的第二个字符串表达式，并返回替换后的表达式。

【例 10.10】 将“数据库原理与应用”中的“原理与应用”替换为“技术”。

```
mysql> SELECT REPLACE('数据库原理与应用','原理与应用','技术');
```

执行结果：

```
+------------------------------------------+
|REPLACE('数据库原理与应用','原理与应用','技术')   |
+------------------------------------------+
|数据库技术                                  |
+------------------------------------------+
1 row in set (0.05 sec)
```

6）SUBSTRING()函数

SUBSTRING(*s*，*n*，*len*)函数用于从字符串 *s* 的第 *n* 个位置开始截取长度为 *len* 的字符串。

【例 10.11】 返回字符串 joyful 的从第四个字符开始的三个字符。

```
mysql> SELECT SUBSTRING('joyful',4, 3);
```

执行结果：

```
+----------------------+
|SUBSTRING('joyful',4, 3)      |
+----------------------+
|ful                   |
+----------------------+
1 row in set (0.03 sec)
```

3. 日期和时间函数

日期和时间函数用于对表中的日期和时间数据进行处理。

1）CURDATE()函数和 CURRENT_DATE()函数

CURDATE()函数和 CURRENT_DATE()函数用于返回当前日期。

【例 10.12】 获取当前日期。

```
mysql> SELECT CURDATE(), CURRENT_DATE();
```

执行结果：

```
+-----------+------------+
|CURDATE()       |CURRENT_DATE()  |
+-----------+------------+
|2020-03-28 |2020-03-28      |
+-----------+------------+
1 row in set (0.05 sec)
```

2）CURTIME()函数和 CURRENT_TIME()函数

CURTIME()函数和 CURRENT_TIME()函数用于取得当前时间。

【例 10.13】 获取当前时间。

```
mysql> SELECT CURTIME(), CURRENT_TIME();
```

执行结果：

```
+-----------+------------+
|CURTIME()       |CURRENT_TIME()  |
+-----------+------------+
|15: 00: 40      |15: 00: 40      |
+-----------+------------+
1 row in set (0.00 sec)
```

3）NOW()函数

NOW()函数用于返回当前日期和时间。

【例 10.14】 获取当前日期和时间。

```
mysql > SELECT NOW();
```

执行结果：

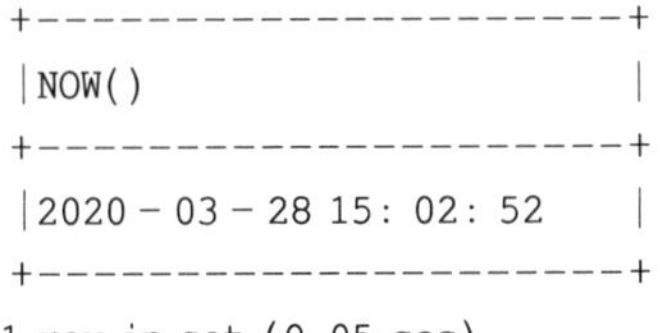

```
+---------------------+
|NOW()                |
+---------------------+
|2020 - 03 - 28 15: 02: 52   |
+---------------------+
1 row in set (0.05 sec)
```

4. 其他函数

除上述函数外，MySQL 函数还包含控制流程函数、系统信息函数等，下面举例说明。

1) IF()函数

IF(expr, v1, v2)函数用于条件判断，如果表达式 expr 成立，则执行 v1，否则执行 v2。

【例 10.15】 查询成绩表 score，如果分数列的值大于或等于 80 分，则输出“良好”，否则输出“一般，不及格或空值”。

```
mysql > SELECT sno, cno, grade, IF(grade > = 80, '良好', '一般, 不及格或空值') level FROM score;
```

执行结果：

```
+------+------+------+-----------------+
|sno   |cno   |grade |level            |
+------+------+------+-----------------+
|191001 |1004 |95    |良好             |
|191001 |1201 |92    |良好             |
|191001 |8001 |92    |良好             |
|191002 |1004 |87    |良好             |
|191002 |1201 |78    |一般, 不及格或空值 |
|191002 |8001 |88    |良好             |
|191003 |1004 |93    |良好             |
|191003 |1201 |93    |良好             |
|191003 |8001 |84    |良好             |
|196001 |1201 |84    |良好             |
|196001 |4002 |90    |良好             |
|196001 |8001 |87    |良好             |
|196002 |1201 |76    |一般, 不及格或空值 |
|196002 |4002 |79    |一般, 不及格或空值 |
|196002 |8001 |NULL  |一般, 不及格或空值 |
|196004 |1201 |92    |良好             |
|196004 |4002 |88    |良好             |
|196004 |8001 |94    |良好             |
+------+------+------+-----------------+
18 rows in set (0.00 sec)
```

2) IFNULL()函数

IFNULL($v1$, $v2$)函数也用于条件判断，如果表达式 $v1$ 不为空，则显示 $v1$ 的值，否则显示 $v2$ 的值。

【例 10.16】 使用 IFNULL()函数做条件判断。

```
mysql > SELECT IFNULL(1/0, 'NULL');
```

执行结果：

```
+------------------+
|IFNULL(1/0, 'NULL')     |
+------------------+
|NULL                    |
+------------------+
1 row in set (0.09 sec)
```

3) VERSION()函数

VERSION()函数用于返回数据库的版本号。

【例 10.17】 获取当前数据库的版本号。

```
mysql > SELECT VERSION();
```

执行结果：

```
+----------+
|VERSION()     |
+----------+
|8.0.18        |
+----------+
1 row in set (0.05 sec)
```

10.4 小 结

本章主要介绍了以下内容。

(1) SQL(Structured Query Language，结构化查询语言)是关系型数据库的标准语言，是一种专门用来与数据库通信的语言，本身不能脱离数据库而存在。

SQL 语言具有高度非过程化、专门用来与数据库通信的语言，具有面向集合的操作方式，既是自含式语言又是嵌入式语言，还有综合统一、语言简洁、易学易用等特点。

(2) SQL 语言可分为以下 3 类：

数据定义语言，包括的主要 SQL 语句有：CREATE、ALTER、DROP。

数据操纵语言，包括的主要 SQL 语句有：SELECT、INSERT、UPDATE、DELETE。

数据控制语言，包括的主要 SQL 语句有：GRANT、REVOKE。

(3) MySQL 语言在标准 SQL 语言的基础上进行了扩展，并以标准 SQL 语言为主体。MySQL 数据库所支持的 SQL 语言由以下几部分组成：数据定义语言、数据操纵语言、数据控制语言，MySQL 扩展增加的语言要素，包括常量、变量、运算符、表达式、内置函数等。

(4) MySQL 函数即 MySQL 提供的丰富的内置函数，使用户能够容易地对表中数据进行操作，这些函数可分为：数学函数、聚合函数、字符串函数、日期和时间函数、加密函数、控制流程函数、格式化函数、类型转换函数、系统信息函数。

习 题 10

一、选择题

10.1 SQL 语言又称(　　)。

A. 结构化操纵语言　　B. 结构化定义语言

C. 结构化控制语言　　D. 结构化查询语言

10.2 关于用户变量描述错误的是(　　)。

A. 用户变量用于临时存放数据　　B. 用户变量可用于 SQL 语句中

C. 用户变量可以先引用后定义　　D. @符号必须放在用户变量前面

10.3 下列算术运算符的运算中,错误的是(　　)。

A. ＋　　B. ～　　C. *　　D. －

10.4 下列字符串函数的名称中,错误的是(　　)。

A. SUBSTR()　　B. LEFT()　　C. RIGHT()　　D. ASCII()

二、填空题

10.5 SQL 语言是关系型数据库的________,是一种专门用来与数据库通信的语言。

10.6 数据定义语言包括的主要 SQL 语句有:________、ALTER、DROP。

10.7 数据操纵语言包括的主要 SQL 语句有:SELECT、________、UPDATE、DELETE。

10.8 数据控制语言包括的主要 SQL 语句有:________、REVOKE。

10.9 MySQL 语言在标准 SQL 语言的基础上进行了________,并以标准 SQL 语言为主体。

10.10 MySQL 扩展增加的语言要素,包括常量、变量、运算符、表达式、________等。

10.11 MySQL 函数即 MySQL 提供的丰富的内置函数,使用户能够________地对表中数据进行操作。

三、问答题

10.12 什么是 SQL 语言? 它有哪些特点?

10.13 SQL 语言可分为哪几类? 简述各类包含的语句。

10.14 MySQL 语言由哪几部分组成? 简述每一部分包含的 SQL 语句或语言要素。

10.15 什么是变量? 变量可分为哪两类?

10.16 什么是用户变量? 怎样定义用户变量?

10.17 什么是内置函数? 常用的内置函数有哪几种?

四、应用题

10.18 对于 course 表,定义用户变量@cno 并赋值,查询课程号等于该用户变量的值时的课程信息。

10.19 对于 course 表,定义用户变量@cname,获取课程号为 1201 的课程名称。

10.20 保留浮点数 3.14159 小数点后两位。

10.21 从字符串“Thank you very much!”中获取子字符串“very”。

10.22 查询每个学生的平均分,保留整数,小数部分四舍五入。

第 11 章

存储过程和存储函数

本章要点

(1) 存储过程。

(2) 存储过程的创建。

(3) 存储过程体。

(4) 存储过程的调用和删除。

(5) 存储函数。

(6) 存储函数的创建、调用和删除。

存储过程和存储函数是 MySQL 支持的过程式数据库对象,可以加快数据库的处理速度,提高数据库编程的灵活性。本章介绍存储过程的特点,存储过程的创建,存储过程体,存储过程的调用和删除,存储函数,存储函数的创建、调用和删除等内容。

11.1 存储过程概述

存储过程是一组完成特定功能的 SQL 语句集,即一段存放在数据库中的代码,可由声明式 SQL 语句(例如,CREATE 语句、SELECT 语句、INSERT 语句等)和过程式 SQL 语句(例如,IF…THEN…ELSE 控制结构语句)组成。这组语句编译后存储在数据库中,用户通过指定存储过程的名称并给出参数(如果该存储过程带有参数)来执行。将经常需要执行的特定的操作写成存储过程,通过过程名,就可以多次调用,从而实现程序的模块化设计,这种方式提高了程序的效率,节省了用户的时间。

存储过程具有以下特点。

(1) 存储过程可以提高系统性能。

(2) 存储过程在服务器端运行,执行速度快。

(3) 存储过程增强了数据库的安全性。

(4) 可增强 SQL 语言的功能和灵活性。

(5) 存储过程允许模块化程序设计。

(6) 可以减少网络流量。

11.2 存储过程的创建、调用和删除

11.2.1 创建存储过程

创建存储过程使用的语句是 CREATE PROCEDURE。

语法格式：

```
CREATE PROCEDURE sp_name( [ proc_parameter[,…] ] )
    [ characteristic… ]
routine_body
```

其中，proc_parameter 的格式为：

```
[IN|OUT|INOUT]param_name type
```

characteristic 的格式为：

```
COMMENT 'string'
|LANGUAGE SQL
|[NOT] DETERMINISTIC
|{ CONTAINS SQL|NO SQL|READS SQL DATA|MODIFIES SQL DATA }
|SQL SECURITY { DEFINER|INVOKER }
```

routine_body 的格式为：

```
Valid SQL routine statement
```

说明：

(1) sp_name：存储过程的名称。

(2) proc_parameter：存储过程的参数列表。其中，param_name 为参数名，type 为参数类型。存储过程的参数类型有输入参数、输出参数、输入/输出参数三种，分别用 IN、OUT 和 INOUT 三个关键字来标识。存储过程中的参数称为形式参数(简称形参)，调用带参数的存储过程则应提供相应的实际参数(简称实参)。

① IN：向存储过程传递参数，只能将实参的值传递给形参，在存储过程内部只能读不能写，对应 IN 关键字的实参可以是常量或变量。

② OUT：从存储过程输出参数，存储过程结束时形参的值会赋给实参，在存储过程内部可以读或写，对应 OUT 关键字的实参必须是变量。

③ INOUT：具有前面两种参数的特性，调用时，实参的值传递给形参，结束时，形参的值传递给实参，对应 INOUT 关键字的实参必须是变量。

存储过程可以有一个或多个参数，也可以没有参数。

(3) characteristic：存储过程的特征。

① COMMENT 'string'：对存储过程的描述，string 为描述内容。这个信息可以用 SHOW CREATE PROCEDURE 语句来显示。

② LANGUAGE SQL：表明编写这个存储过程的语言为 SQL 语言。

③ DETERMINISTIC：设置为 DETERMINISTIC 表示存储过程对同样的输入参数产生相同的结果，设置为 NOT DETERMINISTIC 则表示会产生不确定的结果。

④ CONTAINS SQL |NO SQL：CONTAINS SQL 表示存储过程不包含读或写数据的语句，NO SQL 表示存储过程不包含 SQL 语句。

⑤ SQL SECURITY：该特征可以用来指定存储过程使用创建该存储过程的用户(DEFINER)的许可来执行，还是使用调用者(INVOKER)的许可来执行。

(4) routine_body：存储过程体，包含在过程调用时必须执行的 SQL 语句。这个部分以 BEGIN 开始，以 END 结束。

在 MySQL 中，服务器处理语句默认是以分号为结束标志，但是在创建存储过程的时候，存储过程体中可能包含多个 SQL 语句，每个 SQL 语句都是以分号为结尾的，这时服务器处理程序的时候遇到第一个分号就会认为程序结束，这显然是不行的。为此，可使用 DELIMITER 命令将 MySQL 语句的结束标志修改为其他符号，使 MySQL 服务器可以完整地处理存储过程体中的多个 SQL 语句。

语法格式：

```
DELIMITER $$
```

其中，$ $ 是用户定义的结束符，这个符号可以是一些特殊的符号，例如，两个"#"，两个"￥"等。当使用 DELIMITER 命令时，应该避免使用反斜杠"\"字符，这是 MySQL 的转义字符。

【例 11.1】 修改 MySQL 的结束符为"//"。

```
mysql > DELIMITER //
```

执行完这条语句后，程序结束的标志就换为双斜杠符号"//"了。

要想恢复使用分号"；"作为结束符，运行下面语句即可：

```
mysql > DELIMITER ;
```

存储过程可以带参数，也可以不带参数，下面两个例题分别介绍不带参数的存储过程和带参数的存储过程的创建。

【例 11.2】 创建一个不带参数的存储过程 P_str，输出"Hello MySQL!"。

```
mysql > DELIMITER $$
mysql > CREATE PROCEDURE P_str()
     -> BEGIN
     ->      SELECT 'Hello MySQL!';
     -> END $$
Query OK, 0 rows affected (0.02 sec)

mysql > DELIMITER ;
```

调用存储过程采用 CALL 语句，后面章节再介绍，这里先使用。

```
mysql > CALL P_str();
```

执行结果：

```
+--------------+
|Hello MySQL!  |
+--------------+
|Hello MySQL!  |
+--------------+
1 row in set (0.00 sec)
Query OK, 0 rows affected (0.03 sec)
```

【例 11.3】 创建一个带参数的存储过程 P_maxGrade，查询指定学号学生的最高分。

```
mysql> DELIMITER $$
mysql> CREATE PROCEDURE P_maxGrade(IN v_sno CHAR(6))
     ->      /*创建带参数的存储过程, v_sno 为输入参数*/
     -> BEGIN
     ->      SELECT MAX(grade) FROM score WHERE sno = v_sno;
     -> END $$
Query OK, 0 rows affected (0.10 sec)

mysql> DELIMITER ;
```

使用 CALL 语句调用存储过程。

```
mysql> CALL P_maxGrade('191001');
```

执行结果：

```
+-----------+
|MAX(grade)  |
+-----------+
|     95     |
+-----------+
1 row in set (0.14 sec)
Query OK, 0 rows affected (0.16 sec)
```

11.2.2 存储过程体

存储过程体由声明式 SQL 语句和过程式 SQL 语句组成，下面介绍几个存储过程体中常用的语法元素。

1. 局部变量

局部变量用来存放存储过程体中的临时结果，局部变量在存储过程体中声明。声明局部变量可以使用 DECLARE 语句，并可对其赋一个初始值。

语法格式：

```
DECLARE var_name[ ,… ] type [DEFAULT value ]
```

说明：

(1) var_name：指定局部变量的名称。

(2) type：局部变量的数据类型。

(3) DEFAULT 子句：给局部变量指定一个默认值，如果不指定则默认为 NULL。

例如，在存储过程体中，声明一个整型局部变量和一个字符型局部变量：

```
DECLARE v_n int(3);
DECLARE v_str char(5);
```

声明局部变量说明如下。

(1) 局部变量只能在存储过程体的 BEGIN…END 语句块中声明。

(2) 局部变量必须在存储过程体的开头就声明，只能在 BEGIN…END 语句块中使用该变量，其他语句块中不可以使用它。

(3) 在存储过程中，也可使用用户变量。不要混淆用户变量和局部变量，其区别为：用户变量名称前面有@符号，局部变量名称前面没有@符号；用户变量存在于整个会话中，局部变量只存在于其声明的 BEGIN…END 语句块中。

2. SET 语句

为局部变量赋值可以使用 SET 语句。

语法格式：

```
SET var_name = expr[, var_name = expr] …
```

例如，在存储过程体中，使用 SET 语句给局部变量赋值：

```
SET v_n = 4, v_str = 'World';
```

注意：例中的这条语句无法单独执行，只能在存储过程和存储函数中使用。

3. SELECT…INTO 语句

SELECT…INTO 语句将选定的列值直接存储到局部变量中，返回的结果集只能有一行。

语法格式：

```
SELECT col_name[ , … ] INTO var_name[ , … ] table_expr
```

说明：

(1) col_name：指定列名。

(2) var_name：要赋值的变量名。

(3) table_expr：SELECT 语句中 FROM 子句及其后面的语法部分。

例如，将学号为"196001"学生姓名和性别分别存入局部变量 v_name 和 v_sex，这两个局部变量要预先声明：

```
SELECT sname, ssex INTO v_name, v_sex        /* 一次存入两个局部变量， */
FROM student
WHERE sno = '196001';
```

4. 流程控制语句

在 MySQL 中，可以使用以下两类过程式 SQL 语句：条件判断语句和循环语句。

1) 条件判断语句

条件判断语句包括 IF…THEN…ELSE 语句和 CASE 语句。

(1) IF…THEN…ELSE 语句。

IF…THEN…ELSE 语句可根据不同的条件执行不同的操作。

语法格式：

```
IF search_condition THEN statement_list
    [ELSEIF search_condition THEN statement_list ]
    …
    [ELSE statement_list]
END IF
```

说明：

① search_condition：指定判断条件。

② statement_list：要执行的 SQL 语句。当判断条件为真时，则执行 THEN 后的 SQL 语句。

注意：IF…THEN…ELSE 语句不同于内置函数 IF()。

【例 11.4】 创建存储过程 P_math，如果"高等数学"课程的平均成绩大于 80 分，则显示"高等数学成绩良好"，否则显示"高等数学成绩一般"。

```
mysql> DELIMITER $$
mysql> CREATE PROCEDURE P_math(OUT v_gde char(20))
    -> BEGIN
    ->      DECLARE v_avg decimal(4,2);
    ->      SELECT AVG(grade) INTO v_avg
    ->      FROM student a, course b, score c
    ->      WHERE a.sno = c.sno AND b.cno = c.cno AND cname = '高等数学';
    ->      IF v_avg > 80 THEN
    ->          SET v_gde = '高等数学成绩良好';
    ->      ELSE
    ->          SET v_gde = '高等数学成绩一般';
    ->      END IF;
    -> END $$
Query OK, 0 rows affected (0.05 sec)

mysql> DELIMITER ;
```

调用存储过程使用 CALL 语句。

```
mysql> CALL P_math(@gde);
Query OK, 1 row affected (0.22 sec)
```

查看执行结果。

```
mysql> SELECT @gde;
```

执行结果：

```
+----------------+
|@gde            |
+----------------+
|高等数学成绩良好 |
+----------------+
1 row in set (0.00 sec)
```

(2) CASE 语句。

CASE 语句有以下两种语法格式。

语法格式：

```
CASE case_value
    WHEN when_value THEN statement_list
    [WHEN when_value THEN statement_list]
    …
```

```
    [ELSE statement_list]
END CASE
```

或

```
CASE
    WHEN search_condition THEN statement_list
    [WHEN search_condition THEN statement_list]
    …
    [ELSE statement_list]
END CASE
```

说明：

① 第一种语法格式在关键字 CASE 后面指定参数 case_value，每一个 WHEN…THEN 语句块中的参数 when_value 的值与 case_value 的值进行比较，如果比较的结果为真，则执行对应关键字 THEN 后的 SQL 语句。如若每一个 WHEN…THEN 语句块中的参数 when_value 都不能与 case_value 相匹配，则执行关键字 ELSE 后的语句。

② 第二种语法格式中 CASE 关键字后面没有参数，在 WHEN…THEN 语句块中使用 search_condition 指定一个比较表达式，如果该比较表达式为真，则执行对应关键字 THEN 后的 SQL 语句。

第二种语法格式与第一种格式相比，能够实现更为复杂的条件判断，使用起来更方便。

【例 11.5】 创建存储过程 P_title，将教师职称转变为职称类型。

```
mysql> DELIMITER $$
mysql> CREATE PROCEDURE P_title(IN v_tno char(6), OUT v_type char(10))
    -> BEGIN
    ->     DECLARE v_str char(12);
    ->     SELECT title INTO v_str FROM teacher WHERE tno = v_tno;
    ->     CASE v_str
    ->         WHEN '教授' THEN SET v_type = '高级职称';
    ->         WHEN '副教授' THEN SET v_type = '高级职称';
    ->         WHEN '讲师' THEN SET v_type = '中级职称';
    ->         WHEN '助教' THEN SET v_type = '初级职称';
    ->         ELSE SET v_type: = 'Nothing';
    ->     END CASE;
    -> END $$
Query OK, 0 rows affected (0.06 sec)

mysql> DELIMITER ;
```

调用存储过程使用 CALL 语句。

```
mysql> CALL P_title('100006', @type);
Query OK, 1 row affected (0.08 sec)
```

查看执行结果。

```
mysql> SELECT @type;
```

执行结果：

```
+---------+
|@type    |
+---------+
|高级职称  |
+---------+
1 row in set (0.00 sec)
```

2）循环语句

MySQL 支持 3 种用来创建循环的语句：WHILE 语句、REPEAT 语句和 LOOP 语句。

（1）WHILE 语句。

语法格式：

```
[begin_label: ] WHILE search_condition DO
    statement_list
END WHILE [end_label]
```

说明：

① WHILE 语句首先判断条件 search_condition 是否为真，为真则执行 statement_list 中的语句，然后再次进行判断，为真则继续循环，不为真则结束循环。

② begin_label 和 end_label 是 WHILE 语句的标注，必须两者都出现，且名字相同。

【例 11.6】 创建存储过程 P_integerSum，计算 1～100 的整数和。

```
mysql > DELIMITER $$
mysql > CREATE PROCEDURE P_integerSum(OUT v_sum1 int)
     -> BEGIN
     ->      DECLARE v_n int DEFAULT 1;
     ->      DECLARE v_s int DEFAULT 0;
     ->      WHILE v_n <= 100 DO
     ->           SET v_s = v_s + v_n;
     ->           SET v_n = v_n + 1;
     ->      END WHILE;
     ->      SET v_sum1 = v_s;
     -> END $$
Query OK, 0 rows affected (0.06 sec)

mysql > DELIMITER ;
```

使用 CALL 语句调用存储过程。

```
mysql > CALL P_integerSum(@sum1);
Query OK, 0 rows affected (0.01 sec)
```

查看执行结果：

```
mysql > SELECT @sum1;
```

执行结果：

```
+---------+
|@sum1    |
+---------+
```

```
|   5050     |
+----------+
1 row in set (0.00 sec)
```

说明：当调用这个存储过程时，首先判断 v1 的值是否大于零，如果大于零则执行 v1－1，否则结束循环。

(2) REPEAT 语句。

语法格式：

```
[begin_label: ] REPEAT
      statement_list
      UNTIL search_condition
END REPEAT [end_label]
```

说明：

① REPEAT 语句首先执行 statement_list 中的语句，然后判断条件 search_condition 是否为真，为真则停止循环，不为真则继续循环。REPEAT 也可使用 begin_label 和 end_label 进行标注。

② REPEAT 语句和 WHILE 语句两者区别为：REPEAT 语句先执行语句，后进行判断；而 WHILE 语句是先判断，条件为真后再执行语句。

【例 11.7】 创建存储过程 P_oddSum，计算 1～100 的奇数和。

```
mysql > DELIMITER $$
mysql > CREATE PROCEDURE P_oddSum(OUT v_sum2 int)
     -> BEGIN
     ->      DECLARE v_n int DEFAULT 1;
     ->      DECLARE v_s int DEFAULT 0;
     ->      REPEAT
     ->           IF MOD(v_n, 2)<> 0 THEN
     ->                SET v_s = v_s + v_n;
     ->           END IF;
     ->           SET v_n = v_n + 1;
     ->           UNTIL v_n > 100
     ->      END REPEAT;
     ->      SET v_sum2 = v_s;
     -> END $$
Query OK, 0 rows affected (0.06 sec)

mysql > DELIMITER ;
```

调用存储过程使用 CALL 语句。

```
mysql > CALL P_oddSum(@sum2);
Query OK, 0 rows affected (0.01 sec)
```

查看执行结果：

```
mysql > SELECT @sum2;
```

执行结果：

```
+---------+
|@sum2    |
+---------+
|  2500   |
+---------+
1 row in set (0.00 sec)
```

(3) LOOP 语句。

语法格式：

```
[begin_label: ] LOOP
    statement_list
END LOOP [end_label]
```

说明：

① LOOP 允许某特定语句或语句块的重复执行，其中的 statement_list 用于指定需要重复执行的语句。

② begin_label 和 end_label 是 LOOP 语句的标注，必须两者都出现，且名字相同。

③ 在循环体 statement_list 中语句一直重复至循环被退出，退出时通常伴随着一个 LEAVE 语句。LEAVE 语句语法格式如下：

```
LEAVE label
```

其中，label 是 LOOP 语句中所标注的自定义名字。

循环语句中还有一个 ITERATE 语句，它只可以出现在 LOOP、REPEAT 和 WHILE 语句内，意为"再次循环"。它的语法格式为：

```
ITERATE label
```

这里的 label 也是 LOOP 语句中所标注的自定义名字。

LEAVE 语句和 ITERATE 语句的区别是：LEAVE 语句结束整个循环，而 ITERATE 语句只是结束当前循环，然后开始下一个新循环。

【例 11.8】 创建存储过程 P_factorial，计算 10!。

```
mysql> DELIMITER $$
mysql> CREATE PROCEDURE P_factorial(OUT v_prod int)
    -> BEGIN
    ->     DECLARE v_n int DEFAULT 1;
    ->     DECLARE v_p int DEFAULT 1;
    ->     label: LOOP
    ->         SET v_p: = v_p * v_n;
    ->         SET v_n = v_n + 1;
    ->         IF v_n > 10 THEN
    ->             LEAVE label;
    ->         END IF;
    ->     END LOOP label;
    ->     SET v_prod = v_p;
    -> END $$
Query OK, 0 rows affected (0.06 sec)
```

```
mysql > DELIMITER ;
```

使用 CALL 语句调用存储过程：

```
mysql > CALL P_factorial(@prod);
Query OK, 0 rows affected (0.01 sec)
```

查看执行结果：

```
mysql > SELECT @prod;
```

执行结果：

```
+---------+
|@prod    |
+---------+
|3628800  |
+---------+
1 row in set (0.00 sec)
```

该语句采用循环，计算 10!。

5. 游标

游标是 SELECT 语句检索出来的结果集，在 MySQL 中，游标一定要在存储过程或函数中使用，不能单独在查询中使用。

一个游标包括以下 4 条语句。

(1) DECLARE 语句：该语句声明了一个游标，定义要使用的 SELECT 语句。

(2) OPEN 语句：该语句用于打开游标。

(3) FETCH 语句：该语句把产生的结果集的有关列读取到存储过程或存储函数的变量中去。

(4) CLOSE 语句：该语句用于关闭游标。

1) 声明游标

使用游标前，必须先声明游标。

语法格式：

```
DECLARE cursor_name CURSOR FOR select_statement
```

说明：

(1) cursor_name：指定创建的游标名称。

(2) select_statement：指定一个 SELECT 语句，返回的是一行或多行的数据。这里的 SELECT 语句不能有 INTO 子句。

2) 打开游标

必须打开游标，才能使用游标。该过程将游标连接到由 SELECT 语句返回的结果集中。在 MySQL 中，使用 OPEN 语句打开游标。

语法格式：

```
OPEN cursor_name
```

其中，cursor_name 用于指定要打开的游标，在程序中，一个游标可以打开多次，由于其他的用户或程序本身已经更新了表，所以每次打开的结果集可能不同。

3) 读取数据

游标打开后，可以使用 FETCH…INTO 语句从中读取数据。

语法格式：

```
FETCH cursor_name INTO var_name [ , var_name] …
```

说明：

(1) cursor_name：用于指定已打开的游标。

(2) var_name：用于指定存放数据的变量名。

(3) FETCH 语句将游标指向的一行数据赋给一些变量，子句中变量的数目必须等于声明游标时 SELECT 子句中列的数目。游标相当于一个指针，指向当前的一行数据。

4) 关闭游标

游标使用完以后，要及时关闭。关闭游标使用 CLOSE 语句，

语法格式：

```
CLOSE cursor_name
```

其中，cursor_name 用于指定要关闭的游标。

【例 11.9】 创建一个存储过程 P_tablerow，使用游标计算 student 表中行的数目。

```
mysql> DELIMITER $$
mysql> CREATE PROCEDURE P_tablerow(OUT v_rows int)
    -> BEGIN
    ->     DECLARE v_sno char(6);
    ->     DECLARE found boolean DEFAULT TRUE;
    ->     DECLARE CUR_student CURSOR FOR SELECT sno FROM student;
    ->     DECLARE CONTINUE HANDLER FOR NOT found
    ->     SET found = FALSE;
    ->     SET v_rows = 0;
    ->     OPEN CUR_student;
    ->     FETCH CUR_student into v_sno;
    ->     WHILE found DO
    ->         SET v_rows = v_rows + 1;
    ->         FETCH CUR_student INTO v_sno;
    ->     END WHILE;
    ->     CLOSE CUR_student;
    -> END $$
Query OK, 0 rows affected (0.06 sec)

mysql> DELIMITER ;
```

调用存储过程使用 CALL 语句：

```
mysql> CALL P_tablerow(@rows);
Query OK, 0 rows affected (0.02 sec)
```

查看执行结果：

```
mysql> SELECT @rows;
```

执行结果：

```
+---------+
|@rows    |
+---------+
|   6     |
+---------+
1 row in set (0.00 sec)
```

本例定义了一个 CONTINUE HANDLER 句柄，用于控制循环语句，以使游标下移。

11.2.3 存储过程的调用

存储过程创建完毕后，可以在程序、触发器或者其他存储过程中被调用，存储过程的调用可采用 CALL 语句。

语法格式：

```
CALL sp_name([ parameter [ ,… ]])
CALL sp_name[()]
```

说明：

(1) sp_name：指定被调用的存储过程的名称。

(2) parameter：指定调用存储过程要使用的参数，调用语句参数的个数必须等于存储过程参数的个数。

(3) 调用不含参数的存储过程，使用 CALL sp_name()语句与使用 CALL sp_name 语句相同。

【例 11.10】 创建向学生表插入一条记录的存储过程 P_insertStudent，并调用该存储过程。

```
mysql> DELIMITER $$
mysql> CREATE PROCEDURE P_insertStudent()
    -> BEGIN
    ->      INSERT INTO student VALUES('191005', '王燕', '女', '1999-04-17', NULL, NULL);
    ->      SELECT * FROM student WHERE sno = '191005';
    -> END $$
Query OK, 0 rows affected (0.22 sec)

mysql> DELIMITER ;
```

使用 CALL 语句调用存储过程：

```
mysql> CALL P_insertStudent();
```

执行结果：

```
+------+------+------+----------+----------+-----+
|sno   |sname |ssex  |sbirthday |speciality|tc   |
+------+------+------+----------+----------+-----+
|191005|王燕  |女    |1999-04-17|NULL      |NULL |
+------+------+------+----------+----------+-----+
```

```
1 row in set (0.22 sec)
Query OK, 0 rows affected (0.25 sec)
```

【例 11.11】 创建修改学生总学分的存储过程 P_updateGrade,并调用该存储过程。

```
mysql > DELIMITER $$
mysql > CREATE PROCEDURE P_updateSpecGrade(IN v_sno char(6), IN v_speciality char(12), IN
    -> v_tc int)
    -> BEGIN
    ->     UPDATE student SET speciality = v_speciality, tc = v_tc WHERE sno = v_sno;
    ->     SELECT * FROM student WHERE sno = '191005';
    -> END $$
Query OK, 0 rows affected (0.04 sec)

mysql > DELIMITER ;
```

调用存储过程使用 CALL 语句:

```
mysql > CALL P_updateSpecGrade('191005', '计算机', '50');
```

执行结果:

```
+------+------+------+-----------+-----------+------+
|sno   |sname |ssex  |sbirthday  |speciality |tc    |
+------+------+------+-----------+-----------+------+
|191005|王燕   |女    |1999-04-17 |计算机      |50    |
+------+------+------+-----------+-----------+------+
1 row in set (0.05 sec)
Query OK, 0 rows affected (0.08 sec)
```

【例 11.12】 创建删除学生记录的存储过程 P_deleteStudent,并调用该存储过程。

```
mysql > DELIMITER $$
mysql > CREATE PROCEDURE P_deleteStudent(IN v_sno char(6), OUT v_msg char(8))
    -> BEGIN
    ->     DELETE FROM student WHERE sno = v_sno;
    ->     SET v_msg = '删除成功';
    -> END $$
Query OK, 0 rows affected (0.05 sec)

mysql > DELIMITER ;
```

使用 CALL 语句调用存储过程:

```
mysql > CALL P_deleteStudent('191005', @msg);
Query OK, 1 row affected (0.05 sec)
```

查看执行结果:

```
mysql > SELECT @msg;
```

执行结果:

```
+-----------+
|@msg       |
+-----------+
|删除成功    |
+-----------+
1 row in set (0.00 sec)
```

11.2.4 存储过程的删除

当某个存储过程不再需要时，为释放它占用的内存资源，应将其删除。

删除存储过程使用 DROP PROCEDURE 语句。

语法格式：

```
DROP PROCEDURE [ IF EXISTS] sp_name;
```

其中，sp_name 指定要删除的存储过程名称。IF EXISTS 用于防止由于不存在的存储过程引发的错误。

【例 11.13】 删除存储过程 P_insertStudent。

```
mysql > DROP PROCEDURE P_insertStudent;
Query OK, 0 rows affected (0.07 sec)
```

11.3 存储函数概述

在 MySQL 中，存储函数与存储过程很相似，都是由 SQL 语句和过程式语句组成的代码片段，并且可以从应用程序和 SQL 中调用。

存储函数与存储过程也有一些区别，列举如下。

(1) 存储函数不能拥有输出参数，因为存储函数本身就是输出参数；然而存储过程可以有输出参数。

(2) 调用存储函数不能用 CALL 语句，而调用存储过程需要使用 CALL 语句。

(3) 存储函数必须包含一条 RETURN 语句，而存储过程不允许包含 RETURN 语句。

11.4 存储函数的创建、调用和删除

下面介绍存储函数的创建、调用和删除。

11.4.1 存储函数的创建

创建存储函数可以使用 CREATE FUNCTION 语句。

语法格式：

```
CREATE FUNCTION func_name([func_parameter [, … ]])
    RETURNS type
routine_body
```

其中，func_parameter 的语法格式为：

```
param_name type
```

type 的语法格式为：

```
Any valid MySQL data type
```

routine_body 的语法格式为：

```
valid SQL routine statement
```

说明：

(1) func_name：指定存储函数的名称。

(2) func_parameter：指定存储函数的参数，参数只有名称和类型。不能指定 IN、OUT 和 INOUT。

(3) RETURNS 子句：用于声明存储函数返回值的数据类型。

(4) routine_body：存储函数体必须包含一条 RETURN value 语句，value 用于指定存储函数的返回值，此外，所有在存储过程中使用的 SQL 语句在存储函数中也适用。这个部分以 BEGIN 开始，以 END 结束。

【例 11.14】 创建一个存储函数 F_courseName，由课程号查课程名。

```
mysql > DELIMITER ;
mysql > DELIMITER $$
mysql > CREATE FUNCTION F_courseName(v_cno char(4))
     ->        RETURNS char(12)
     ->        DETERMINISTIC
     -> BEGIN
     ->        RETURN(SELECT cname FROM course WHERE cno = v_cno);
     -> END $$
Query OK, 0 rows affected (0.05 sec)

mysql > DELIMITER ;
```

RETURN 子句中包含 SELECT 语句时，SELECT 语句的返回结果只能是一行且只能有一列值。

11.4.2 调用存储函数

调用存储函数可以使用 SELECT 关键字。

语法格式：

```
SELECT func_name([func_parameter [, … ]])
```

【例 11.15】 调用存储函数 F_courseName。

```
mysql > SELECT F_courseName('1201');
```

执行结果：

```
+--------------------+
|F_courseName('1201')    |
+--------------------+
|英语                    |
+--------------------+
1 row in set (0.00 sec)
```

11.4.3 删除存储函数

删除存储函数可以使用 DROP FUNCTION 语句。

语法格式：

```
DROP FUNCTION [IF EXISTS]func_name
```

其中，func_name 指定要删除的存储函数名称。IF EXISTS 用于防止由于不存在的存储函数引发的错误。

【例 11.16】 删除存储函数 F_courseName。

```
mysql> DROP FUNCTION IF EXISTS F_courseName;
Query OK, 0 rows affected (0.08 sec)
```

11.5 小结

本章主要介绍了以下内容。

(1) 存储过程是 MySQL 支持的过程式数据库对象，它是一组完成特定功能的 SQL 语句集，即一段存放在数据库中的代码，可由声明式 SQL 语句和过程式 SQL 语句组成。

(2) 创建存储过程使用 CREATE PROCEDURE 语句，调用存储过程使用 CALL 语句，删除存储过程使用 DROP PROCEDURE 语句。

(3) 存储过程可以有一个或多个参数，也可以没有参数。存储过程的参数类型有输入参数、输出参数、输入/输出参数三种，分别用 IN、OUT 和 INOUT 三个关键字来标识。

(4) 存储过程体以 BEGIN 开始，以 END 结束，存储过程体中常用的语法元素有：局部变量，SET 语句，SELECT…INTO 语句，条件判断语句(IF…THEN…ELSE 语句和 CASE 语句)，循环语句(WHILE 语句、REPEAT 语句和 LOOP 语句)，游标。

(5) 存储函数与存储过程相似，都是过程式数据库对象，并为声明式 SQL 语句和过程式 SQL 语句组成的代码片段，可以从应用程序和 SQL 中调用。存储函数与存储过程的区别为：存储函数不能拥有输出参数，而存储过程可以有输出参数；调用存储函数不能用 CALL 语句，而调用存储过程需要使用 CALL 语句；存储函数必须包含一条 RETURN 语句，而存储过程不允许包含 RETURN 语句。

(6) 创建存储函数使用 CREATE FUNCTION 语句，调用存储函数使用 SELECT 关键字，删除存储函数使用 DROP FUNCTION 语句。

习　题　11

一、选择题

11.1　创建存储过程的用处主要是(　　)。

A. 实现复杂的业务规则　　B. 维护数据的一致性

C. 提高数据操作效率　　D. 增强引用完整性

11.2　下列关于存储过程的描述不正确的是(　　)。

A. 存储过程独立于数据库而存在

B. 存储过程实际上是一组 SQL 语句

C. 存储过程预先被编译存放在服务器端

D. 存储过程可以完成某一特定的业务逻辑

11.3　下列关于存储过程的说法中,正确的是(　　)。

A. 用户可以向存储过程传递参数,但不能输出存储过程产生的结果

B. 存储过程的执行是在客户端完成的

C. 在定义存储过程的代码中可以包括数据的增、删、改、查语句

D. 存储过程是存储在是客户端的可执行代码

11.4　关于存储过程的参数,正确的说法是(　　)。

A. 存储过程的输入参数可以不输入信息而调用过程

B. 可以指定字符参数的字符长度

C. 存储过程的输出参数可以是常量

D. 以上说法都不对

11.5　存储过程中的选择语句有(　　)。

A. SELECT　　B. SWITCH

C. WHILE　　D. IF

11.6　存储过程中不能使用的循环语句是(　　)。

A. WHILE　　B. REPEAT

C. FOR　　D. LOOP

二、填空题

11.7　创建存储过程的语句是________。

11.8　调用存储过程使用________语句。

11.9　存储过程可由声明式 SQL 语句和________SQL 语句组成。

11.10　存储过程参数的关键字有 IN、OUT 和________。

11.11　存储过程可以有一个或多个参数,也可以________。

11.12　存储函数必须________一条 RETURN 语句,而存储过程不允许包含 RETURN 语句。

11.13　调用存储函数使用________ 关键字。

11.14　删除存储函数使用________ 语句。

三、问答题

11.15 什么是存储过程？简述存储过程的特点。

11.16 存储过程的参数有哪几种类型？分别写出其关键字。

11.17 用户变量和局部变量有何区别？

11.18 MySQL 有哪几种循环语句？简述各种循环语句的特点。

11.19 什么是游标？包括哪些语句？简述各个语句的功能。

11.20 什么是存储函数？简述存储函数与存储过程的区别。

四、应用题

11.21 创建一个存储过程 P_SpecialityCnameAvg，求指定专业和课程的平均分。

11.22 创建一个存储过程 P_CnameMax，求指定课程号的课程名和最高分。

11.23 创建一个存储过程 P_NameSchoolTitle，求指定编号教师的姓名、学院和职称。

第12章

触发器和事件

本章要点

(1) 触发器概述。

(2) 创建和删除触发器。

(3) 使用触发器。

(4) 事件概述。

(5) 事件的创建、修改和删除。

触发器(Trigger)是一个关联到表的过程式数据库对象,它在基于某个表的特定事件出现时触发执行;事件(Event)是在指定时刻触发执行的另一类过程式数据库对象。本章介绍触发器的特点,创建和删除触发器,使用触发器,事件的特点,事件的创建、修改和删除等内容。

12.1 触发器概述

触发器是一个被指定关联到表的数据库对象,与表的关系密切,它不需要用户调用,而是在一个表的特定事件出现时将会被激活,此时某些 MySQL 语句会自动执行。

触发器用于实现数据库的完整性,触发器具有以下特点。

(1) 可以提供更强大的约束。

(2) 可对数据库中的相关表实现级联更改。

(3) 可以评估数据修改前后表的状态,并根据该差异采取措施。

(4) 强制表的修改要合乎业务规则。

触发器的缺点是增加决策和维护的复杂程度。

12.2 触发器的创建、删除和使用

下面介绍使用 SQL 语句创建、删除和使用触发器。

12.2.1 创建触发器

创建触发器使用 CREATE TRIGGER 语句。

语法格式:

```
CREATE TRIGGER trigger_name trigger_time trigger_event
    ON tbl_name FOR EACH ROW trigger_body
```

说明:

(1) trigger_name: 指定触发器名称。

(2) trigger_time：触发器被触发的时刻，有两个选项——BEFORE用于激活其语句之前触发，AFTER用于激活其语句之后触发。

(3) trigger_event：触发事件，有INSERT、UPDATE、DELETE。

① INSERT：在表中插入新行时激活触发器。

② UPDATE：更新表中某一行时激活触发器。

③ DELETE：删除表中某一行时激活触发器。

(4) FOR EACH ROW：用于指定，对于受触发事件影响的每一行，都要激活触发器的动作。

(5) trigger_body：触发动作的主体，即触发体，包含触发器激活时将要执行的语句。如果要执行多个语句，可使用BEGIN…END复合语句结构。

综上所述，可得创建触发器的语法结构包括触发器定义和触发体两部分。触发器定义包含指定触发器名称、指定触发时间、指定触发事件等。触发体由MySQL语句块组成，它是触发器的执行部分。

在触发器的创建中，每个表每个事件每次只允许一个触发器，所以每条INSERT、UPDATE、DELETE的前或后可创建一个触发器，每个表最多可创建6个触发器。

【例12.1】 在stusys数据库的score表创建触发器T_insertScoreRecord，当向score表插入一条记录时，显示“正在插入记录”。

创建触发器：

```
mysql> CREATE TRIGGER T_insertScoreRecord AFTER INSERT
    ->        ON score FOR EACH ROW SET @str = '正在插入记录';
Query OK, 0 rows affected (0.11 sec)
```

验证触发器功能，向score表通过INSERT语句插入一条记录：

```
mysql> INSERT INTO score
    ->        VALUES('196001','1004 ',91);
Query OK, 1 row affected (0.18 sec)

mysql> SELECT @str;
```

执行结果：

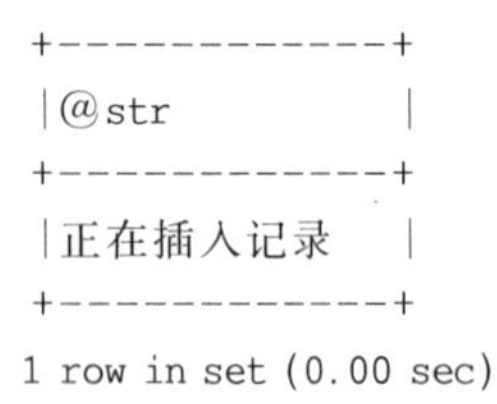

```
+------------+
|@str        |
+------------+
|正在插入记录  |
+------------+
1 row in set (0.00 sec)
```

12.2.2 删除触发器

删除触发器使用DROP TRIGGER语句。

语法格式：

```
DROP TRIGGER [schema_name] trigger_name
```

说明：

(1) schema_name：可选项，指定触发器所在数据库名称，如果没有指定，则为当前默认数据库。

(2) trigger_name：要删除的数据库名称。

当删除一个表时，同时自动删除该表上的触发器。

【例 12.2】 删除触发器 T_insertScoreRecord。

```
mysql > DROP TRIGGER T_insertScoreRecord;
Query OK, 0 rows affected (0.10 sec)
```

12.2.3 使用触发器

MySQL 支持三种触发器：INSERT 触发器、UPDATE 触发器、DELETE 触发器。

1. INSERT 触发器

INSERT 触发器在 INSERT 语句执行之前或之后执行。

(1) INSERT 触发器的触发体内可引用一个名为 NEW 的虚拟表来访问被插入的行。

(2) 在 BEFORE INSERT 触发器中，NEW 中的值可以被更新。

【例 12.3】 在 stusys 数据库的 student 表创建触发器 T_inserStudentRecord，当向 student 表插入一条记录时，显示插入记录的学生的姓名。

创建触发器：

```
mysql > CREATE TRIGGER T_inserStudentRecord AFTER INSERT
    ->         ON student FOR EACH ROW SET @str1 = NEW.sname;
Query OK, 0 rows affected (0.08 sec)
```

验证触发器功能，向 student 表通过 INSERT 语句插入一条记录：

```
mysql > INSERT INTO student
    ->       VALUES('196007','刘莉','女','1999-01-14','通信',50);
Query OK, 1 row affected (0.05 sec)

mysql > SELECT @str;
```

执行结果：

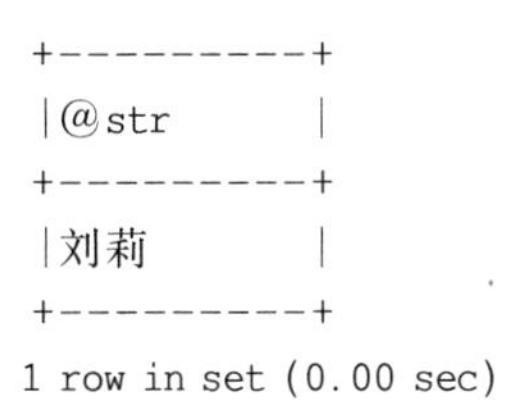

```
+---------+
|@str     |
+---------+
|刘莉     |
+---------+
1 row in set (0.00 sec)
```

2. UPDATE 触发器

UPDATE 触发器在 UPDATE 语句执行之前或之后执行。

(1) UPDATE 触发器的触发体内可引用一个名为 OLD 的虚拟表来访问更新以前的值，也可引用一个名为 NEW 的虚拟表来访问更新以后的值。

(2) 在 BEFORE UPDATE 触发器中，NEW 中的值可能已被更新。

(3) OLD中的值不能被更新。

【例12.4】 在stusys数据库的course表创建一个触发器T_updateCourseScore,当更新表course中某门课程的课程号时,同时更新score表中所有相应的课程号。

创建触发器:

```
mysql> DELIMITER $$
mysql> CREATE TRIGGER T_updateCourseScore AFTER UPDATE
    ->         ON course FOR EACH ROW
    -> BEGIN
    ->         UPDATE score SET cno = NEW.cno WHERE cno = OLD.cno;
    -> END $$
Query OK, 0 rows affected (0.07 sec)

mysql> DELIMITER ;
```

验证触发器T_updateCourseScore的功能:

```
mysql> UPDATE course SET cno = '4017' WHERE cno = '4002';
Query OK, 1 row affected (0.20 sec)
Rows matched: 1  Changed: 1  Warnings: 0

mysql> SELECT * FROM score WHERE cno = '4017';
```

执行行结果:

```
+--------+----+------+
|sno     |cno |grade |
+--------+----+------+
|196001  |4017|    90|
|196002  |4017|    79|
|196004  |4017|    88|
+--------+----+------+
3 rows in set (0.00 sec)
```

3. DELETE触发器

DELETE触发器在DELETE语句执行之前或之后执行。

(1) DELETE触发器的触发体内可引用一个名为OLD的虚拟表来访问被删除的行。

(2) OLD中的值不能被更新。

【例12.5】 在stusys数据库的student表创建一个触发器T_deleteStudentScore,当删除表student中某个学生的记录时,同时将score表中与该学生有关的数据全部删除。

创建触发器:

```
mysql> DELIMITER $$
mysql> CREATE TRIGGER T_deleteStudentScore AFTER DELETE
    ->         ON student FOR EACH ROW
    -> BEGIN
    ->         DELETE FROM score WHERE sno = OLD.sno;
    -> END $$
Query OK, 0 rows affected (0.09 sec)
```

```
mysql > DELIMITER ;
```

验证触发器 T_deleteStudentScore 的功能：

```
mysql > DELETE FROM student WHERE sno = '191003';
Query OK, 1 row affected (0.09 sec)

mysql > SELECT * FROM score WHERE sno = '191003';
Empty set (0.00 sec)
```

12.3 事件概述

事件(Event)是在指定时刻才被执行的过程式数据库对象。事件通过 MySQL 中一个很有特色的功能模块——事件调度器(Event Scheduler)进行监视，并确定其是否需要被调用。

MySQL 的事件调度器可以精确到每秒钟执行一个任务，比操作系统的计划任务更具实时优势。对于一些实时性要求比较高的应用，如股票交易、购火车票、球赛技术统计等就很 适合。

事件和触发器相似，都是在某些事情发生时启动，由于它们相似，所以事件又称为临时触发器(Temporal Trigger)。它们的区别为：触发器是基于某个表所产生的事件触发的，而事件是基于特定的时间周期来触发的。

使用事件调度器之前，必须确保开启事件调度器。

(1) 查看当前是否开启事件调度器可以使用以下命令

```
SHOW VARIABLE LIKE'EVENT_SCHEDULER';
```

或查看系统变量：

```
SELECT @@EVENT_SCHEDULER;
```

(2) 如果没有开启事件调度器，可使用以下命令开启：

```
SET GLOBLEEVENT_SCHEDULER = 1;
```

或

```
SET GLOBLE EVENT_SCHEDULER = TRUE;
```

或在 MySQL 的配置文件 my. ini 中加上“EVENT _ SCHEDULER = 1”或“SET GLOBLE EVENT_SCHEDULER=ON”，然后重启 MySQL 服务器。

12.4 事件的创建、修改和删除

下面介绍事件的创建、修改和删除。

12.4.1 创建事件

使用 CREATE EVENT 语句创建事件。

语法格式：

```
CREATE EVENT [IF NOT EXISTS]event_name
    ON SCHEDULE schedule
    [ENABLE|DISABLE|DISABLE ON SLAVE]
    DO event_body;
```

其中，scheduled 的描述为：

```
AT timestamp [ + INTERVAL interval] ..
|EVERY interval
    [STARTS timestamp [ + INTERVAL interval] … ]
    [ENDS timestamp [ + INTERVAL interval] … ]
```

interval 的描述为：

```
quantity|YEAR|QUARTER|MONTH|DAY|HOUR|MINUTE|
            WEEK|SECOND|YEAR_MONTH|DAY_HOUR|DAY_MINUTE|
            DAY_SECOND|HOUR_MINUTE|HOUR_SECOND|MINUTE_SECOND|
```

说明：

（1）event_name：指定事件名。

（2）schedule：时间调度，表示事件何时发生或者每隔多久发生一次，有以下两个子句：

① AT timestamp 子句：指定事件在某个时刻发生。其中，timestamp 为一个具体时间点，后面可加上时间间隔；interval 为时间间隔，由数值和单位组成；quantity 是时间间隔的数值。

② EVERY interval 子句：表示事件在指定时间区间内，每隔多久发生一次。其中，STARTS 子句指定开始时间，ENDS 子句指定结束时间。

（3）ENABLE |DISABLE |DISABLE ON SLAVE：可选项，表示事件的属性。

（4）event_body：DO 子句中的 event_body，用于指定事件启动时要求执行的代码。如果要执行多个语句，可使用 BEGIN…END 复合语句结构。

【例 12.6】 创建现在立即执行的事件 E_direct，执行时创建一个表 tb。

```
mysql> CREATE EVENT E_direct
    ->      ON SCHEDULE AT NOW()
    ->      DO
    ->      CREATE TABLE tb(timeline timestamp);
Query OK, 0 rows affected (0.10 sec)

mysql> SHOW TABLES;
+----------------+
|Tables_in_stusys |
+----------------+
|course          |
|lecture         |
|score           |
|student         |
|tb              |
|teacher         |
+----------------+
6 rows in set (0.00 sec
```

```
mysql> SELECT * FROM tb;
Empty set (0.00 sec)
```

【例 12.7】 创建事件 E_insertTb,每 2 秒插入一条记录到表 tb。

```
mysql > CREATE EVENT E_insertTb
    ->      ON SCHEDULE EVERY 2 SECOND
    ->      DO
    ->      INSERT INTO tb VALUES(current_timestamp);
Query OK, 0 rows affected (0.02 sec)
```

12 秒后执行以下语句:

```
mysql > SELECT * FROM tb;
```

执行结果:

```
+--------------------+
|timeline            |
+--------------------+
|2020-04-27 21:20:57 |
|2020-04-27 21:20:59 |
|2020-04-27 21:21:01 |
|2020-04-27 21:21:03 |
|2020-04-27 21:21:05 |
|2020-04-27 21:21:07 |
+--------------------+
6 rows in set (0.00 sec)
```

【例 12.8】 创建事件 E_startDays,从第 2 天起,每天清空表 tb,在 2020 年 12 月 31 日结束。

```
mysql > DELIMITER $$
mysql > CREATE EVENT E_startDays
    ->      ON SCHEDULE EVERY 1 DAY
    ->      STARTS CURDATE() + INTERVAL 1 DAY
    ->      ENDS '2020-12-31'
    ->      DO
    ->      BEGIN
    ->          TRUNCATE TABLE tb;
    ->      END $$
Query OK, 0 rows affected (0.05 sec)

mysql > DELIMITER;
```

12.4.2 修改事件

修改事件使用 ALTER EVENT 语句。

语法格式:

```
ALTER EVENT event_name
    [ON SCHEDULE schedule]
```

```
[RENAME TOnew_event_name]
[ENABLE|DISABLE|DISABLE ON SLAVE]
[DOevent_body]
```

ALTER EVENT 语句与 CREATE EVENT 语句语法格式相仿，此处不再重复解释。

【例 12.9】 将事件 E_startDays 更名为 E_firstDays。

```
mysql > ALTER EVENT E_startDays
    ->      RENAME TO E_firstDays;
Query OK, 0 rows affected (0.06 sec)
```

12.4.3 删除事件

删除事件使用 DROP EVENT 语句。

语法格式：

```
DROP EVENT [IF EXITS] event_name
```

【例 12.10】 删除事件 E_firstDays。

```
mysql > DROP EVENT E_firstDays;
Query OK, 0 rows affected (0.06 sec)
```

12.5 小　　结

本章主要介绍了以下内容。

(1) 触发器是一个被指定关联到表的过程式数据库对象，在一个表的特定事件出现时将会被激活，此时某些 MySQL 语句会自动执行。

(2) 创建触发器使用 CREATE TRIGGER 语句，删除触发器使用 DROP TRIGGER 语句。

(3) MySQL 支持三种触发器：INSERT 触发器、UPDATE 触发器、DELETE 触发器。

INSERT 触发器在 INSERT 语句执行之前或之后执行。UPDATE 触发器在 UPDATE 语句执行之前或之后执行。DELETE 触发器在 DELETE 语句执行之前或之后执行。

(4) 事件是在指定时刻才被执行的过程式数据库对象。

事件和触发器相似，都是在某些事情发生时启动，由于它们相似，所以事件又称为临时触发器(Temporal Trigger)。它们的区别为：触发器是基于某个表所产生的事件触发的，而事件是基于特定的时间周期来触发的。

(5) 创建事件使用 CREATE EVENT 语句。修改事件使用 ALTER EVENT 语句。删除事件使用 DROP EVENT 语句。

习　题　12

一、选择题

12.1　定义触发器的主要作用是(　　)。

A. 提高数据的查询效率　　　　B. 加强数据的保密性

C. 增强数据的安全性　　D. 实现复杂的约束

12.2 MySQL 支持的触发器不包括(　　)。

A. INSERT 触发器　　B. CHECK 触发器

C. UPDATE 触发器　　D. DELETE 触发器

12.3 MySQL 为每个触发器创立了两个虚拟表(　　)。

A. NEW 和 OLD　　B. INT 和 CHAR

C. MAX 和 MIN　　D. AVG 和 SUM

12.4 下列(　　)数据库对象可用来实现表间参照关系。

A. 索引　　B. 存储过程

C. 触发器　　D. 视图

12.5 下列(　　)语句临时关闭事件 E_temp。

A. ALTER EVENT E_temp ENABLE

B. ALTER EVENT E_temp DELETE

C. ALTER EVENT E_temp DROP

D. ALTER EVENT E_temp DISABLE

二、填空题

12.6 MySQL 的触发器有 INSERT 触发器、UPDATE 触发器和________三类。

12.7 创建触发器使用________语句。

12.8 UPDATE 触发器在 UPDATE 语句执行之前或________执行。

12.9 事件和触发器相似,所以事件又称为________。

12.10 删除事件使用________语句。

三、问答题

12.11 什么是触发器? 简述触发器的作用。

12.12 简述创建触发器的定义部分和触发体部分包含的内容。

12.13 在 MySQL 中,触发器有哪几类? 每一个表最多可创建几个触发器?

12.14 什么是事件? 举例说明事件的作用。

12.15 对比触发器和事件的相似点和不同点。

四、应用题

12.16 创建一个触发器 T_totalCredits,修改学生的总学分时显示“已修改总学分!”。

12.17 创建一个触发器 T_teacherLecture,当删除 teacher 表中一个记录时,自动删除 lecture 表中该教师讲课地点记录。

第 13 章

安全管理

本章要点

(1) 权限表。

(2) 用户管理。

(3) 权限管理。

安全管理是评价一个数据库管理系统的重要指标，MySQL 提供了访问控制，以此确保 MySQL 服务器的安全访问。数据库安全管理指拥有相应权限的用户才可以访问数据库中的相应对象，执行相应合法操作，用户应对他们需要的数据拥有适当的访问权，既不能多，也不能少。本章介绍 MySQL 权限表、用户管理、权限管理等内容。

13.1 权 限 表

MySQL 服务器通过权限来控制用户对数据库的访问，权限表保存在名为 mysql 的 MySQL 数据库中，这些权限表中最重要的是 user 表，此外，还有 db 表、tables_priv 表和 Columns_priv 表、proc_priv 表等。

当 MySQL 服务启动时，首先会读取 mysql 中的权限表，并将表中的数据装入内存。当用户进行存取操作时，MySQL 会根据这些表中的数据做相应的权限控制。

用户登录以后，MySQL 数据库系统会根据这些权限表的内容为每个用户赋予相应的权限。

1. user 表

user 表是 MySQL 中最重要的一个权限表，记录允许连接到服务器的账号信息，里面的权限是全局级的，即针对所有用户数据库中所有的表。MySQL8.0 中 user 表有 51 个字段，可分为 4 类，分别是用户列、权限列、安全列和资源控制列。在 MySQL 数据库中，使用以下命令可以查看 user 表的表结构：

```
mysql > DESC user;
```

2. db 表

db 表也是 MySQL 数据库中非常重要的权限表。db 表中存储了用户对某个数据库的操作权限，决定用户能从哪个主机存取哪个数据库。db 表的字段大致可以分为两类，分别是用户列和权限列。

3. tables_priv 表和 columns_priv 表

tables_priv 表用于对表进行权限设置，tables_priv 表包含 8 个字段，分别是 Host、Db、User、Table_name、Grantor、Timestamp、Table_priv 和 Column_priv。

columns_priv 表用于对表的某一列进行权限设置，columns_priv 表包含 7 个字段，分别是 Host、Db、User、Table_name、Column_name、Timestamp 和 Column_priv。

4. procs_priv 表

procs_priv 表可以对存储过程和存储函数进行权限设置。procs_priv 表包含 8 个字段，分别是 Host、Db、User、Routine_name、Routine_type、Grantor、Proc_priv 和 Timestamp。

13.2 用户管理

一个新安装的 MySQL 系统，只有一个名为 root 的用户，可使用以下语句进行查看：

```
mysql> SELECT host, user, authentication_string FROM mysql.user;
```

查询结果：

```
+----------+------+-------------------------------------------+
|host      |user  |authentication_string                      |
+----------+------+-------------------------------------------+
|localhost |root  | *6BB4837EB74329105EE4568DDA7DC67ED2CA2AD9 |
+----------+------+-------------------------------------------+
1 rows in set (0.00 sec)
```

root 用户是在安装 MySQL 服务器后由系统创建的，被赋予了操作和管理 MySQL 的所有权限。在实际操作中，为了避免用户恶意冒名使用 root 账号操作和控制数据库，通常需要创建一系列具备适当权限的用户，尽可能不用或少用 root 账号登录系统，以确保安全访问。

下面介绍用户管理中的创建用户、删除用户、修改用户账号和修改用户口令等操作。

13.2.1 创建用户

创建用户使用 CREATE USER 语句，用于创建一个或多个用户并设置口令。使用 CREATE USER 语句，必须拥有 MySQL 数据库的全局 CREATE USER 权限或 INSERT 权限。

语法格式：

```
CREATE USER user_specification [ , user_specification ] …
```

其中，user_specification 的语句如下：

```
user
[
    IDENTIFIED BY [PASSWORD] 'password'
    |IDENTIFIED WITH auth_plugin[AS 'auth_string']
]
```

说明：

(1) user：指定创建的用户账号，格式为'user_name'@'host_name'，其中，user_name 是用户名，host _name 是主机名，如果未指定主机名，则主机名默认为%，即为一组主机。

(2) IDENTIFIED BY 子句：用于指定用户账号对应的口令，如果用户账号无口令，可省略该子句。

(3) PASSWORD：该可选项用于指定散列口令。

(4) password：指定用户账号的口令，口令可以是由字母和数字组成的明文，也可以是散列值。

(5) IDENTIFIED WITH 子句：用于指定验证用户账号的认证插件。

(6) auth_plugin：指定认证插件的名称。

【例 13.1】 创建用户 lee，口令为'1234'；创建用户 zhang，口令为'5678'；创建用户 sun，口令为'test'。

```
mysql> CREATE USER 'lee'@'localhost' IDENTIFIED BY '1234',
    ->        'zhang'@'localhost' IDENTIFIED BY '5678',
    ->        'sun'@'localhost' IDENTIFIED BY 'test';
Query OK, 0 rows affected (0.25 sec)
```

使用 CREATE USER 语句注意事项。

(1) 使用 CREATE USER 语句创建一个用户账号后，会在 MySQL 数据库的 user 表中添加一个新记录。如果创建的账户已存在，该语句执行会出错。

(2) 如果两个用户名相同而主机名不同，MySQL 认为是不同的用户。

(3) 使用 CREATE USER 语句时没有为用户指定口令，MySQL 允许该用户不使用口令登录系统，但为了安全不推荐这种做法。

(4) 新创建的用户拥有权限很少，只允许进行不需要权限的操作。

13.2.2 删除用户

删除用户使用 DROP USER 语句，使用 DROP USER 语句时必须拥有 MySQL 数据库的全局 CREATE USER 权限或 DELETE 权限。

语法格式：

```
DROP USER user [ user ]…
```

【例 13.2】 删除用户 zhang。

```
mysql> DROP USER 'zhang'@'localhost';
Query OK, 0 rows affected (0.19 sec)
```

使用 DROP USER 语句注意事项。

(1) DROP USER 语句用于删除一个或多个账户，并消除其权限。

(2) 在 DROP USER 语句中，如果未指定主机名，则主机名默认为%。

13.2.3 修改用户账号

修改用户账号使用 RENAME USER 语句，使用 RENAME USER 语句，必须拥有 MySQL 数据库的全局 CREATE USER 权限或 UPDATE 权限。

语法格式：

```
RENAME USER old_user TO new_user [ , old_user TO new_user ]…
```

说明：

(1) old_user：已存在的 MySQL 用户账号。

(2) new_user：新的 MySQL 用户账号。

【例 13.3】 将用户 sun 的名字修改为 qian。

```
mysql > RENAME USER 'sun'@'localhost' TO 'qian'@'localhost';
Query OK, 0 rows affected (0.14 sec)
```

使用 RENAME USER 语句注意事项。

(1) RENAME USER 语句用于对原有 MySQL 账号进行重命名。

(2) 如果系统中新账户已存在或旧账户不存在，语句执行会出错。

13.2.4 修改用户口令

修改用户口令使用 SET PASSWORD 语句。

语法格式：

```
SET PASSWORD FOR user = 'password'
```

【例 13.4】 将用户 qian 的口令修改为'abc'。

```
mysql > SET PASSWORD FOR 'qian'@'localhost' = 'abc';
Query OK, 0 rows affected (0.10 sec)
```

使用 SET PASSWORD 语句注意事项。

如果系统中账户不存在，语句执行会出错。

13.3 权限管理

创建一个新用户后，该用户还没有访问权限，因而无法操作数据库，还需要为该用户授予适当的权限。

13.3.1 授予权限

权限的授予使用 GRANT 语句。

语法格式：

```
GRANT
    priv_type[ (column_list) ] [ ,priv_type[ (column_list) ] ]..
    ON [ object_type ] priv_level
    TO user_specification[ , user_specification ]..
    [ REQUIRE|NONE|ssl_option [ [ AND ]ssl_option ]…|]
    [ WITH with_option… ]
```

其中，object_type 的对象类型为：

```
TABLE|FUNCTION|PROCEDURE
```

priv_level 的权限级别为：

```
* | *. * |db_name. * |db_name.tbl_name|tbl_name|db_name.routine _name
```

user_specification 的选项为：

```
user
[
    IDENTIFIED BY [ PASSWORD ] 'password'
    |IDENTIFIED WITH auth_plugin [ AS 'auth_string']
]
```

with_option 的选项为：

```
GRANT OPTION
|MAX_QUERIES_PER_HOUR count|MAX_UPDATES_PER_HOUR count
|MAX_CONNECTIONS_PER_HOUR count|MAX_USER_PER_HOUR count
```

说明：

(1) priv_type：指定权限的名称，例如 SELECT、INSERT、UPDATE、DELETE 等操作。

(2) column_list：该可选项用于指定要授予表中哪些列。

(3) ON 子句：用于指定权限授予的对象和级别，例如要授予权限的数据库名或表名等。

(4) object_type：该可选项用于指定权限授予的对象类型，包括表、函数和存储过程。

(5) priv_level：指定权限的级别，授予的权限有以下几组。

① 列权限：和表中的一个具体列相关。例如，使用 UPDATE 语句更新表 student 中 sno 列的值的权限。

② 表权限：和一个具体表中的所有数据相关。例如，使用 SELECT 语句查询表 student 的所有数据的权限。

③ 数据库权限：和一个具体的数据库中的所有表相关。例如，在已有的 stusys 数据库中创建新表的权限。

④ 用户权限：和 MySQL 所有的数据库相关。例如，删除已有的数据库或者创建一个新的数据库的权限。

在 GRANT 语句中，可用于指定权限级别的值的格式如下。

① *：表示当前数据库中所有表。

② *.*：表示所有数据库中所有表。

③ db_name.*：表示某个数据库中所有表。

④ db_name.tbl_name：表示某个数据库中的某个表或视图。

⑤ tbl_name：表示某个表或视图。

⑥ db_name.routine _name：表示某个数据库中的某个存储过程或函数。

(6) TO 子句：指定被授予权限的用户。

(7) user_specification：该可选项与 CREATE USER 语句中的 user_specification 部分一样。

(8) WITH 子句：用于实现权限的转移和限制。

1. 授予列权限

授予列权限时，priv_level 的值只能是 SELECT、INSERT 和 UPDATE，权限后面需要加上列名列表。

【例 13.5】 授予用户 lee 在数据库 stusys 的 student 表上对学号列和姓名列的 SELECT 权限。

```
mysql > GRANT SELECT(sno, sname)
    ->      ON stusys.student
    ->      TO 'lee'@'localhost';
Query OK, 0 rows affected (0.17 sec)
```

2. 授予表权限

授予表权限时，priv_level 可以是以下值。

(1) SELECT：授予用户使用 SELECT 语句访问特定的表的权限。

(2) INSERT：授予用户使用 INSERT 语句向一个特定表中添加行的权限。

(3) UPDATE：授予用户使用 UPDATE 语句修改特定表中值的权限。

(4) DELETE：授予用户使用 DELETE 语句向一个特定表中删除行的权限。

(5) REFERENCES：授予用户创建一个外键来参照特定的表的权限。

(6) CREATE：授予用户使用特定的名字创建一个表的权限。

(7) ALTER：授予用户使用 ALTER TABLE 语句修改表的权限。

(8) DROP：授予用户删除表的权限。

(9) INDEX：授予用户在表上定义索引的权限。

(10) ALL 或 ALL PRIVILEGES：表示所有权限名。

【例 13.6】 先创建新用户 hong 和 liu，然后授予他们在数据库 stusys 的 student 表上的 SELECT 和 INSERT 权限。

```
mysql > CREATE USER 'hong'@'localhost' IDENTIFIED BY '123',
    ->      'liu'@'localhost' IDENTIFIED BY '456';
Query OK, 0 rows affected (0.20 sec)

mysql > GRANT SELECT, INSERT
    ->      ON stusys.student
    ->      TO 'hong'@'localhost', 'liu'@'localhost';
Query OK, 0 rows affected (0.25 sec)
```

3. 授予数据库权限

授予数据库权限时，priv_level 可以是以下值。

(1) SELECT：授予用户使用 SELECT 语句访问特定数据库中所有表和视图的权限。

(2) INSERT：授予用户使用 INSERT 语句向特定数据库中所有表添加行的权限。

(3) UPDATE：授予用户使用 UPDATE 语句更新特定数据库中所有表的值的权限。

(4) DELETE：授予用户使用 DELETE 语句删除特定数据库中所有表的行的权限。

(5) REFERENCES：授予用户创建指向特定的数据库中的表外键的权限。

(6) CREATE：授予用户使用 CREATE TABLE 语句在特定数据库中创建新表的

权限。

(7) ALTER：授予用户使用 ALTER TABLE 语句修改特定数据库中所有表的权限。

(8) DROP：授予用户删除特定数据库中所有表和视图的权限。

(9) INDEX：授予用户在特定数据库中的所有表上定义和删除索引的权限。

(10) CREATE TEMPORARY TABLES：授予用户在特定数据库中创建临时表的权限。

(11) CREATE VIEW：授予用户在特定数据库中创建新的视图的权限。

(12) SHOW VIEW：授予用户查看特定数据库中已有视图的视图定义的权限。

(13) CREATE ROUTINE：授予用户为特定的数据库创建存储过程和存储函数的权限。

(14) ALTER ROUTINE：授予用户更新和删除数据库中已有的存储过程和存储函数的权限。

(15) EXECUTE ROUTINE：授予用户调用特定数据库的存储过程和存储函数的权限。

(16) LOCK TABLES：授予用户锁定特定数据库的已有表的权限。

(17) ALL 或 ALL PRIVILEGES：表示以上所有权限名。

【例 13.7】 授予用户 qian 对数据库 stusys 执行所有数据库操作的权限。

```
mysql> GRANT ALL
    ->      ON stusys.*
    ->      TO 'qian'@'localhost';
Query OK, 0 rows affected (0.11 sec)
```

【例 13.8】 授予已存在用户 liang 对所有数据库中所有表的 CREATE、DROP 的权限。

```
mysql> GRANT CREATE, DROP
    ->      ON *.*
    ->      TO 'liang'@'localhost';
Query OK, 0 rows affected (0.13 sec)
```

【例 13.9】 授予已存在用户 zhou 对所有数据库中所有表的 SELECT 和 UPDATE 的权限。

```
mysql> GRANT SELECT, UPDATE
    ->       ON *.*
    ->       TO 'zhou'@'localhost';
Query OK, 0 rows affected (0.03 sec)
```

4. 授予用户权限

授予用户权限时，priv_level 可以是以下值。

(1) CREATE USER：授予用户创建和删除新用户的权限。

(2) SHOW DATABASES：授予用户使用 SHOW DATABASES 语句查看所有已有的数据库的定义的权限。

【例 13.10】 授予已存在用户 ben 创建新用户的权限。

```
mysql > GRANT CREATE USER
    ->      ON *.*
    ->      TO 'ben'@'localhost';
Query OK, 0 rows affected (0.04 sec)
```

【例 13.11】 查询用户对所有数据库的权限。

通过 user 表进可行查询：

```
mysql > SELECT Host, User, Select_priv, Update_priv, Create_priv, Drop_priv, Create_user_priv
    ->      FROM mysql.user;
```

查询结果：

Host	User	Select_priv	Update_priv	Create_priv	Drop_priv	Create_user_priv
localhost	ben	N	N	N	N	Y
localhost	hong	N	N	N	N	N
localhost	lee	N	N	N	N	N
localhost	liang	N	N	Y	Y	N
localhost	liu	N	N	N	N	N
localhost	mysql.infoschema	Y	N	N	N	N
localhost	mysql.session	N	N	N	N	N
localhost	mysql.sys	N	N	N	N	N
localhost	qian	N	N	N	N	N
localhost	qiao	N	N	N	N	N
localhost	root	Y	Y	Y	Y	Y
localhost	zhou	Y	Y	N	N	N

```
12 rows in set (0.06 sec)
```

由查询结果可看出，用户 ben 被授予创建新用户的权限，用户 liang 被授予对所有数据库中所有表的 CREATE 和 DROP 的权限，用户 zhou 被授予对所有数据库中所有表的 SELECT 和 UPDATE 的权限。

5. 权限的转移

在 GRANT 语句中，将 WITH 子句指定为 WITH GRANT OPTION，则表示 TO 子句中所指定的所有用户都具有将自己所拥有的权限授予其他用户的权利，而无论其他用户是否拥有该权限。

【例 13.12】 授予已存在用户 qiao 在数据库 stusys 的 student 表上的 SELECT 和 UPDATE 权限，并允许将自身的权限授予其他用户。

```
mysql > GRANT SELECT, UPDATE
    ->      ON stusys.student
    ->      TO 'qiao'@'localhost'
    ->      WITH GRANT OPTION;
Query OK, 0 rows affected (0.03 sec)
```

13.3.2 权限的撤销

撤销用户的权限使用 REVOKE 语句，使用 REVOKE 语句时必须拥有 MySQL 数据库的全局 CREATE USER 权限或 UPDATE 权限。

语法格式：

```
REVOKE priv_type[ (column_list) ] [ ,priv_type[ (column_list) ] ]…
    ON [ object_type ] priv_level
    FROM user[ , user ]…
REVOKE ALL PRIVILIEGES, GRANT OPTION
    FROM user[ , user ]…
```

说明：

(1) REVOKE 语句和 GRANT 语句语法格式相似，但具有相反的效果。

(2) 第一种语法格式用于回收某些特定的权限。

(3) 第二种语法格式用于回收特定用户的所有权限。

【例 13.13】 收回用户 qiao 在数据库 stusys 的 student 表上的 UPDATE 权限。

```
mysql > REVOKE UPDATE
     ->      ON stusys.student
     ->      FROM 'qiao'@'localhost';
Query OK, 0 rows affected (0.05 sec)
```

【例 13.14】 查询用户对 student 表的权限。

通过 tables_priv 表进行查询：

```
mysql > SELECT Host, Db, User, Table_name, Table_priv, Column_priv
     ->      FROM mysql.tables_priv;
```

查询结果：

```
+---------+------+-----------+---------+-----------+--------+
|Host     |Db    |User        |Table_name |Table_priv     |Column_priv |
+---------+------+-----------+---------+-----------+--------+
|localhost |mysql  |mysql.session |user       |Select         |            |
|localhost |stusys |hong          |student    |Select,Insert  |            |
|localhost |stusys |lee           |student    |               |Select      |
|localhost |stusys |liu           |student    |Select,Insert  |            |
|localhost |stusys |qiao          |student    |Select,Grant   |            |
|localhost |sys    |mysql.sys     |sys_config |Select         |            |
+---------+------+-----------+---------+-----------+--------+
6 rows in set (0.01 sec)
```

由查询结果可看出，用户 hong 和用户 liu 被授予在 student 表上的 SELECT 和 INSERT 权限；用户 lee 被授予在 student 表上有关列的 SELEC 权限；用户 qiao 被授予在 student 表上的 SELECT 权限，并可将自身的权限授予其他用户。

13.4 小　　结

本章主要介绍了以下内容。

(1) 安全管理是评价一个数据库管理系统的重要指标，MySQL 提供了访问控制，以此确保 MySQL 服务器的安全访问。MySQL 数据库安全管理指拥有相应权限的用户才可以访问数据库中的相应对象，执行相应合法操作，用户应对他们需要的数据具有适当的访问权，既不能多，也不能少。

(2) MySQL 服务器通过权限来控制用户对数据库的访问，权限表保存在名为 mysql 的 MySQL 数据库中，这些权限表中最重要的是 user 表，此外，还有 db 表、tables_priv 表和 columns_priv 表、proc_priv 表等。

(3) root 用户是在安装 MySQL 服务器后由系统创建的，被赋予了操作和管理 MySQL 的所有权限。在实际操作中，为了避免用户恶意冒名使用 root 账号操作和控制数据库，通常需要创建一系列具备适当权限的用户，尽可能不用或少用 root 账号登录系统，以确保安全访问。

(4) 用户管理包括创建用户、删除用户、修改用户账号和口令等操作。创建用户使用 CREATE USER 语句，删除用户使用 DROP USER 语句，修改用户账号使用 RENAME USER 语句，修改用户口令使用 SET PASSWORD 语句。

(5) 权限管理包括授予权限、撤销权限等操作。授予的权限又可分为授予列权限、授予表权限、授予数据库权限、授予用户权限 4 组。权限的授予使用 GRANT 语句，撤销权限使用 REVOKE 语句。

习 题 13

一、选择题

13.1 在 MySQL 中，存储用户全局权限的表是（　　）。

A. columns_priv　　B. user

C. procs_priv　　D. tables_priv

13.2 添加用户的语句是(　　)。

A. CREATE　　B. INSERT

C. REVOKE　　D. RENAME

13.3 撤销用户权限的语句是(　　)。

A. GRANT　　B. UPDATE

C. GRANT　　D. REVOKE

二、填空题

13.4 MySQL 权限表保存在名为________的 MySQL 数据库中。

13.5 root 用户是在安装 MySQL 服务器后由系统创建的，被赋予了操作和管理 MySQL 的________权限。

13.6 删除用户使用________ 语句。

13.7 权限的授予使用________语句。

三、问答题

13.8 MySQL 权限表保存在哪个数据库中？有哪些权限表？

13.9 用户管理包括哪些操作？简述其使用的语句。

13.10 权限管理包括哪些操作？它们使用的语句有哪些？

13.11 MySQL 可以授予的权限有哪几组？

13.12 MySQL 用于指定权限级别的值的格式有哪些？

四、应用题

13.13 创建一个用户st，口令为green。

13.14 授予用户st对student表的查询、添加和删除数据的权限，同时允许该用户将获得的权限授予其他用户。

13.15

(1) 创建两个用户student01、student02。

(2) 授予用户student01对stusys数据库所有表的查询、添加、修改和删除数据的权限。

(3) 授予用户student02对所有数据库所有表的CREATE、ALTER和DROP的权限。

第14章

备份和恢复

本章要点

(1) 备份和恢复概述。

(2) 备份数据。

(3) 恢复数据。

为了防止人为操作和自然灾难而引起的数据丢失或破坏，提供备份和恢复机制是一项重要的系统管理工作。本章首先给出备份和恢复概述，然后介绍备份数据、恢复数据等内容。

14.1 备份和恢复概述

数据库中的数据丢失或被破坏可能是由以下原因造成。

(1) 计算机硬件故障。由于使用不当或产品质量等原因，计算机硬件可能会出现故障，不能使用。

(2) 软件故障。由于软件设计上的失误或用户使用不当，软件系统可能会误操作数据，使得数据被破坏。

(3) 病毒。破坏性病毒会破坏系统软件、硬件和数据。

(4) 误操作。如用户错误使用了例如 DELETE、UPDATE 等命令而引起数据丢失或破坏；错误使用 DROP DATABASE 或 DROP TABLE 语句，会让数据库或数据表中的数据被清除；又如 DELETE * FROM table_name 语句，可以清空数据表。这样的错误很容易发生。

(5) 自然灾害。如火灾、洪水或地震等，它们会造成极大的破坏，会毁坏计算机系统及其数据。

(6) 盗窃。一些重要数据可能会被盗窃。

面对上述情况，数据库系统提供了备份和恢复策略来保证数据库中的数据的可靠性和完整性。

数据库备份是通过导出数据或复制表文件等方式制作数据库的副本。数据库恢复是当数据库出现故障或受到破坏时，将数据库备份加载到系统，从而使数据库从错误状态恢复到备份时的正确状态。数据库的恢复以备份为基础，它是与备份相对应的系统维护和管理工作。

14.2 备份数据

MySQL 数据库常用的备份数据方法有使用 SELECT…INTO OUTFILE 语句导出表数据、使用 mysqldump 命令备份数据等，下面分别介绍。

14.2.1 表数据导出

使用 SELECT…INTO OUTFILE 语句可导出表数据的文本文件,并可使用 LOAD DATA INFILE 语句恢复先前导出表的数据。但只能导出或导入表的数据内容,不包括表结构。

语法格式:

```
SELECT columnist FROM table WHERE condition INTO OUTFILE 'filename' [OPTIONS]
```

其中,OPTIONS 可以为:

```
FIELDS TERMINATED BY 'value'
FIELDS [OPTIONALLY] ENCLOSED BY 'value'
FIELDS ESCAPED BY 'value'
LINES STARTING BY 'value'
LINES TERMINATED BY 'value'
```

说明:

(1) filename: 指定导出文件名。

(2) 在 OPTIONS 中可加入以下两个自选的子句,它们的作用是决定数据行在文件中存放的格式:

① FIELDS 子句: 在 FIELDS 子句中有三个亚子句: TERMINATED BY、[OPTIONALLY] ENCLOSED BY 和 ESCAPED BY。如果指定了 FIELDS 子句,则这三个亚子句中至少要指定一个。

TERMINATED BY 用来指定字段值之间的符号,例如,"TERMINATED BY ','"指定了逗号作为两个字段值之间的标志。

ENCLOSED BY 子句用来指定包裹文件中字符值的符号,例如,"ENCLOSED BY '"'"表示文件中字符值放在双引号之间,若加上关键字 OPTIONALLY 表示所有的值都放在双引号之间。

ESCAPED BY 子句用来指定转义字符,例如,"ESCAPED BY '*'"将"*"指定为转义字符,取代"\",如空格将表示为"*N"。

② LINES 子句: 在 LINES 子句中使用 TERMINATED BY 指定一行结束的标志,如"LINES TERMINATED BY '?'"表示一行以"?"作为结束标志。

如果 FIELDS 和 LINES 子句都不指定,则默认声明以下子句:

```
FIELDS TERMINATED BY '\t' ENCLOSED BY '' ESCAPED BY '\\'
LINES TERMINATED BY '\n'
```

MySQL 对使用 SELECT…INTO OUTFILE 语句和 LOAD DATA INFILE 语句进行导出和导入的目录有权限限制,需要对指定目录进行操作,指定目录为: C:/ProgramData/MySQL/MySQL Server 8.0/Uploads/。

【例 14.1】 备份 stusys 数据库中的 course 表中数据到指定目录 C:/ProgramData/MySQL/MySQL Server 8.0/Uploads/中,要求字段值如果是字符就用双引号标注,字段值之间用逗号隔开,每行以问号为结束标志。

```
mysql > SELECT * FROM course
    ->     INTO OUTFILE 'C: /ProgramData/MySQL/MySQL Server 8.0/Uploads/course.txt'
    ->     FIELDS TERMINATED BY ','
    ->     OPTIONALLY ENCLOSED BY '"'
    ->     LINES TERMINATED BY '?';
Query OK, 5 rows affected (0.07 sec)
```

导出成功后，course.txt 文件内容如图 14.1 所示。

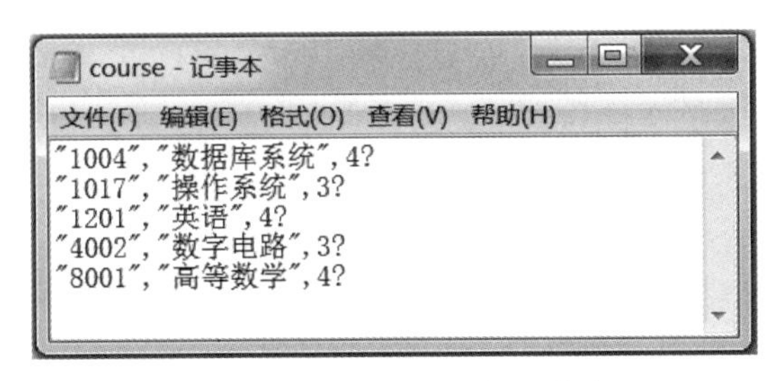

图 14.1 备份数据文件的内容

14.2.2 使用 mysqldump 命令备份数据

MySQL 提供了很多客户端程序和实用工具，MySQL 目录下的 bin 子目录存储这些客户端程序，mysqldump 命令是其中之一。

使用客户端程序方法为：

(1) 单击“开始”菜单，在“搜索程序和文件”框中输入 cmd 命令，按 Enter 键，进入 DOS 窗口。

(2) 输入“cd C:\Program Files\MySQL\MySQL Server 8.0\bin”命令，按 Enter 键，进入安装 MySQL 的 bin 目录。

进入 MySQL 客户端实用程序运行界面，如图 14.2 所示。

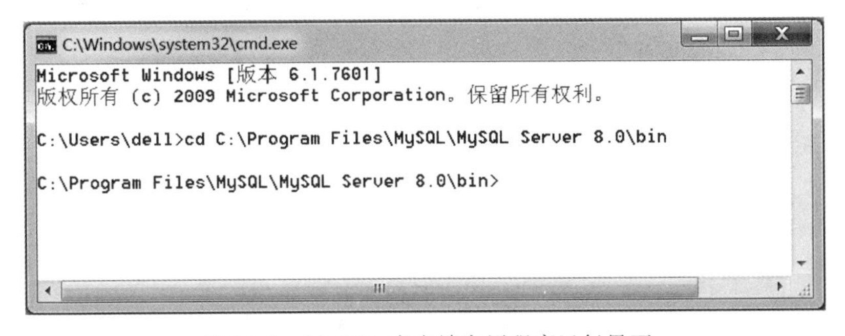

图 14.2 MySQL 客户端实用程序运行界面

mysqldump 命令可将数据库的数据备份成一个文本文件，其工作原理为首先查出要备份的表的结构，在文本文件中生成一个 CREATE 语句；然后将表中的记录转换成 INSERT 语句。以后在恢复数据时，将使用这些 CREATE 语句和 INSERT 语句。

mysqldump 命令可用于备份表、备份数据库和备份整个数据库系统，下面分别介绍。

1. 备份表

使用 mysqldump 命令可备份一个数据库的一个表或多个表。

语法格式：

```
mysqldump -u username -p dbname table1 table2 …> filename.sql
```

说明：

(1) dbname：指定数据库名称。

(2) table1 table2…：指定一个表或多个表的名称。

(3) filename.sql：备份文件的名称，文件名前可加上一个绝对路径，通常备份成扩展名为 sql 的文件。

【例 14.2】 使用 mysqldump 命令备份 stusys 数据库的 course 表到 D 盘 mysqlbak 目录下。

操作前先在 Windows 中创建目录 D:\mysqlbak：

```
mysqldump -u root -p stusys course > D:\mysqlbak\course.sql
```

使用 mysqldump 命令备份 course 表，如图 14.3 所示。

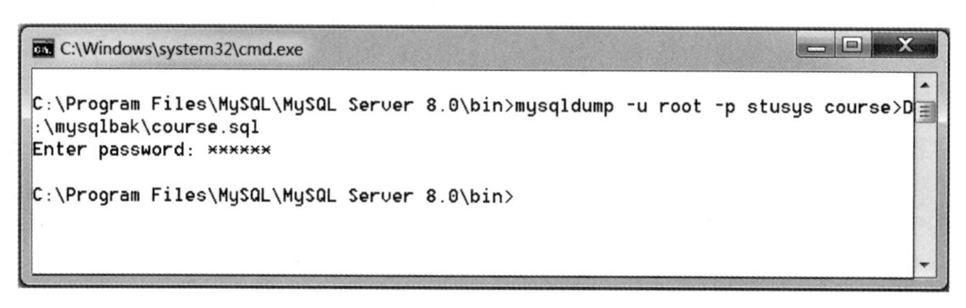

图 14.3 使用 mysqldump 命令备份 course 表

查看 course.sql 文本文件，其内容包括创建 course 表的 CREATE 语句和插入数据的 INSERT 语句：

```
-- MySQL dump 10.13  Distrib 8.0.18, for Win64 (x86_64)
--
-- Host: localhost    Database: stusys
-- ------------------------------------------------------
-- Server version 8.0.18

/*!40101 SET @OLD_CHARACTER_SET_CLIENT = @@CHARACTER_SET_CLIENT */;
/*!40101 SET @OLD_CHARACTER_SET_RESULTS = @@CHARACTER_SET_RESULTS */;
/*!40101 SET @OLD_COLLATION_CONNECTION = @@COLLATION_CONNECTION */;
/*!50503 SET NAMES utf8mb4 */;
/*!40103 SET @OLD_TIME_ZONE = @@TIME_ZONE */;
/*!40103 SET TIME_ZONE = '+00:00' */;
/*!40014 SET @OLD_UNIQUE_CHECKS = @@UNIQUE_CHECKS, UNIQUE_CHECKS = 0 */;
/*!40014 SET @OLD_FOREIGN_KEY_CHECKS = @@FOREIGN_KEY_CHECKS, FOREIGN_KEY_CHECKS = 0 */;
/*!40101 SET @OLD_SQL_MODE = @@SQL_MODE, SQL_MODE = 'NO_AUTO_VALUE_ON_ZERO' */;
/*!40111 SET @OLD_SQL_NOTES = @@SQL_NOTES, SQL_NOTES = 0 */;
```

```
--
-- Table structure for table 'course'
--

DROP TABLE IF EXISTS 'course';
/*!40101 SET @saved_cs_client = @@character_set_client */;
/*!50503 SET character_set_client = utf8mb4 */;
CREATE TABLE 'course' (
  'cno' char(4) NOT NULL,
  'cname' char(16) NOT NULL,
  'credit' tinyint(4) DEFAULT NULL,
  PRIMARY KEY ('cno')
) ENGINE = InnoDB DEFAULT CHARSET = utf8mb4 COLLATE = utf8mb4_0900_ai_ci;
/*!40101 SET character_set_client = @saved_cs_client */;

--
-- Dumping data for table 'course'
--

LOCK TABLES 'course' WRITE;
/*!40000 ALTER TABLE 'course' DISABLE KEYS */;
INSERT INTO 'course' VALUES ('1004','数据库系统',4),('1017','操作系统',3),('1201','英语',4),
('4002','数字电路',3),('8001','高等数学',4);
/*!40000 ALTER TABLE 'course' ENABLE KEYS */;
UNLOCK TABLES;
/*!40103 SET TIME_ZONE = @OLD_TIME_ZONE */;

/*!40101 SET SQL_MODE = @OLD_SQL_MODE */;
/*!40014 SET FOREIGN_KEY_CHECKS = @OLD_FOREIGN_KEY_CHECKS */;
/*!40014 SET UNIQUE_CHECKS = @OLD_UNIQUE_CHECKS */;
/*!40101 SET CHARACTER_SET_CLIENT = @OLD_CHARACTER_SET_CLIENT */;
/*!40101 SET CHARACTER_SET_RESULTS = @OLD_CHARACTER_SET_RESULTS */;
/*!40101 SET COLLATION_CONNECTION = @OLD_COLLATION_CONNECTION */;
/*!40111 SET SQL_NOTES = @OLD_SQL_NOTES */;

-- Dump completed on 2020-05-28 21:21:04
```

2. 备份数据库

使用 mysqldump 命令可备份一个数据库或多个数据库。

(1) 备份一个数据库。

语法格式：

```
mysqldump -u username -p dbname > filename.sql
```

说明：

(1) dbname：指定数据库名称。

(2) filename.sql：备份文件的名称，文件名前可加上一个绝对路径，通常备份成扩展名为 sql 的文件。

【例 14.3】 备份 stusys 数据库到 D 盘 mysqlbak 目录下。

```
mysqldump -u root -p stusys>D:\mysqlbak\stusys.sql
```

使用 mysqldump 命令备份 stusys 数据库，如图 14.4 所示。

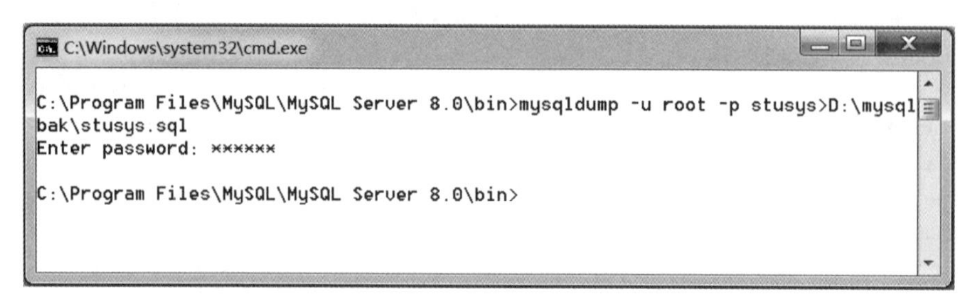

图 14.4　使用 mysqldump 命令备份 stusys 数据库

（2）备份多个数据库。

语法格式：

```
mysqldump -u username -p --database [dbname, [dbname…]]> filename.sql
```

说明：

（1）dbname：指定数据库名称。

（2）filename.sql：备份文件的名称，文件名前可加上一个绝对路径，通常备份成扩展名为 sql 的文件。

3. 备份整个数据库系统

使用 mysqldump 命令可备份整个数据库系统。

语法格式：

```
mysqldump -u username -p --all-database> filename.sql
```

说明：

（1）--all-database：指定整个数据库系统。

（2）filename.sql：备份文件的名称，文件名前可加上一个绝对路径，通常备份成扩展名为 sql 的文件。

【例 14.4】 备份 MySQL 服务器上的所有数据库到 D 盘 mysqlbak 目录下。

```
mysqldump -u root -p--all-database>D:\mysqlbak\alldata.sql
```

使用 mysqldump 命令备份 MySQL 服务器上的所有数据库，如图 14.5 所示。

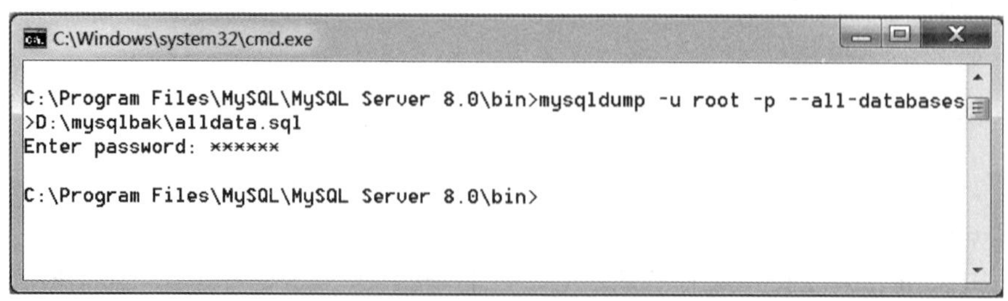

图 14.5　使用 mysqldump 命令备份 MySQL 服务器上的所有数据库

14.3 恢复数据

MySQL 数据库常用的恢复数据方法有使用 LOAD DATA INFILE 语句导入表数据、使用 mysql 命令恢复数据等，下面分别介绍。

14.3.1 表数据导入

表数据导入可使用 LOAD DATA INFILE 语句。

语法格式：

```
LOAD DATA[LOCAL] INFILE filename INTO TABLE 'tablename'[OPTIONS] [IGNORE number LINES]
```

其中，OPTIONS 可以为：

```
FIELDS TERMINATED BY 'value'
FIELDS [OPTIONALLY] ENCLOSED BY 'value'
FIELDS ESCAPED BY 'value'
LINES STARTING BY 'value'
LINES TERMINATED BY 'value'
```

说明：

(1) filename：待导入的数据备份文件名。

(2) tablename：指定需要导入数据的表名。

(3) 在 OPTIONS 中可加入以下两个自选的子句，它们的作用是决定数据行在文件中存放的格式：

① FIELDS 子句：在 FIELDS 子句中有三个亚子句：TERMINATED BY、[OPTIONALLY] ENCLOSED BY 和 ESCAPED BY。如果指定了 FIELDS 子句，则这三个亚子句中至少要指定一个。

TERMINATED BY 用来指定字段值之间的符号，例如，“TERMINATED BY ','”指定了逗号作为两个字段值之间的标志。

ENCLOSED BY 子句用来指定包裹文件中字符值的符号，例如，“ENCLOSED BY '"'”表示文件中字符值放在双引号之间，若加上关键字 OPTIONALLY 表示所有的值都放在双引号之间。

ESCAPED BY 子句用来指定转义字符，例如，“ESCAPED BY '*'”将“*”指定为转义字符，取代“\”，如空格将表示为“*N”。

② LINES 子句：在 LINES 子句中使用 TERMINATED BY 指定一行结束的标志，如“LINES TERMINATED BY '?'”表示一行以“?”作为结束标志。

【例 14.5】 删除 stusys 数据库中的 course 表中数据后，使用 LOAD DATA INFILE 语句将例 14.1 备份文件 course.txt 导入到空表 course 中。

删除 stusys 数据库中 course 表中数据的语句如下：

```
mysql> DELETE FROM course;
Query OK, 5 rows affected (0.09 sec)
```

查询 course 表中数据，course 表为空表：

```
mysql> SELECT * FROM course;
Empty set (0.02 sec)
```

将上例备份后的数据导入到空表 course 中：

```
mysql> LOAD DATA INFILE 'C: /ProgramData/MySQL/MySQL Server 8.0/Uploads/course.txt'
    ->      INTO TABLE course
    ->      FIELDS TERMINATED BY ','
    ->      OPTIONALLY ENCLOSED BY '"'
    ->      LINES TERMINATED BY '?';
Query OK, 5 rows affected (0.10 sec)
Records: 5  Deleted: 0  Skipped: 0  Warnings: 0
```

查询 course 表中数据：

```
mysql> SELECT * FROM course;
```

查询结果：

```
+------+---------+-------+
|cno   |cname    |credit |
+------+---------+-------+
|1004  |数据库系统 |     4 |
|1017  |操作系统   |     3 |
|1201  |英语      |     4 |
|4002  |数字电路   |     3 |
|8001  |高等数学   |     4 |
+------+---------+-------+
5 rows in set (0.00 sec)
```

14.3.2 使用 mysql 命令恢复数据

恢复数据可使用 mysql 命令。

语法格式：

```
mysql -u root -p[dbname]< filename.sql
```

说明：

(1) dbname：待恢复数据库的名称，该选项为可选项。

(2) filename.sql：备份文件的名称，文件名前可加上一个绝对路径。

【例 14.6】 删除 stusys 数据库中各个表后，用例 14.4 的备份文件 stusys.sql 将其恢复。

```
mysql -u root -p stusys < D:\mysqlbak\stusys.sql
```

使用 mysql 命令恢复数据库 stusys 如图 14.6 所示。

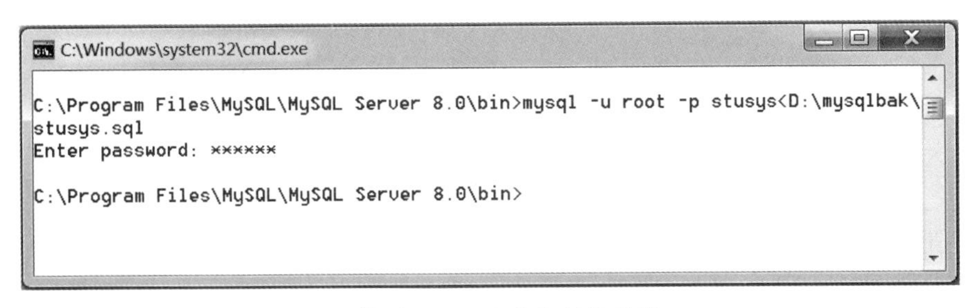

图 14.6　使用 mysql 命令恢复数据库 stusys

14.4　小　　结

本章主要介绍了以下内容。

(1) 数据库备份是通过导出数据或复制表文件等方式制作数据库的副本。数据库恢复是当数据库出现故障或受到破坏时，将数据库备份加载到系统，从而使数据库从错误状态恢复到备份时的正确状态。数据库的恢复以备份为基础，它是与备份相对应的系统维护和管理工作。

(2) MySQL 数据库常用的备份数据方法有使用 SELECT…INTO OUTFILE 语句导出表数据、使用 mysqldump 命令备份数据等。

使用 SELECT…INTO OUTFILE 语句可导出表数据的文本文件，但只能导出表的数据内容，不包括表结构。

MySQL 提供了很多客户端程序和实用工具，MySQL 目录下的 bin 子目录存储这些客户端程序，mysqldump 命令是其中之一。

mysqldump 命令可将数据库的数据备份成一个文本文件，其工作原理为首先查出要备份的表的结构，在文本文件中生成一个 CREATE 语句；然后将表中的记录转换成 INSERT 语句。以后在恢复数据时，将使用这些 CREATE 语句和 INSERT 语句。

mysqldump 命令可用于备份表、备份数据库和备份整个数据库系统。

(3) MySQL 数据库常用的恢复数据方法有使用 LOAD DATA INFILE 语句导入表数据、使用 mysql 命令恢复数据等。

习　题　14

一、选择题

14.1　恢复数据库，首先应做的工作是(　　)。

A. 创建表备份　　B. 创建数据库备份

C. 删除表备份　　D. 删除日志备份

14.2　导出表数据的语句是(　　)。

A. mysql　　B. mysqldump

C. LOAD DATA INFILE　　D. SELECT…INTO OUTFILE

14.3　导入表数据的语句是(　　)。

A. mysql　　　　B. mysqldump

C. LOAD DATA INFILE　　　　D. SELECT…INTO OUTFILE

14.4 可用于备份表、备份数据库和备份整个数据库系统的命令是(　　)。

A. mysql　　　　B. mysqldump

C. LOAD DATA INFILE　　　　D. SELECT…INTO OUTFILE

二、填空题

14.5 数据库的恢复以________为基础。

14.6 使用 SELECT … INTO OUTFILE 语句只能导出表的数据内容，不包括________。

14.7 mysqldump 的工作原理为首先查出要备份的表的结构，在文本文件中生成一个 CREATE 语句；然后将表中的记录转换成________语句。

14.8 恢复数据可使用________命令。

三、问答题

14.9 哪些因素可能造成数据库中的数据丢失或被破坏?

14.10 什么是数据库备份? 什么是数据库恢复?

14.11 MySQL 数据库常用的备份数据方法有哪些?

14.12 MySQL 数据库常用的恢复数据方法有哪些?

四、应用题

14.13 导出 stusys 数据库的 score 表的数据到文本文件 score.txt 中。

14.14 删除 score 表的数据后，再用文本文件 score.txt 中的数据导入到 score 表中。

14.15 备份 stusys 数据库中的 course 表和 score 表。

第15章

事务和锁

本章要点

(1) 事务的基本概念。

(2) 事务控制语句。

(3) 事务的并发处理。

(4) 锁机制。

事务由一系列的数据操作命令序列组成，是数据库应用程序的基本逻辑操作单元，锁机制用于对多个用户进行并发控制。本章介绍事务的基本概念、事务控制语句、事务的并发处理和锁机制等内容。

15.1 事务的基本概念

15.1.1 事务的概念

在 MySQL 环境中，事务(Transaction)由作为一个逻辑单元的一条或多条 SQL 语句组成。其结果是作为整体永久性地修改数据库的内容，或者作为整体取消对数据库的修改。

事务是数据库程序的基本单位，一般地，一个程序包含多个事务，数据存储的逻辑单位是数据块，数据操作的逻辑单位是事务。

现实生活中的银行转账、网上购物、库存控制、股票交易等，都是事物的例子。例如，将资金从一个银行账户转到另一个银行账户，第一个操作从一个银行账户中减少一定的资金，第二个操作向另一个银行账户中增加相应的资金，减少和增加这两个操作必须作为整体永久性地记录到数据库中，否则资金会丢失。如果转账发生问题，必须同时取消这两个操作。一个事务可以包括多条 INSERT、UPDATE 和 DELETE 语句。

15.1.2 事务的特性

事务定义为一个逻辑工作单元，即一组不可分割的 SQL 语句。数据库理论对事务有更严格的定义，指明事务有四个基本特性，称为 ACID 特性，即原子性(Atomicity)、一致性(Consistency)、隔离性(Isolation)和持久性(Durability)。

1. 原子性

事务的原子性是指事务中所包含的所有操作要么全做，要么全不做。事务必须是原子工作单元，即一个事务中包含的所有 SQL 语句组成一个工作单元。

2. 一致性

事务必须确保数据库的状态保持一致，事务开始时，数据库的状态是一致的，当事务结束时,也必须使数据库的状态一致。例如,在事务开始时,数据库的所有数据都满足已设置的各种约束条件和业务规则,在事务结束时,数据虽然不同,但必须仍然满足先前设置的各种约束条件和业务规则。事务把数据库从一个一致性状态带入另一个一致性状态。

3. 隔离性

多个事务可以独立运行,彼此不会发生影响。这表明事务必须是独立的,它不应以任何方式依赖于或影响他事务。

4. 持久性

一个事务一旦提交,它对数据库中数据的改变永久有效,即使以后系统崩溃也是如此。

15.2 事务控制语句

事务的基本操作包括开始、提交、撤销、保存等环节。在 MySQL 中,当一个会话开始时,系统变量@@AUTOCOMMIT 值为 1,即自动提交功能是打开的,当用户每执行一条 SQL 语句后,该语句对数据库的修改就立即被提交成为持久性修改保存到磁盘上,一个事务也就结束了。因此,用户必须关闭自动提交,事务才能由多条 SQL 语句组成,可以使用以下语句来实现。

```
SET @@AUTOCOMMIT = 0
```

执行此语句后,必须明确地指示每个事务的终止,事务中的 SQL 语句对数据库所做的修改才能成为持久化修改。

1. 开始事务

开始事务可以使用 START TRANSACTION 语句来显式地启动一个事务,另外,当一个应用程序的第一条 SQL 语句或者在 COMMIT 或 ROLLBACK 语句后的第一条 SQL 语句执行后,一个新的事务也就开始了。

语法格式:

```
START TRANSACTION|BEGIN WORK
```

其中,BEGIN WORK 语句可以用来替代 START TRANSACTION 语句,但是 START TRANSACTION 更为常用。

2. 提交事务

COMMIT 语句是提交语句,它使得自从事务开始以来所执行的所有数据修改成为数据库的永久部分,也标志一个事务的结束。

语法格式:

```
COMMIT [WORK] [AND [NO] CHAIN] [[NO] RELEASE]
```

其中,可选的 AND CHAIN 子句会在当前事务结束时立刻启动一个新事务,并且新事务与刚结束的事务有相同的隔离等级。

注意: MySQL 使用的是平面事务模型,因此嵌套的事务是不允许的。在第一个事务里使用 START TRANSACTION 命令后,当第二个事务开始时,自动地提交第一个事务。

同样，下面的这些 MySQL 语句运行时都会隐式地执行一个 COMMIT 命令：

(1) DROP DATABASE/DROP TABLE

(2) CREATE INDEX/DROP INDEX

(3) ALTER TABLE/RENAME TABLE

(4) LOCK TABLES/UNLOCK TABLES

(5) SET AUTOCOMMIT=1

3. 撤销事务

撤销事务语句使用 ROLLBACK，它撤销事务所做的修改，并结束当前这个事务。

语法格式：

```
ROLLBACK [WORK] [AND [NO] CHAIN] [[NO] RELEASE]
```

4. 设置保存点

ROLLBACK 语句除了撤销整个事务外，还可以用来使事务回滚到某个点，在这之前需要使用 SAVEPOINT 语句来设置一个保存点。

语法格式：

```
SAVEPOINT 保存点名
```

ROLLBACK TO SAVEPOINT 语句会向已命名的保存点回滚一个事务。如果在保存点被设置后，当前事务对数据进行了更改，则这些更改会在回滚中被撤销。

语法格式：

```
ROLLBACK [WORK] TO SAVEPOINT 保存点名
```

当事务回滚到某个保存点后，在该保存点之后设置的保存点将被删除。

【例 15.1】 创建数据库 test 和表 usr，在表中插入记录后，开始第 1 个事务，更新表的记录，提交第 1 个事务；开始第 2 个事务，更新表的记录，回滚第 2 个事务。

执行过程如下：

(1) 查看 MySQL 隔离级别(隔离级别将在 15.3.1 节介绍)。

```
mysql> SHOW VARIABLES LIKE 'transaction_isolation';
```

显示结果：

```
+---------------------+-------------+
|Variable_name        |Value        |
+---------------------+-------------+
|transaction_isolation|REPEATABLE-READ |
+---------------------+-------------+
1 row in set, 1 warning (0.— 00 sec)
```

可以看出，MySQL 默认隔离级别为 REPEATABLE-READ(可重复读)。

(2) 创建数据库 test 和表 usr，在表中插入记录。

创建并选择数据库 test：

```
mysql> CREATE DATABASE test;
Query OK, 1 row affected (0.07 sec)
```

```
mysql> USE test;
Database changed
```

创建表usr：

```
mysql> CREATE TABLE usr
    ->     (
    ->         usrid int,
    ->         name varchar(12)
    ->     );
Query OK, 0 rows affected (0.48 sec)
```

在表usr中插入记录：

```
mysql> INSERT INTO usr
    ->     VALUES(1,'David'),
    ->     (2,'Mary'),
    ->     (3,'ben'),
    ->     (4,'Iris');
Query OK, 4 rows affected (0.10 sec)
Records: 4  Duplicates: 0  Warnings: 0
```

查询usr表：

```
mysql> SELECT * FROM usr;
```

查询结果：

```
+---------+--------+
|usrid    |name    |
+---------+--------+
|        1|David   |
|        2|Mary    |
|        3|ben     |
|        4|Iris    |
+---------+--------+
4 rows in set (0.00 sec)
```

(3) 开始第1个事务，更新表的记录，提交第1个事务。

开始第1个事务：

```
mysql> BEGIN WORK;
Query OK, 0 rows affected (0.00 sec)
```

将usr表的第1条记录的用户名更新为Lee：

```
mysql> UPDATE usr SET name = 'Lee' WHERE usrid = 1;
Query OK, 1 row affected (0.06 sec)
Rows matched: 1  Changed: 1  Warnings: 0
```

提交第1个事务：

```
mysql> COMMIT;
Query OK, 0 rows affected (0.00 sec)
```

查询 usr 表，更新的第 1 条记录的用户名 Lee 已永久性地保存：

```
mysql > SELECT * FROM usr;
```

查询结果：

```
+--------+--------+
|usrid   |name    |
+--------+--------+
|       1|Lee     |
|       2|Mary    |
|       3|ben     |
|       4|Iris    |
+--------+--------+
```

(4) 开始第 2 个事务，更新表的记录，回滚第 2 个事务。

开始第 2 个事务：

```
mysql > START TRANSACTION;
Query OK, 0 rows affected (0.00 sec)
```

将 usr 表的第 1 条记录的用户名更新为 Qian：

```
mysql > UPDATE usr SET name = 'Qian' WHERE usrid = 1;
Query OK, 1 row affected (0.06 sec)
Rows matched: 1  Changed: 1  Warnings: 0
```

查询 usr 表：

```
mysql > SELECT * FROM usr;
```

查询结果：

```
+--------+--------+
|usrid   |name    |
+--------+--------+
|       1|Qian    |
|       2|Mary    |
|       3|ben     |
|       4|Iris    |
+--------+--------+
4 rows in set (0.00 sec)
```

回滚第 2 个事务：

```
mysql > ROLLBACK;
Query OK, 0 rows affected (0.06 sec)
```

查询 usr 表，更新的第 1 条记录的用户名 Qian 已撤销，恢复为 Lee：

```
mysql > SELECT * FROM usr;
```

查询结果：

```
+--------+--------+
|usrid   |name    |
+--------+--------+
|       1|Lee     |
|       2|Mary    |
|       3|ben     |
|       4|Iris    |
+--------+--------+
4 rows in set (0.00 sec)
```

15.3 事务的并发处理

在MySQL中，并发控制是通过锁来实现的。如果事务与事务之间存在并发操作，事务的隔离性是通过事务的隔离级别来实现的，而事务的隔离级别则是由事务并发处理的锁机制来管理旳，由此保证同一时刻执行多个事务时，一个事务的执行不能被其他事务干扰。

事务隔离级别(Transaction Isolation Level)是一个事务对数据库的修改与并行的另一个事务的隔离程度。

在并发事务中，可能发生以下三种异常情况。

(1) 脏读(Dirty Read)：读取未提交的数据。

(2) 不可重复读(Non-repeatable Read)：同一个事务前后两次读取的数据不同。

(3) 幻读(Phantom Read)：例如，同一个事务前后两条相同的查询语句的查询结果应相同，在此期间另一事务插入并提交了新记录，当本事务更新时，查询语句的查询结果会发生变化，好像以前读到的数据是幻觉。

为了处理并发事务中可能出现的幻想读、不可重复读、脏读等问题，数据库实现了不同级别的事务隔离，以防止事务的相互影响。基于ANSI/ISO SQL规范，MySQL提供了四种事务隔离级别，隔离级别从低到高依次为：未提交读(READ UNCOMMITTED)、提交读(READ COMMITTED)、可重复读(REPEATABLE READ)、可串行化(SERIALIZABLE)。

1) 未提交读

提供了事务之间最小限度的隔离，所有事务都可看到其他未提交事务的执行结果。脏读、不可重复读和幻读都允许，该隔离级别很少用于实际应用。

2) 提交读

该级别满足了隔离的简单定义，即一个事务只能看见已提交事务所做的改变。该级别不允许脏读，但允许不可重复读、幻读。

3) 可重复读

这是MySQL默认的事务隔离级别，它确保同一事务内相同的查询语句，其执行结果一致。该级别不允许不可重复读和脏读，但允许幻读。

4) 可串行化

如果隔离级别为可串行化，用户之间通过一个接一个顺序地执行当前的事务提供了事务之间最大限度的隔离。脏读、不可重复读和幻读在该级别都不允许。

低级别的事务隔离可以提高事务的并发访问性能，但会导致较多的并发问题，例如脏读、不可重复读、幻读等；高级别的事务隔离可以有效避免并发问题，却降低了事务的并发访问性能，可能导致出现大量的锁等待、甚至死锁现象。

定义隔离级可以使用 SET TRANSACTION 语句，只有支持事务的存储引擎才可以定义一个隔离级。

语法格式：

```
SET [GLOBAL|SESSION] TRANSACTION ISOLATION LEVEL
     (READ UNCOMMITTED
     |READ COMMITTED
     |REPEATABLE READ
     |SERIALIZABLE )
```

说明：

如果指定 GLOBAL，那么定义的隔离级将适用于所有的 SQL 用户；如果指定 SESSION，则隔离级只适用于当前运行的会话和连接。

MySQL 默认为 REPEATABLE READ 隔离级。

系统变量 TX_ISOLATION 中存储了事务的隔离级，可以使用 SELECT 语句获得当前隔离级的值：

```
mysql > SELECT @@transaction_isolation
```

15.4 管　理　锁

多用户同时并发访问，不仅通过事务机制，还需要通过锁来防止数据并发操作过程中引起的问题。锁是防止其他事务访问指定资源的手段，它是实现并发控制的主要方法和重要保障。

15.4.1 锁机制

MySQL 引入锁机制管理的并发访问，通过不同类型的锁来控制多用户并发访问，实现数据访问一致性。

锁机制中的基本概念如下。

1. 锁的粒度

锁的粒度是指锁的作用范围。锁的粒度可以分为服务器级锁(Server-level Locking)和存储引擎级锁(Storage-engine-level Locking)。InnoDB 存储引擎支持表级锁以及行级锁，MyISAM 存储引擎支持表级锁。

2. 隐式锁与显式锁

MySQL 自动加锁称为隐式锁，数据库开发人员手动加锁称为显式锁。

3. 锁的类型

锁的类型包括读锁(Read Lock)和写锁(Write Lock)，其中读锁也称为共享锁，写锁也称为排他锁或者独占锁。读锁允许其他 MySQL 客户机对数据同时“读”，但不允许其他 MySQL 客户机对数据任何“写”。写锁不允许其他、MySQL 客户机对数据同时读，也不允许其他 MySQL 客户机对数据同时写。

15.4.2 锁的级别

MySQL 有三种锁的级别，介绍如下。

1. 表级锁

表级锁指整个表被客户锁定。根据锁定的类型，其他客户不能向表中插入记录，甚至从中读数据也受到限制。表级锁包括读锁（Read Lock）和写锁（Write Lock）两种。

LOCK TABLES 语句用于锁定当前线程的表。

语法格式：

```
LOCK TABLES table_name[AS alias]{READ [LOCAL]|[LOS_PRIORITY]WRITE}
```

说明：

（1）表锁定支持以下类型的锁定。

① READ：读锁定，确保用户可以读取表，但是不能修改表。

② WRITE：写锁定，只有锁定该表的用户可以修改表，其他用户无法访问该表。

（2）在锁定表时会隐式地提交所有事务，在开始一个事务时，如 START TRANSACTION，会隐式解开所有表锁定。

（3）在事务表中，系统变量@@AUTOCOMMIT 值必须设为 0。否则，MySQL 会在调用 lock tables 之后立刻释放表锁定，并且很容易形成死锁。

例如，在 student 表上设置一个只读锁定，语句如下：

```
LOCK TABLES student READ;
```

在 score 表上设置一个写锁定语句如下：

```
LOCK TABLES score WRITE;
```

在锁定表以后，可以使用 UNLOCK TABLES 命令解除锁定，该命令不需要指出解除锁定的表的名字。

语法格式：

```
UNLOCK TABLES;
```

2. 行级锁

行级锁比表级锁或页级锁对锁定过程提供了更精细的控制。在这种情况下，只有线程使用的行是被锁定的。表中的其他行对于其他线程都是可用的。行级锁并不是由 MySQL 提供的锁定机制，而是由存储引擎自己实现的，其中 InnoDB 的锁定机制就是行级锁定。

行级锁的类型包括共享锁（Share Locks）、排他锁（Exclusive Locks）和意向锁（Intention Lock）。共享锁（S）又称为读锁，排他锁（X）又称为写锁。

1）共享锁

如果事务 T1 获得了数据行 D 上的共享锁，则 T1 对数据项 D 可以读但不可以写。事务 T1 对数据行 D 加上共享锁，则其他事务对数据行 D 的排他锁请求不会成功，而对数据行 D 的共享锁请求可以成功。

2）排他锁

如果事务 T1 获得了数据行 D 上的排他锁，则 T1 对数据行既可读又可写。事务 T1 对数据行 D 加上排他锁，则其他事务对数据行 D 的任务封锁请求都不会成功，直至事务 T1 释放数据行 D 上的排他锁。

3）意向锁

意向锁是一种表级锁，锁定的粒度是整张表，意向锁指如果对一个节点加意向锁，则说明该节点的下层节点正在被加锁。

意向锁分为意向共享锁(IS)和意向排他锁(IX)两类。

(1) 意向共享锁：事务在向表中某些行加共享锁时，MySQL 会自动地向该表施加意向共享锁(IS)。

(2) 意向排他锁：事务在向表中某些行加排他锁时，MySQL 会自动地向该表施加意向排他锁(IX)。

MySQL 锁的兼容性如表 15.5 所示。

表 15.5　MySQL 锁的兼容性

锁名	排他锁(X)	共享锁(S)	意向排他锁(IX)	意向共享锁(IS)
X	互斥	互斥	互斥	互斥
S	互斥	兼容	互斥	兼容
IX	互斥	互斥	兼容	兼容
IS	互斥	兼容	兼容	兼容

3. 页级锁

页级锁是指 MySQL 将锁定表中的某些行(称作页)，被锁定的行只对锁定最初的线程是可行的。

15.4.3　InnoDB 存储引擎中的死锁

一般情况下，当检测到死锁时，通常是由于一个事务释放锁并回滚，而让另一个事务获得锁，继续完成事务。

在涉及外部锁或涉及表级锁的情况下，需要设置锁等待时间来解决。

通常情况下，程序开发人员通过调整业务流程、事物大小、数据库访问的 SQL 语句，绝大多数死锁都可以避免。

15.5　小　　结

本章主要介绍了以下内容。

(1) 在 MySQL 环境中，事务(Transaction)是由作为一个逻辑单元的一条或多条 SQL 语句组成。其结果是作为整体永久性地修改数据库的内容，或者作为整体取消对数据库的修改。

(2) 事务有 4 个基本特性，称为 ACID 特性，即原子性(Atomicity)、一致性(Consistency)、隔离性(Isolation)和持久性(Durability)。

(3) 事务的基本操作包括开始、提交、撤销、保存等环节。

开始事务使用 START TRANSACTION 语句或 BEGIN WORK 语句，提交事务使用 COMMIT 语句，撤销事务使用 ROLLBACK 语句，设置保存点使用 SAVEPOINT 语句。

(4) 为了处理并发事务中可能出现的幻想读、不可重复读、脏读等问题，数据库实现了不同级别的事务隔离，以防止事务的相互影响。基于 ANSI/ISO SQL 规范，MySQL 提供了四种事务隔离级别，隔离级别从低到高依次为：未提交读(READ UNCOMMITTED)、提交读(READ COMMITTED)、可重复读(REPEATABLE READ)、可串行化(SERIALIZABLE)。

(5) MySQL 有三种锁的级别。

表级锁指整个表被客户锁定。表级锁包括读锁(Read Lock)和写锁(Write Lock)两种。

行级锁比表级锁或页级锁对锁定过程提供了更精细的控制。行级锁的类型包括共享锁(Share Locks)、排他锁(Exclusive Locks)和意向锁(Intention Lock)。共享锁(S)又称为读锁，排他锁(X)又称为写锁。

MySQL 将锁定表中的某些行(称作页)，被锁定的行只对锁定最初的线程是可行的。

习　题　15

一、选择题

15.1 在一个事务执行的过程中，正在访问的数据被其他事务修改，导致处理结果不正确，是违背了(　　)。

A. 原子性　　B. 一致性
C. 隔离性　　D. 持久性

15.2 “一个事务一旦提交，它对数据库中数据的改变永久有效，即使以后系统崩溃也是如此”，该性质是(　　)。

A. 原子性　　B. 一致性
C. 隔离性　　D. 持久性

15.3 下列(　　)语句会结束事务。

A. SAVEPOINT　　B. COMMIT
C. END TRANSACTION　　D. ROLLBACK TO SAVEPOINT

15.4 下列关键字中与事务控制无关的是(　　)。

A. COMMIT　　B. SAVEPOINT
C. DECLARE　　D. ROLLBACK

15.5 MySQL 中的锁不包括(　　)。

A. 插入锁　　B. 排他锁
C. 共享锁　　D. 意向排他锁

15.6 事务隔离级别不包括(　　)。

A. READ UNCOMMITTED　　B. READ COMMITTED
C. REPETABLE READ　　D. REPETABLE ONLY

二、填空题

15.7 事务的特性有原子性、________、隔离性、持久性。

15.8　锁机制有________、共享锁两类。

15.9　事务处理可能存在三种问题是脏读、不可重复读、________。

15.10　在 MySQL 中使用________命令提交事务。

15.11　在 MySQL 中使用________命令回滚事务。

15.12　在 MySQL 中使用________命令设置保存点。

15.13　事务的基本操作包括开始、________、撤销、保存等环节。

15.14　行级锁定的类型包括共享锁、排他锁和________。

三、问答题

15.15　什么是事务？简述事务的基本特性。

15.16　COMMIT 语句和 ROLLBACK 语句各有何功能？

15.17　保存点的作用是什么？怎样设置？

15.18　什么是并发事务？什么是锁机制？

15.19　MySQL 提供了哪种事务隔离级别？怎样设置事务隔离级别？

15.20　MySQL 有哪几种锁的级别？简述各级锁的特点。

第二部分　MySQL 实验

实验 1

E-R 图画法与概念模型向逻辑模型的转换

1. 实验目的及要求

(1) 了解 E-R 图构成要素。

(2) 掌握 E-R 图的绘制方法。

(3) 掌握概念模型向逻辑模型的转换原则和方法。

2. 验证性实验

(1) 某同学需要开发班级信息管理系统,希望能够管理班级与学生信息的数据库,其中学生信息包括:学号、姓名、年龄、性别;班级信息包括:班号、班主任、班级人数。

① 确定班级实体和学生实体的属性。

学生信息:学号、姓名、年龄、性别

班级信息:班号、班主任、班级人数

② 确定班级和学生之间的联系,给联系命名并指出联系的类型。

一个学生只能属于一个班级,一个班级可以有很多名学生,所以和学生间是 1 对多的关系,即 $1:n$。

③ 确定联系的名称和属性。

联系名称:属于。

④ 画出班级与学生联系的 E-R 图。

班级和学生联系的 E-R 图如实验图 1.1 所示。

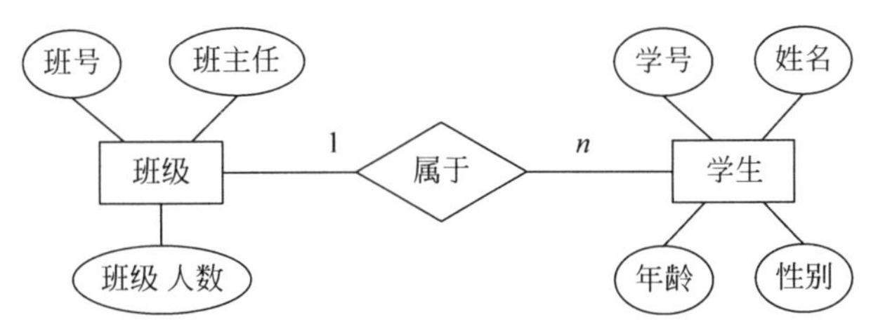

实验图 1.1　班级和学生联系的 E-R 图

⑤ 将 E-R 图转化为关系模式,写出个关系模式并标明各自的主码。

学生(<u>学号</u>,姓名,年龄,性别,班号),码:学号

班级(<u>班号</u>,班主任,班级人数),码:班号

(2) 设图书借阅系统在需求分析阶段搜集到图书信息:书号、书名、作者、价格、复本量、库存量,学生信息:借书证号、姓名、专业、借书量。

① 确定图书和学生实体的属性。

图书信息：书号、书名、作者、价格、复本量、库存量

学生信息：借书证号、姓名、专业、借书量

② 确定图书和学生之间的联系，为联系命名并指出联系的类型。

一个学生可以借阅多种图书，一种图书可被多个学生借阅。学生借阅的图书要在数据库中记录索书号、借阅时间，所以，图书和学生间是多对多关系，即 $m:n$。

③ 确定联系名称和属性。

联系名称：借阅，属性：索书号、借阅时间。

④ 画出图书和学生联系的 E-R 图。

图书和学生联系的 E-R 图如实验图 1.2 所示。

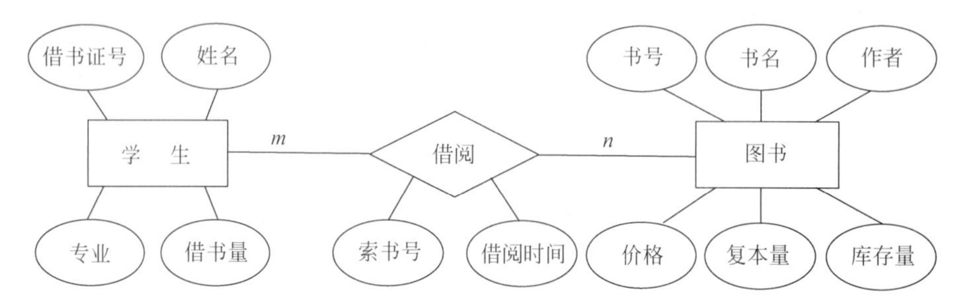

实验图 1.2　图书和学生联系的 E-R 图

⑤ 将 E-R 图转换为关系模式，写出表的关系模式并标明各自的码。

学生(借书证号，姓名，专业，借书量)，码：借书证号

图书(书号，书名，作者，价格，复本量，库存量)，码：书号

借阅(书号，借书证号，索书号，借阅时间)，码：书号，借书证号

(3) 在商场销售系统中，搜集到顾客信息：顾客号、姓名、地址、电话；订单信息：订单号、单价、数量、总金额；商品信息：商品号、商品名称。

① 确定顾客、订单、商品实体的属性。

顾客信息：顾客号、姓名、地址、电话

订单信息：订单号、单价、数量、总金额

商品信息：商品号、商品名称

② 确定顾客、订单、商品之间的联系，给联系命名并指出联系的类型。

一个顾客可拥有多个订单，一个订单只属于一个顾客，顾客和订单间是一对多关系，即 $1:n$。一个订单可购多种商品，一种商品可被多个订单购买，订单和商品间是多对多关系，即 $m:n$。

③ 确定联系的名称和属性。

联系的名称：订单明细，属性：单价，数量。

④ 画出顾客、订单、商品之间联系的 E-R 图。

顾客、订单、商品之间联系的 E-R 图如实验图 1.3 所示。

⑤ 将 E-R 图转换为关系模式，写出表的关系模式并标明各自的码。

顾客(顾客号，姓名，地址，电话)，码：顾客号

订单(订单号，总金额，顾客号)，码：订单号

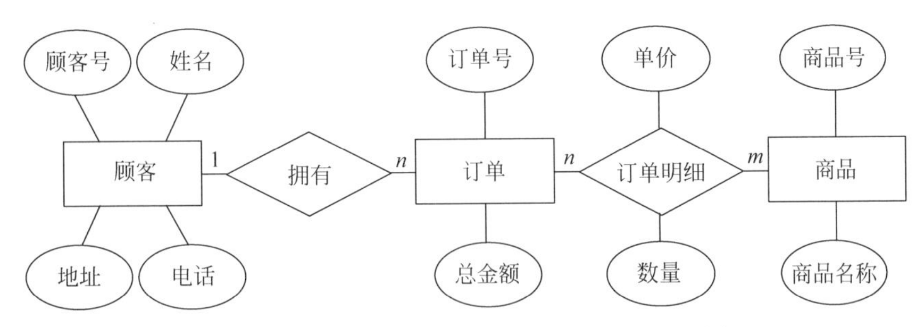

实验图 1.3　顾客、订单、商品之间联系的 E-R 图

订单明细(订单号,商品号,单价,数量),码：订单号，商品号

商品(商品号，商品名称),码：商品号

(4) 设某汽车运输公司想开发车辆管理系统,其中,车队信息：车队号,车队名等；车辆信息有牌号照、厂家、出厂日期等；驾驶人信息有驾驶人编号、姓名、电话等。车队与驾驶人之间存在"聘用"联系,每个车队聘用若干个驾驶人,但每个驾驶人只能应聘一个车队,车队聘用驾驶人有"聘用开始时间"和"聘期"两个属性；车队与车辆之间存在"拥有"联系,每个车队可拥有若干车辆,但每辆车只能属于一个车队；驾驶人与车辆之间存在着"使用"联系,驾驶人使用车辆有"使用日期"和"千米数"两个属性,每个驾驶人可使用多辆汽车,每辆汽车可被多个驾驶人使用。

① 确定实体和实体的属性。

车队信息：车队号、车队名

车辆信息：车辆牌号、厂家、生产日期

驾驶人信息：驾驶人编号、姓名、电话、车队号

② 确定实体之间的联系,给联系命名并指出联系的类型。

车队与车辆联系类型是 $1:n$,联系名称：拥有；车队与驾驶人联系类型是 $1:n$,联系名称为聘用；车辆和驾驶人联系类型为 $m:n$,联系名称为使用。

③ 确定联系的名称和属性。

联系"聘用"有"聘用开始时间"和"聘期"两个属性；联系"使用"有"使用日期"和"千米数"两个属性。

④ 画出 E-R 图。

车队、车辆和驾驶人联系的 E-R 图如实验图 1.4 所示。

⑤ 将 E-R 图转换为关系模式,写出表的关系模式并标明各自的码。

车队(车队号,车队名),码：车队号

车辆(车牌照号,厂家,生产日期,车队号),码：车队照号

驾驶人(驾驶人编号,姓名,电话,车队号,聘用开始时间 ,聘期),码：驾驶人编号

使用(驾驶人编号,车辆号,使用日期,千米数),码：驾驶人编号,车辆号

3. 设计性试验

(1) 设计存储生产厂商和产品信息的数据库,生产厂产商的信息包括：厂商名称、地址、电话；产品信息包括：品牌、型号、价格；生产厂商生产某产品的数量和日期。

① 确定产品和生产厂商实体的属性。

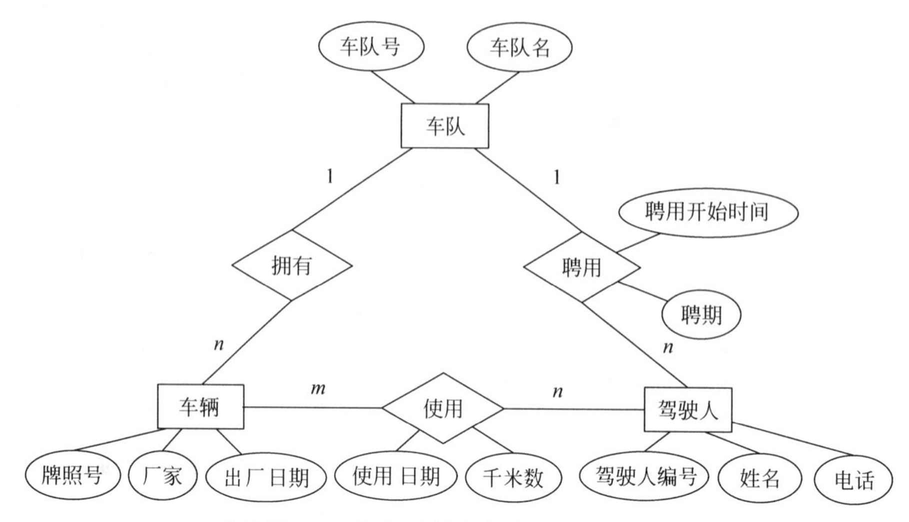

实验图 1.4　车队、车辆和驾驶人联系的 E-R 图

② 确定产品和生产厂商之间的联系，为联系命名并指出联系的类型。

③ 确定联系的名称和属性。

④ 画出产品与生产厂商联系的 E-R 图。

⑤ 将 E-R 图转换为关系模式，写出表的关系模式并标明各自的码。

(2) 某房地产交易公司，需要存储房地产交易中客户、业务员和合同三者信息的数据库，其中，客户信息主要有客户编号，购房地址；业务员信息有员工号、姓名、年龄；合同信息有客户编号，员工号，合同有效时间。其中，一个业务员可以接待多个客户，每个客户只签署一个合同。

① 确定客户实体、业务员实体和合同的属性。

② 确定客户、业务员和合同三者之间的联系，为联系命名并指出联系类型。

③ 确定联系的名称和属性。

④ 画出客户、业务员和合同三者联系的 E-R 图。

⑤ 将 E-R 图转换为关系模式，写出表的关系模式并标明各自的码。

4. 观察与思考

如果有 10 个不同的实体集，它们之间存在 12 个不同的二元联系(二元联系是指两个实体集之间的联系)，其中 3 个 1∶1 联系，4 个 1∶n 联系，5 个 m∶n 联系，那么根据 E-R 模式转换为关系模型的规则，这个 E-R 图转换为关系模式的个数至少有多少个？

实验 2

MySQL 的安装和运行

1. 实验目的及要求

(1) 掌握安装和配置 MySQL 8.0。

(2) 掌握 MySQL 服务器的启动和关闭。

(3) 掌握 MySQL 命令行客户端和 Windows 命令行两种方式登录服务器。

2. 实验内容

(1) 安装和配置 MySQL 8.0 的步骤参见第 2 章。

(2) 启动和关闭 MySQL 服务操作步骤如下。

① 选中桌面的“计算机”图标,鼠标右击,在弹出的快捷菜单中选择“管理”命令,出现“计算机管理”窗口,展开左边的“服务和应用程序”,单击其中的“服务”,出现“服务”窗口,如实验图 2.1 所示。可以看出,MySQL 服务已启动,服务的启动类型为自动类型。

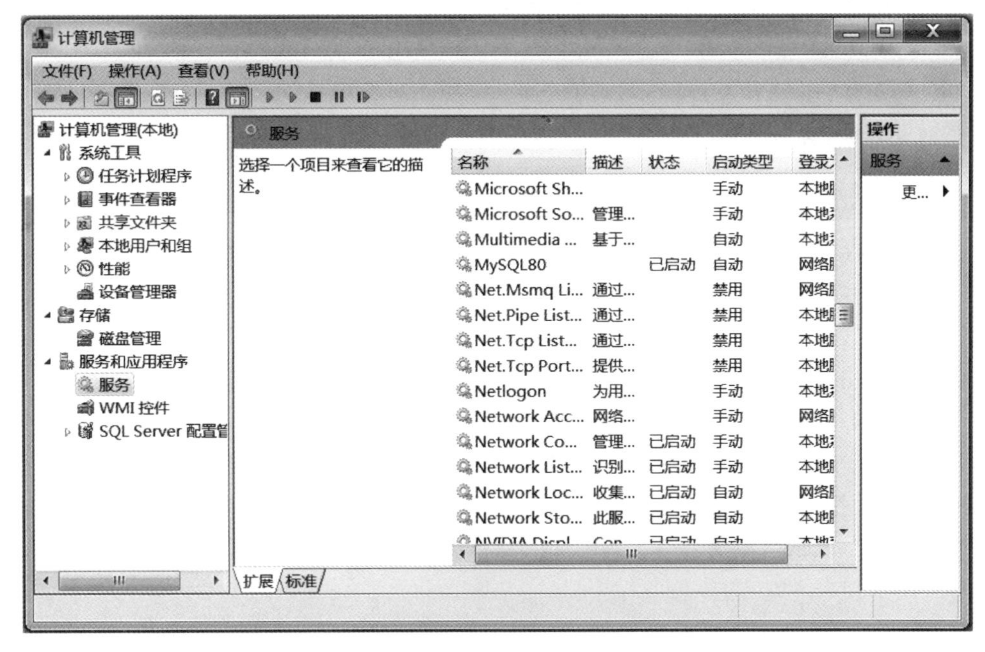

实验图 2.1 “服务”窗口

② 在实验图 2.1 中,可以更改 MySQL 服务的启动类型,选中服务名称为 MySQL 的项目,鼠标右击,在弹出的快捷菜单中选择“属性”命令,弹出如实验图 2.2 所示的对话框,在“启动类型”下拉列表框中可以选择“自动”“手动”和“禁用”等选项。

③ 在实验图 2.2 中,在“服务状态”栏中,可以更改服务状态为“停止”“暂停”“恢复”。这里,单击“停止”按钮,即可关闭服务器。

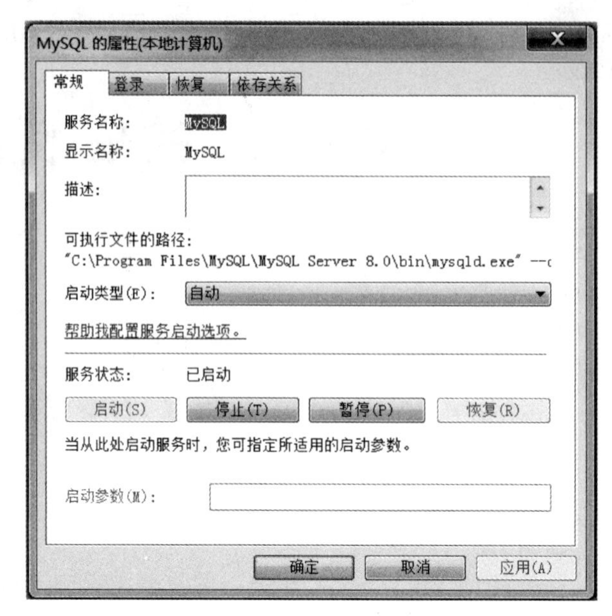

实验图 2.2 “MySQL 的属性”对话框

(3) 使用 MySQL 命令行客户端登录服务器。

选择“开始”→“所有程序”→MySQL→MySQL Server 8.0→MySQL Server 8.0 Command Line Client 命令，进入密码输入窗口，输入管理员口令，即安装 MySQL 时自己设置的密码，这里是“123456”，出现命令行提示符“mysql>”，表示已经成功登录 MySQL 服务器。

(4) 使用 Windows 命令行登录服务器。

以 Windows 命令行登录服务器步骤如下。

① 单击“开始”菜单，在“搜索程序和文件”框中输入 cmd 命令，按 Enter 键，进入 DOS 窗口。

② 输入“cd C:\Program Files\MySQL\MySQL Server 8.0\bin”命令，按 Enter 键，进入安装 MySQL 的 bin 目录。

输入“C:\Program Files\MySQL\MySQL Server 8.0\bin > mysql-u root-p”命令，按 Enter 键，进入密码“Enter password: ****** ”窗口，这里密码是“123456”，出现命令行提示符“mysql >”，表示已经成功登录 MySQL 服务器。

实验 3

定义数据库

1. 实验目的及要求

(1) 掌握使用 MySQL 命令行客户端登录服务器的方法。

(2) 掌握查看已有的数据库的命令和方法。

(3) 掌握定义数据库的语言和方法。

2. 验证性实验

(1) 使用 MySQL 命令行客户端登录服务器。

① 选择"开始"→"所有程序"→MySQL→MySQL Server 8.0→MySQL Server 8.0 Command Line Client 命令,进入密码输入窗口,要求输入密码:

```
Enter password:
```

② 输入管理员口令,这里是"123456",出现命令行提示符"mysql >",表示已经成功登录 MySQL 服务器,如实验图 3.1 所示。

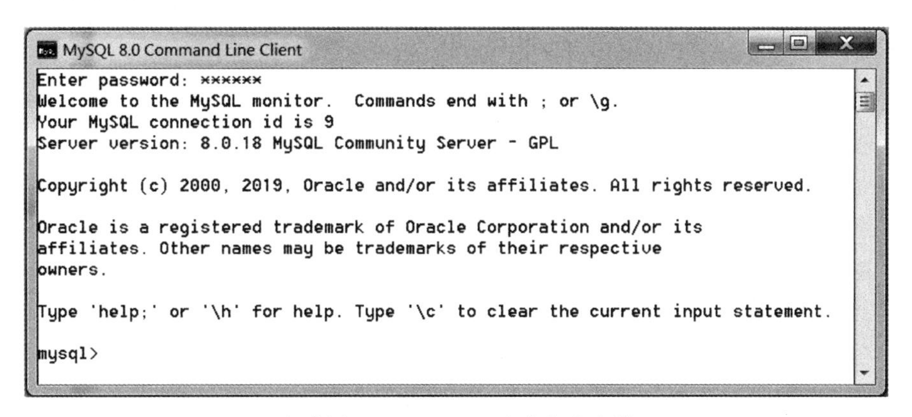

实验图 3.1　MySQL 命令行客户端

(2) 查看已有的数据库。

在 MySQL 命令行客户端输入如下语句:

```
mysql > SHOW DATABASES;
```

执行结果:

```
+------------------+
|Database          |
+------------------+
|information_schema|
|mysql             |
|performance_schema|
```

```
|sys             |
+----------------+
4 rows in set (0.00 sec)
```

（3）定义数据库。

使用SQL语句定义商店实验数据库storeexpm，包括创建数据库、选择数据库、修改数据库和删除数据库等操作。商店实验数据库storeexpm，在实验中多次用到。

① 创建数据库：

```
mysql> CREATE DATABASE storeexpm;
```

② 选择数据库：

```
mysql> USE storeexpm;
```

③ 修改数据库：

```
mysql> ALTER DATABASE storeexpm
    -> DEFAULT CHARACTER SET gb2312
    -> DEFAULT COLLATE gb2312_chinese_ci;
```

④ 删除数据库：

```
mysql> DROP DATABASE storeexpm;
```

3. 设计性实验

使用SQL语句定义学生实验数据库stuexpm。学生实验数据库stuexpm在实验中多次用到。

（1）创建数据库stuexpm。

（2）选择数据库stuexpm。

（3）修改数据库stuexpm，要求字符集为utf8，校对规则为utf8_general_ci。

（4）删除数据库stuexpm。

4. 观察与思考

（1）在数据库storeexpm已存在的情况下，使用CREATE DATABASE语句创建数据库library，查看错误信息。怎样避免数据库已存在又再创建的错误呢？

（2）使用Windows命令行登录服务器，进行数据库stuexpm的创建、选择、修改和删除等项操作。

实验 4

定义表

1. 实验目的及要求

（1）理解数据库和表的基本概念。

（2）掌握使用 SQL 语句创建表的操作，具备编写和调试创建表、查看表、修改表、删除表的代码的能力。

2. 验证性实验

商店实验数据库 storeexpm 是实验中多次用到的数据库，包含员工表 Employee、部门表 Department 和商品表 Goods。

Employee 表和 Department 表的表结构分别如实验表 4.1 和实验表 4.2 所示。

实验表 4.1　Employee 表的表结构

列名	数据类型	允许 NULL 值	键	默认值	说明
EmplID	varchar(4)	×	主键	无	员工号
EmplName	varchar(8)	×		无	姓名
Sex	varchar(2)	×		男	性别
Birthday	date	×		无	出生日期
Address	varchar(20)	√		无	地址
Wages	decimal(8, 2)	×		无	工资
DeptID	varchar(4)	√		无	部门号

实验表 4.2　Department 表的表结构

列名	数据类型	允许 NULL 值	键	默认值	说明
DeptID	varchar(4)	×	主键	无	部门号
DeptName	varchar(20)	×		无	部门名称

使用 SQL 语句创建商店实验数据库 sales，在数据库 storeexpm 中，验证和调试创建表、查看表、修改表、删除表的代码。

（1）创建数据库 storeexpm。

```
mysql> CREATE DATABASE storeexpm;
```

（2）创建 Employee 表，显示 Employee 表的基本结构。

```
mysql> USE storeexpm;

mysql> CREATE TABLE Employee
    ->     (
    ->         EmplID varchar(4) NOT NULL PRIMARY KEY,
    ->         EmplName varchar(8) NOT NULL,
```

```
    ->          Sex varchar(2) NOT NULL DEFAULT '男',
    ->          Birthday date NOT NULL,
    ->          Address varchar(20) NULL,
    ->          Wages decimal(8, 2) NOT NULL,
    ->          DeptID varchar(4) NULL
    -> );

mysql > DESC Employee;
```

(3) 在数据库 storeexpm 中，创建 Department 表，显示 Department 表的基本结构。

```
mysql > CREATE TABLE Department
    -> (
    ->      DeptID varchar(4) NOT NULL PRIMARY KEY,
    ->      DeptName varchar(20) NOT NULL
    -> );

mysql > DESC Department;
```

(4) 由 Employee 表使用复制方式创建 Employee1 表。

```
mysql > CREATE TABLE Employee1 like Employee;
```

(5) 在 Employee 表中增加一列 Eno，添加到表的第 1 列，不为空，取值唯一并自动增加，显示 Employee 表的基本结构。

```
mysql > ALTER TABLE Employee
    -> ADD COLUMN Eno int NOT NULL UNIQUE AUTO_INCREMENT FIRST;

mysql > DESC employee;
```

(6) 将 Employee1 表的列 Sex 修改为 Gender，将数据类型改为 char，可空，默认值改为“女”，显示 Employee1 表的基本结构。

```
mysql > ALTER TABLE Employee1
    -> CHANGE COLUMN Sex Gender char(2) NULL DEFAULT '女';

mysql > DESC employee1;
```

(7) 将 Employee1 表的列 Address 修改为 Telephone，将数据类型改为 char，可空。

```
mysql > ALTER TABLE Employee1
    -> CHANGE COLUMN Address Telephone char(20) NULL;
```

(8) 将 Employee1 表的列 Gender 的默认值修改为“男”。

```
mysql > ALTER TABLE Employee1
    -> ALTER COLUMN Gender SET DEFAULT '男';
```

(9) 将 Employee1 表的列 Wages 的类型修改为 float，并移至列 EmplName 之后。

```
mysql > ALTER TABLE Employee1
    -> MODIFY COLUMN Wages float AFTER EmplName;
```

(10) 在 Employee 表中删除列 Eno。

```
mysql > ALTER TABLE Employee
     -> DROP COLUMN Eno;
```

(11) 将 Employee1 表更名为 Employee2 表。

```
mysql > ALTER TABLE Employee1
     -> RENAME TO Employee2;
```

(12) 删除 Employee2 表。

```
mysql > DROP TABLE Employee2;
```

3. 设计性试验

学生实验数据库 stuexpm 是实验中多次用到的另一个数据库，包含学生表 StudentInfo、课程表 CourseInfo、成绩表 ScoreInfo、教师表 TeacherInfo。

StudentInfo 表和 ScoreInfo 表的表结构分别如实验表 4.3 和实验表 4.4 所示。

实验表 4.3 StudentInfo 表的表结构

列名	数据类型	允许 NULL 值	键	默认值	说明
StudentID	varchar(6)	×	主键	无	学号
Name	varchar(8)	×		无	姓名
Sex	varchar(2)	×		男	性别
Birthday	date	×		无	出生日期
Speciality	varchar(12)	√		无	专业
Address	varchar(20)	√		无	家庭地址

实验表 4.4 ScoreInfo 表的表结构

列名	数据类型	允许 NULL 值	键	默认值	说明
StudentID	varchar(6)	×	主键	无	学号
CourseID	varchar(4)	×	主键	无	课程号
Grade	tinyint	√		无	成绩

使用 SQL 语句创建学生实验数据库 stuexpm，在数据库 stuexpm 中，编写和调试创建表、查看表、修改表、删除表的代码。

(1) 创建数据库 stuexpm。

(2) 创建 StudentInfo 表，显示 StudentInfo 表的基本结构。

(3) 由 StudentInfo 表使用复制方式创建 StudentInfo1 表。

(4) 在 StudentInfo 表中增加一列 StuNo，添加到表的第 1 列，不为空，取值唯一并自动增加，显示 StudentInfo 表的基本结构。

(5) 将 StudentInfo1 表的列 Address 修改为 City，将数据类型改为 char，可空，默认值为“北京”，显示 StudentInfo1 表的基本结构。

(6) 将 StudentInfo1 表的列 Speciality 修改为 School，将数据类型改为 char，可空，默认值为“计算机学院”。

(7) 将 StudentInfo1 表的列 City 的默认值修改为“上海”。

(8) 将 StudentInfo1 表的列 City 的类型修改为,并移至列 Name 之后。

(9) 在 StudentInfo1 表中删除列 StuNo。

(10) 将 StudentInfo1 表更名为 StudentInfo2 表。

(11) 删除 StudentInfo2 表。

4. 观察与思考

(1) 在创建表的语句中,NOT NULL 的作用是什么?

(2) 一个表可以设置几个主键?

(3) 主键列能否修改为 NULL?

实验 5

表数据操作

1. 实验目的及要求

(1) 掌握表数据的插入、修改和删除操作。

(2) 具备编写和调试插入数据、修改数据和删除数据的代码的能力。

2. 验证性实验

TeacherInfo 表(教师信息表)的表结构如实验表 5.1 所示,CourseInfo 表(课程信息表)的表结构如实验表 5.2 所示,在学生实验数据库 stuexpm 中,分别创建 TeacherInfo 表、TeacherInfo1 表、TeacherInfo2 表和 CourseInfo 表。

实验表 5.1 TeacherInfo 表的表结构

列名	数据类型	允许 NULL 值	键	默认值	说明
TeacherID	varchar(6)	×	主键	无	教师编号
TeacherName	varchar(8)	×		无	姓名
TeacherSex	varchar(2)	×		男	性别
TeacherBirthday	date	×		无	出生日期
School	varchar(12)	√		无	学院
Address	varchar(20)	√		无	地址

实验表 5.2 CourseInfo 表的表结构

列名	数据类型	允许 NULL 值	键	默认值	说明
CourseID	varchar(4)	×	主键	无	课程号
CourseName	varchar (16)	×		无	课程名
Credit	tinyint	√		无	学分

TeacherInfo 表、TeacherInfo1 表和 TeacherInfo2 的样本数据,如实验表 5.3 所示。

实验表 5.3 TeacherInfo 表的样本数据

教师编号	姓名	性别	出生日期	学院	地址
100005	李慧强	男	1968-09-25	计算机学院	北京市海淀区
100024	刘松	男	1976-02-17	计算机学院	北京市海淀区
400021	陈霞飞	女	1975-12-07	通信学院	上海市黄浦区
800004	刘泉明	男	1978-08-16	数学学院	广州市越秀区
120007	张莉	女	1982-03-21	外国语学院	成都市锦江区

CourseInfo 表的样本数据,如实验表 5.4 所示。

实验表 5.4 CourseInfo 表的样本数据

课程号	课程名	学分
1004	数据库系统	4
1025	物联网技术	3
4002	数字电路	3
8001	高等数学	4
1201	英语	4

按照下列要求完成表数据的插入、修改和删除操作。

(1) 向 TeacherInfo 表插入样本数据。

```
mysql > INSERT INTO TeacherInfo
    ->      values('100005','李慧强','男','19680925','计算机学院','北京市海淀区'),
    ->      ('100024','刘松','男','19760217','计算机学院','北京市海淀区'),
    ->      ('400021','陈霞飞','女','19751207','通信学院','上海市黄浦区'),
    ->      ('800004','刘泉明','男','19780816','数学学院','广州市越秀区'),
    ->      ('120007','张莉','女','19820321','外国语学院','成都市锦江区');
```

(2) 向 CourseInfo 表插入样本数据。

```
mysql > INSERT INTO CourseInfo
    ->      VALUES('1004','数据库系统',4),
    ->      ('1025','物联网技术',3),
    ->      ('4002','数字电路',3),
    ->      ('8001','高等数学',4),
    ->      ('1201','英语',4);
```

(3) 使用 INSERT INTO…SELECT…语句,将 TeacherInfo 表的记录快速插入 TeacherInfo1 表中。

```
mysql > INSERT INTO TeacherInfo1
    ->      SELECT * FROM TeacherInfo;
```

(4) 采用三种不同的方法,向 TeacherInfo2 表插入数据。

① 省略列名表,插入记录('100005','李慧强','男','19680925','计算机学院','北京市海淀区');

```
mysql > INSERT INTO TeacherInfo2
    ->      VALUES ('100005','李慧强','男','19680925','计算机学院','北京市海淀区');
```

② 不省略列名表,插入教师编号为“400021”、姓名为“陈霞飞”、地址为“上海市黄浦区”、学院为“通信学院”、出生日期为“19751207”、性别为“女”的记录。

```
mysql > INSERT INTO TeacherInfo2 (TeacherID, TeacherName, Address, School, TeacherBirthday,
TeacherSex)
    ->      VALUES('400021','陈霞飞','上海市黄浦区','通信学院','19751207','女');
```

③ 插入教师编号为“800004”,姓名为“ ”,性别为“男”、取默认值,出生日期为“19780816”,学院和地址为空值的记录。

```
mysql > INSERT INTO TeacherInfo2 (TeacherID, TeacherName, TeacherBirthday)
    ->      VALUES('800004','刘泉明','19780816');
```

(5) 在 TeacherInfo1 表中,更新教师编号为“120007”的记录,将出生日期改为“1983-09-19”。

```
mysql >  UPDATE TeacherInfo1
    -> SET TeacherBirthday = '1983 - 09 - 19'
    -> WHERE TeacherID = '120007';
```

(6) 在 TeacherInfo1 表中,将性别为“男”的记录的家庭住址都改为“上海市浦东新区”。

```
mysql > UPDATE TeacherInfo1
    -> SET address = '上海市浦东新区'
    -> WHERE TeacherSex = '男';
```

(7) 在 TeacherInfo1 表中,删除教师编号为“400021”的记录。

```
mysql > DELETE FROM TeacherInfo1
    -> WHERE TeacherID = '400021';
```

(8) 采用两种不同的方法,删除表中的全部记录。

①使用 DELETE 语句,删除 TeacherInfo1 表中的全部记录。

```
mysql > DELETE FROM TeacherInfo1;
```

② 使用 TRUNCATE 语句,删除 TeacherInfo2 表中的全部记录。

```
mysql > TRUNCATE TeacherInfo2;
```

3. 设计性试验

Goods 表(商品表)的表结构如实验表 5.5 所示,在商店实验数据库 storeexpm 中,创建 Goods 表、Goods1 表、Goods2 表。

实验表 5.5　Goods 表的表结构

列名	数据类型	允许 NULL 值	键	默认值	说明
GoodsID	varchar(4)	×	主键	无	商品号
GoodsName	varchar(20)	×		无	商品名称
Classification	varchar(16)	×		无	商品类型
UnitPrice	decimal(8, 2)	√		无	单价
StockQuantity	int	×		5	库存量

Goods 表的样本数据,如实验表 5.6 所示。

实验表 5.6　Goods 表的样本数据

商品号	商品名称	商品类型	单价	库存量
1001	Microsoft Surface Pro 4	笔记本电脑	5488	12
1002	Apple iPad Pro	平板电脑	5888	12
3001	DELL PowerEdgeT130	服务器	6699	10
4001	EPSON L565	打印机	1899	8

编写和调试表数据的插入、修改和删除的代码，完成以下操作。

(1) 向 Goods 表中插入样本数据。

(2) 使用 INSERT INTO…SELECT…语句，将 Goods 表的记录快速插入 Goods1 表中。

(3) 采用三种不同的方法，向 Goods2 表插入数据。

① 省略列名表，插入记录('1001','Microsoft Surface Pro 4','笔记本电脑',5488,12)。

② 不省略列名表，插入商品号为“1002”，商品名称为“Apple iPad Pro”，库存量为 12，单价为“5888”，商品类型为“平板电脑”的记录。

③ 插入商品号为“3001”，商品名称为“DELL PowerEdgeT130”，商品类型为“服务器”，单价为空，库存量为“5”，取默认值的记录。

(4) 在 Goods1 表中，将商品名称为“Microsoft Surface Pro 4”的类型改为“笔记本平板电脑二合一”。

(5) 在 Goods1 表中，将商品名称为“EPSON L565”的库存量改为 10。

(6) 在 Goods1 表中，删除商品类型为平板电脑的记录。

(7) 采用两种不同的方法，删除表中的全部记录。

① 使用 DELETE 语句，删除 Goods1 表中的全部记录。

② 使用 TRUNCATE 语句，删除 Goods2 表中的全部记录。

4. 观察与思考

(1) 省略列名表插入记录需要满足什么条件?

(2) 将已有表的记录快速插入当前表中，使用什么语句?

(3) 比较 DELETE 语句和 TRUNCATE 语句的异同。

(4) DROP 语句与 DELETE 语句有何区别?

实验 6

数据查询

实验 6.1　数据查询 1

1. 实验目的及要求

（1）理解 SELECT 语句的语法格式。

（2）掌握 SELECT 语句的操作和使用方法。

（3）具备编写和调试 SELECT 语句以进行数据库查询的能力。

2. 验证性实验

对商店实验数据库 storeexpm 的员工表 Employee 表和部门表 Department 表进行信息查询。Employee 表的样本数据如实验表 6.1 所示，其中，员工号、姓名、性别、出生日期、地址、工资、部门号的列名分别为 EmplID、EmplName、Sex、Birthday、Address、Wages、DeptID。

实验表 6.1　Employee 表的样本数据

员工号	姓名	性别	出生日期	地址	工资	部门号
E001	刘思远	男	1980-11-07	北京市海淀区	4100	D001
E002	何莉娟	女	1987-07-18	上海市浦东区	3300	D002
E003	杨静	女	1984-02-25	上海市浦东区	3700	D003
E004	王贵成	男	1974-09-12	北京市海淀区	6800	D004
E005	孙燕	女	1985-02-23	NULL	3600	D001
E006	周永杰	男	1979-10-28	成都市锦江区	4300	NULL

Department 表的样本数据，如实验表 6.2 所示，其中，部门号、部门名称的列名分别为 DeptID、DeptName。

实验表 6.2　Department 表的样本数据

部门号	部门名称
D001	销售部
D002	人事部
D003	财务部
D004	经理办
D005	物资部

查询要求如下。

（1）使用两种方式，查询 Employee 表的所有记录。

① 使用列名表查询。

```
mysql> SELECT EmplID, EmplName, Sex, Birthday, Address, Wages, DeptID
    -> FROM Employee;
```

② 使用 * 查询。

```
mysql> SELECT *
    -> FROM Employee;
```

(2) 查询 Employee 表有关员工号、姓名和地址的记录。

```
mysql> SELECT EmplID, EmplName, Address
    -> FROM Employee;
```

(3) 从 Department 表查询部门号、部门名称的记录。

```
mysql> SELECT DeptID, DeptName
    -> FROM Department;
```

(4) 通过两种方式查询 Goods 表中价格在 1500～4000 元的商品。

① 通过指定范围关键字查询。

```
mysql> SELECT *
    -> FROM Goods
    -> WHERE UnitPrice BETWEEN 1500 AND 4000;
```

② 通过比较运算符查询。

```
mysql> SELECT *
    -> FROM Goods
    -> WHERE UnitPrice >= 1500 AND UnitPrice <= 4000;
```

(5) 通过两种方式查询地址是北京的员工的姓名、出生日期和部门号。

① 使用 LIKE 关键字查询。

```
mysql> SELECT EmplID, EmplName, DeptID
    -> FROM Employee
    -> WHERE Address LIKE '北京%';
```

② 使用 REGEXP 关键字查询。

```
mysql> SELECT EmplID, EmplName, DeptID
    -> FROM Employee
    -> WHERE Address REGEXP '^北京';
```

(6) 查询各个部门的员工人数。

```
mysql> SELECT DeptID AS 部门号, COUNT(EmplID) AS 员工人数
    -> FROM Employee
    -> GROUP BY DeptID;
```

(7) 查询每个部门的总工资和最高工资。

```
mysql> SELECT DeptID AS 部门号, SUM(Wages) AS 总工资, MAX(Wages) AS 最高工资
    -> FROM Employee
```

```
    -> GROUP BY DeptID;
```

(8) 查询员工工资,按照工资从高到低的顺序排列。

```
mysql> SELECT *
    -> FROM Employee
    -> ORDER BY Wages DESC;
```

(9) 从高到低排列员工工资,通过两种方式查询第2名到第4名的信息。

① 使用 LIMIT offset row_count 格式查询。

```
mysql> SELECT EmplName, Wages
    -> FROM Employee
    -> ORDER BY Wages DESC
    -> LIMIT 1, 3;
```

② 使用 LIMIT row_count OFFSET offset 格式查询。

```
mysql> SELECT EmplName, Wages
    -> FROM Employee
    -> ORDER BY Wages DESC
    -> LIMIT 3 OFFSET 1;
```

3. 设计性试验

对学生实验数据库 stuexpm 的学生信息表 StudentInfo 和成绩信息表 ScoreInfo 进行信息查询。StudentInfo 表的样本数据如实验表6.3所示,其中,学号、姓名、性别、出生日期、专业、家庭地址的列名分别为 StudentID、Name、Sex、Birthday、Speciality、Address。

实验表6.3 StudentInfo 表的样本数据

学号	姓名	性别	出生日期	专业	家庭地址
181001	成志强	男	1998-08-17	计算机	北京市海淀区
181002	孙红梅	女	1997-11-23	计算机	成都市锦江区
181003	朱丽	女	1998-02-19	计算机	北京市海淀区
184001	王智勇	男	1997-12-05	电子信息工程	NULL
184002	周璐璐	女	1998-02-24	电子信息工程	上海市浦东区
184004	郑永波	男	1997-09-19	电子信息工程	上海市浦东区

ScoreInfo 表的样本数据,如实验表6.4所示,其中,学号、课程号、成绩的列名分别为 StudentID、CourseID、Grade。

实验表6.4 ScoreInfo 表的样本数据

学号	课程号	成绩	学号	课程号	成绩
181001	1004	95	184001	8001	85
181002	1004	85	184002	8001	NULL
181003	1004	91	184004	8001	94
184001	4002	93	181001	1201	92
184002	4002	76	181002	1201	78
184004	4002	88	181003	1201	94

续表

学号	课程号	成绩	学号	课程号	成绩
181001	8001	94	184001	1201	85
181002	8001	89	184002	1201	79
181003	8001	86	184004	1201	94

编写和调试查询语句的代码,完成以下操作。

(1) 使用两种方式,查询 StudentInfo 表的所有记录。

① 使用列名表查询。

② 使用 * 查询。

(2) 查询 ScoreInfo 表的所有记录。

(3) 查询高等数学成绩低于 90 分的学生成绩信息。

(4) 使用两种方式,查询地址为上海市浦东区和成都市锦江区的学生的信息。

① 使用 IN 关键字查询。

② 使用 OR 关键字查询。

(5) 使用两种方式,查询分数为 90 分到 95 分的学生成绩信息。

① 使用 BETWEEN AND 关键字查询。

② 使用 AND 关键字和比较运算符查询。

(6) 通过两种方式查询地址是北京的学生信息。

① 使用 LIKE 关键字查询。

② 使用 REGEXP 关键字查询。

(7) 查询每个专业有多少人。

(8) 查询高等数学的平均成绩、最高分和最低分。

(9) 将英语成绩按从高到低排序。

(10) 通过两种方式查询英语成绩第 3 名到第 5 名的信息。

① 使用 LIMIT offset row_count 格式查询。

② 使用 LIMIT row_count OFFSET offset 格式查询。

4. 观察与思考

(1) LIKE 的通配符“%”和“_”有何不同?

(2) IS 能用“=”来代替吗?

(3) “=”与 IN 在什么情况下作用相同?

(4) 空值的使用,可分为哪几种情况?

(5) 聚集函数能否直接使用在 SELECT 子句、WHERE 子句、GROUP BY 子句、HAVING 子句之中?

(6) WHERE 子句与 HAVING 子句有何不同?

(7) COUNT (*)、COUNT (列名)、COUNT (DISTINCT 列名)三者的区别是什么?

(8) LIKE 和 REGEXP 有何不同?

实验 6.2 数据查询 2

1. 实验目的及要求

(1) 理解连接查询、子查询以及联合查询的语法格式。

(2) 掌握连接查询、子查询以及联合查询的操作和使用方法。

(3) 具备编写和调试连接查询、子查询以及联合查询语句以进行数据库查询的能力。

2. 验证性实验

对商店实验数据库 storeexpm 的员工表 Employee 表和部门表 Department 进行信息查询,查询要求如下。

(1) 对员工表和部门表进行交叉连接,观察所有的可能组合。

```
mysql> SELECT *
    -> FROM Employee CROSS JOIN Department;
```

或

```
mysql> SELECT *
    -> FROM Employee, Department;
```

(2) 查询每个员工及其所在部门的情况。

① 使用 INNER JOIN 的显示语法结构查询。

```
mysql> SELECT *
    -> FROM Employee INNER JOIN Department ON Employee.DeptID = Department.DeptID;
```

② 使用 WHERE 子句定义连接条件的隐示语法结构查询。

```
mysql> SELECT *
    -> FROM Employee, Department
    -> WHERE Employee.DeptID = Department.DeptID;
```

(3) 采用自然连接查询员工及其所属的部门的情况。

```
mysql> SELECT *
    -> FROM Employee NATURAL JOIN Department;
```

该语句采用关键字 NATURAL 进行自然连接,去掉了结果集中的重复列。

(4) 查询部门号“D001”的员工工资高于员工号为“E003”的工资的职工情况。

① 使用 INNER JOIN 的显示语法结构查询。

```
mysql> SELECT a.EmplID, a.EmplName, a.Wages, a.DeptID
    -> FROM Employee a JOIN Employee b ON a.Wages > b.Wages
    -> WHERE a.DeptID = 'D001' AND b.EmplID = 'E003'
    -> ORDER BY a.Wages DESC;
```

② 使用 WHERE 子句定义连接条件的隐示语法结构查询。

```
mysql> SELECT a.EmplID, a.EmplName, a.Wages, a.DeptID
    -> FROM Employee a, Employee b
```

```
    -> WHERE a.Wages > b.Wages AND a.DeptID = 'D001' AND b.EmplID = 'E003'
    -> ORDER BY a.Wages DESC;
```

(5) 分别采用左外连接、右外连接查询员工所属的部门。

① 左外连接查询。

```
mysql> SELECT EmplName, DeptName
    -> FROM Employee LEFT JOIN Department ON Employee.DeptID = Department.DeptID;
```

该语句采用关键字 LEFT JOIN 进行左外连接,当左表有记录而在右表中没有匹配记录时,右表对应列被设置为空值 NULL。

② 右外连接查询。

```
mysql> SELECT EmplName, DeptName
    -> FROM Employee RIGHT JOIN Department ON Employee.DeptID = Department.DeptID;
```

该语句采用关键字 RIGHT JOIN 进行右外连接,当右表有记录而在左表中没有匹配记录时,左表对应列被设置为空值 NULL。

(6) 查询销售部和人事部员工名单。

```
mysql> SELECT EmplID, EmplName, DeptName
    -> FROM Employee a, Department b
    -> WHERE a.DeptID = b.DeptID AND DeptName = '销售部'
    -> UNION
    -> SELECT EmplID, EmplName, DeptName
    -> FROM Employee a, Department b
    -> WHERE a.DeptID = b.DeptID AND DeptName = '人事部';
```

该语句采用集合操作符 UNION 进行并运算以实现集合查询。

(7) 分别采用 IN 子查询和比较子查询查询人事部和财务部的员工信息。

① IN 子查询

```
mysql> SELECT *
    -> FROM Employee
    -> WHERE DeptID IN
    ->        (SELECT DeptID
    ->         FROM Department
    ->         WHERE DeptName = '财务部' OR DeptName = '经理办'
    ->        );
```

该语句采用 IN 子查询。

② 比较子查询

```
mysql> SELECT *
    -> FROM Employee
    -> WHERE DeptID = ANY
    ->        (SELECT DeptID
    ->         FROM Department
    ->         WHERE DeptName IN ('财务部', '经理办')
    ->        );
```

该语句采用比较子查询，其中，关键字 ANY 用于对比较运算符"＝"进行限制。

(8) 列出比所有 D001 部门员工年龄都小的员工和出生日期。

```
mysql > SELECT EmplID AS 员工号, EmplName AS 姓名, Birthday AS 出生日期
    -> FROM Employee
    -> WHERE Birthday > ALL
    ->      (SELECT Birthday
    ->       FROM Employee
    ->       WHERE DeptID = 'D001'
    ->      );
```

该语句采用比较子查询，其中，关键字 ANY 用于对比较运算符"＞"进行限制。

(9) 查询销售部的员工姓名。

```
mysql > SELECT EmplName AS 姓名
    -> FROM Employee
    -> WHERE EXISTS
    ->      (SELECT *
    ->       FROM Department
    ->       WHERE Employee.DeptID = Department.DeptID AND DeptID = 'D001'
    ->      );
```

该语句采用 EXISTS 子查询。

3. 设计性试验

对学生实验数据库 stuexpm 的学生信息表 StudentInfo 和成绩信息表 ScoreInfo 进行信息查询，编写和调试查询语句的代码，完成以下操作。

(1) 对学生信息表和成绩信息表进行交叉连接，观察所有的可能组合。

(2) 查询每个学生选修课程的情况。

① 使用 INNER JOIN 的显示语法结构。

② 使用 WHERE 子句定义连接条件的隐示语法结构。

(3) 采用自然连接查询每个学生选修课程的情况。

(4) 查询课程不同、成绩相同的学生的学号、课程号和成绩。

① 使用 INNER JOIN 的显示语法结构查询。

② 使用 WHERE 子句定义连接条件的隐示语法结构查询。

(5) 查询选修 1004 课程的学生的姓名、性别和成绩。

(6) 查找选修 8001 课程且为计算机专业学生的姓名及成绩，查出的成绩按降序排序。

(7) 查询地址为上海市浦东区的学生的姓名、专业、课程号和成绩。

(8) 查询课程号 8001 的成绩高于课程号 4002 成绩的学生。

4. 观察与思考

(1) 使用 INNER JOIN 的显示语法结构和使用 WHERE 子句定义连接条件的隐示语法结构有什么不同?

(2) 内连接与外连接有何区别?

(3) 举例说明 IN 子查询、比较子查询和 EXIST 子查询的用法。

(4) 关键字 ALL、SOME 和 ANY 对比较运算有何限制?

实验 7

视　图

1. 实验目的及要求

(1) 理解视图的概念。

(2) 掌握创建、修改、删除视图的方法,掌握通过视图进行插入、删除、修改数据的方法。

(3) 具备编写和调试创建、修改、删除视图语句和更新视图语句的能力。

2. 验证性实验

对商店实验数据库 storeexpm 的员工表 Employee 和部门表 Department 进行以下操作。

(1) 创建视图 V_EmplDept,包括员工号、姓名、性别、出生日期、地址、工资、部门号、部门名称。

```
mysql> CREATE OR REPLACE VIEW V_EmplDept
    -> AS
    -> SELECT EmplID, EmplName, Sex, Birthday, Address, Wages, a.DeptID, DeptName
    -> FROM Employee a, Department b
    -> WHERE a.DeptID = b.DeptID
    -> WITH CHECK OPTION;
```

(2) 查看视图 V_EmplDept 的所有记录。

```
mysql> SELECT *
    -> FROM V_EmplDept;
```

(3) 查看销售部员工的员工号、姓名、性别和工资。

```
mysql> SELECT EmplID, EmplName, Sex, Wages
    -> FROM V_EmplDept
    -> WHERE DeptName = '销售部';
```

(4) 更新视图,将 E005 号员工的地址改为"公司宿舍"。

```
mysql> UPDATE V_EmplDept SET Address = '公司宿舍'
    -> WHERE EmplID = 'E005';
```

(5) 对视图 V_EmplDept 进行修改,指定部门名为"销售部"。

```
mysql> ALTER VIEW V_EmplDept
    -> AS
    -> SELECT EmplID, EmplName, Sex, Birthday, Address, Wages, a.DeptID, DeptName
    -> FROM Employee a, Department b
    -> WHERE a.DeptID = b.DeptID AND DeptName = '销售部'
    -> WITH CHECK OPTION;
```

（6）删除 V_EmplDept 视图。

```
mysql > DROP VIEW V_EmplDept;
```

3. 设计性试验

对学生实验数据库 stuexpm 的学生信息表 StudentInfo 和成绩信息表 ScoreInfo 进行如下操作。

（1）创建视图 V_StudentInfoScoreInfo，包括学号、姓名、性别、出生日期、专业、家庭地址、课程号、成绩。

（2）查看视图 V_StudentInfoScoreInfo 的所有记录。

（3）查看计算机专业学生的学号、姓名、性别、地址。

（4）对视图 V_StudentInfoScoreInfo 进行修改，指定专业为计算机。

（5）删除 V_StudentInfoScoreInfo 视图。

4. 观察与思考

（1）在视图中插入的数据能进入基表吗？

（2）修改基表的数据会自动映射到相应的视图中吗？

（3）哪些视图中的数据不可以进行插入、修改、删除操作？

实验 8

索　引

1. 实验目的及要求

(1) 理解索引的概念。

(2) 掌握创建索引、查看表内建立的索引、删除索引的方法。

(3) 具备编写和调试创建索引语句、查看表内建立的索引语句、删除索引语句的能力。

2. 验证性实验

在学生实验数据库 stuexpm 中进行如下操作。

(1) 在 CourseInfo 表的 CourseName 列,创建一个普通索引 I_CourseInfoCourseName。

```
mysql> CREATE INDEX I_CourseInfoCourseName ON CourseInfo(CourseName);
```

(2) 在 StudentInfo1 表的 StudentID 列,创建一个索引 I_StudentInfo1StudentID,要求按学号 StudentID 字段值前 4 个字符降序排列。

```
mysql> CREATE INDEX I_StudentInfo1StudentID ON StudentInfo1(StudentID(4) DESC);
```

(3) 在 CourseInfo 表的 Credit 列(降序)和 CourseID 列(升序),创建一个组合索引 I_CourseInfoCreditCourseID。

```
mysql> ALTER TABLE CourseInfo
    -> ADD INDEX I_CourseInfoCreditCourseID(Credit DESC, CourseID);
```

(4) 创建新表 TeacherInfo1 表,主键为 TeacherID,同时在 TeacherName 列上创建唯一性索引。

```
mysql> CREATE TABLE TeacherInfo1
    -> (
    ->     TeacherID varchar(6) NOT NULL PRIMARY KEY,
    ->     TeacherName varchar(8) NOT NULL UNIQUE,
    ->     TeacherSex varchar(2) NOT NULL DEFAULT '男',
    ->     TeacherBirthday date NOT NULL,
    ->     School varchar(12) NULL,
    ->     Address varchar(20) NULL
    -> );
```

(5) 查看题(4)所创建的 TeacherInfo1 表的索引。

```
mysql> SHOW INDEX FROM TeacherInfo1\G;
```

(6) 删除已建索引 I_StudentInfo1StudentID。

```
mysql> DROP INDEX I_StudentInfo1StudentID ON StudentInfo1;
```

（7）删除已建索引 I_CourseInfoCreditCourseID。

```
ysql > ALTER TABLE CourseInfo
    -> DROP INDEX I_CourseInfoCreditCourseID;
```

3. 设计性试验

在商店实验数据库 storeexpm 中进行如下操作。

（1）在 Employee 表的 EmplName 列，创建一个普通索引 I_EmployeeEmplName。

（2）在 Goods1 表的 GoodsID 列，创建一个索引 I_Goods1GoodsID，要求按商品号 GoodsID 字段值前两个字符降序排列。

（3）在 Employee 表的 Wages 列（降序）和 EmplName 列（升序），创建一个组合索引 I_EmployeeWagesEmplName。

（4）创建新表 Goods2 表，主键为 GoodsID，同时在 GoodsName 列上创建唯一性索引。

（5）查看题（4）所创建的 Goods2 表的索引。

（6）删除已建索引 I_EmployeeEmplName。

（7）删除已建索引 I_Goods1GoodsID

4. 观察与思考

（1）索引有何作用？

（2）使用索引有何代价？

（3）数据库中索引被破坏后会产生什么结果？

实验 9 数据完整性

1. 实验目的及要求

(1) 理解实体完整性、参照完整性、用户定义的完整性的概念。

(2) 掌握通过完整性约束实现数据完整性的方法和操作。

(3) 具备编写 PRIMARY KEY 约束、UNIQUE 约束、FOREIGN KEY 约束、CHECK 约束、NOT NULL 约束的代码实现数据完整性的能力。

(4) 掌握完整性约束的作用。

2. 验证性实验

dept 表(部门表)的表结构如实验表 9.1 所示,workers 表(员工表)的表结构如实验表 9.2 所示。

实验表 9.1　dept 表的表结构

列名	数据类型	允许 NULL 值	键	默认值	说明
dp_id	varchar(4)	×	主键	无	部门号
dp_name	varchar(20)	×		无	部门名称
dp_functions	varchar(30)	√		无	部门职能

实验表 9.2　workers 表的表结构

列名	数据类型	允许 NULL 值	键	默认值	说明
id	varchar(4)	×	主键	无	员工号
name	varchar(8)	×		无	姓名
sex	varchar(2)	×		无	性别
birthday	date	×		无	出生日期
salary	decimal (8,2)	√		无	工资
dp_id	varchar(4)	√		无	部门号

按照下列要求进行完整性实验。

(1) 在商店实验数据库 storeexpm 中,创建 dept1 表,以列级完整性约束方式定义主键。

```
mysql> CREATE TABLE dept1
    -> (
    ->      dp_id varchar(4) NOT NULL PRIMARY KEY,
    ->      dp_name varchar(20) NOT NULL,
    ->      dp_functions varchar(30)
    -> );
```

(2) 在 storeexpm 数据库中,创建 dept2 表,以表级完整性约束方式定义主键,并指定主键约束名称。

```
mysql > CREATE TABLE dept2
     -> (
     ->      dp_id varchar(4) NOT NULL,
     ->      dp_name varchar(20) NOT NULL,
     ->      dp_functions varchar(30),
     ->      CONSTRAINT PK_dept2 PRIMARY KEY(dp_id)
     -> );
```

(3) 删除(2)创建的在 dept2 表的主键约束。

```
mysql > ALTER TABLE dept2
     -> DROP PRIMARY KEY;
```

(4) 重新在 dept2 表定义主键约束。

```
mysql > ALTER TABLE dept2
     -> ADD CONSTRAINT PK_dept2 PRIMARY KEY(dp_id);
```

(5) 在 storeexpm 数据库中,创建 dept3 表,以列级完整性约束方式定义唯一性约束。

```
mysql > CREATE TABLE dept3
     -> (
     ->      dp_id varchar(4) NOT NULL PRIMARY KEY,
     ->      dp_name varchar(20) NOT NULL UNIQUE,
     ->      dp_functions varchar(30)
     -> );
```

(6) 在 storeexpm 数据库中,创建 dept4 表,以表级完整性约束方式定义唯一性约束,并指定唯一性约束名称。

```
mysql > CREATE TABLE dept4
     -> (
     ->      dp_id varchar(4) NOT NULL PRIMARY KEY ,
     ->      dp_name varchar(20) NOT NULL,
     ->      dp_functions varchar(30),
     ->      CONSTRAINT UK_dept4 UNIQUE(dp_name)
     -> );
```

(7) 删除(6)创建的在 dept4 表的唯一性约束。

```
mysql > ALTER TABLE dept4
     -> DROP INDEX UK_dept4;
```

(8) 重新在 dept4 表定义唯一性约束。

```
mysql > ALTER TABLE dept4
     -> ADD CONSTRAINT UK_dept4 UNIQUE(dp_name);
```

(9) 在 storeexpm 数据库中,创建 workers1 表,以列级完整性约束方式定义外键。

```
mysql > CREATE TABLE workers1
     -> (
     ->      id varchar(4) NOT NULL PRIMARY KEY,
     ->      name varchar(8) NOT NULL,
```

```
    ->      sex varchar(2) NOT NULL,
    ->      birthday date NOT NULL,
    ->      salary decimal(8,2) NULL,
    ->      dp_id varchar(4) NULL REFERENCES dept1(dp_id)
    -> );
```

(10) 在 storeexpm 数据库中,创建 workers2 表,以表级完整性约束方式定义外键,指定外键约束名称,并定义相应的参照动作。

```
mysql > CREATE TABLE workers2
    -> (
    ->      id varchar(4) NOT NULL PRIMARY KEY,
    ->      name varchar(8) NOT NULL,
    ->      sex varchar(2) NOT NULL,
    ->      birthday date NOT NULL,
    ->      salary decimal(8,2) NULL,
    ->      dp_id varchar(4) NULL,
    ->      CONSTRAINT FK_workers2 FOREIGN KEY(dp_id) dept2(dp_id)
    ->      ON DELETE CASCADE
    ->      ON UPDATE RESTRICT
    -> );
Query OK, 0 rows affected (0.18 sec);
```

(11) 删除(10)创建的在 workers2 表的外键约束。

```
mysql > ALTER TABLE workers2
    -> DROP FOREIGN KEY FK_workers2;
```

(12) 重新在 workers2 表定义外键约束。

```
mysql > ALTER TABLE workers2
    -> ADD CONSTRAINT FK_workers2 FOREIGN KEY(dp_id) REFERENCES dept2(dp_id);
```

(13) 在 storeexpm 数据库中,创建 workers3 表,以列级完整性约束方式定义检查约束。

```
mysql > CREATE TABLE workers3
    -> (
    ->      id varchar(4) NOT NULL PRIMARY KEY,
    ->      name varchar(8) NOT NULL,
    ->      sex varchar(2) NOT NULL,
    ->      birthday date NOT NULL,
    ->      salary decimal (8,2) NULL CHECK(salary >= 3000),
    ->      dp_id varchar(4) NULL
    -> );
```

(14) 在 storeexpm 数据库中,创建 workers4 表,以表级完整性约束方式定义,并指定检查约束名称。

```
mysql > CREATE TABLE workers4
    -> (
    ->      id varchar(4) NOT NULL PRIMARY KEY,
    ->      name varchar(8) NOT NULL,
    ->      sex varchar(2) NOT NULL,
```

```
    ->      birthday date NOT NULL,
    ->      salary decimal (8,2) NULL,
    ->      dp_id varchar(4) NULL,
    ->      CONSTRAINT CK_workers4 CHECK(salary> = 3000)
    -> );
Query OK, 0 rows affected (0.62 sec)
```

3. 设计性实验

st表(学生表)的表结构如实验表9.3所示,sc表(成绩表)的表结构如实验表9.4所示。

实验表9.3 st表的表结构

列名	数据类型	允许NULL值	键	默认值	说明
sno	varchar(10)	×	主键	无	学生号
name	varchar(20)	×		无	姓名
age	int	√		无	年龄
sex	varchar(3)	×		无	性别

实验表9.4 sc表的表结构

列名	数据类型	允许NULL值	是否主键	默认值	说明
sno	varchar(10)	×	主键	无	学生号
cno	varchar(8)	×	主键	无	课程号
grade	int	√		无	分数

按照下列要求进行完整性实验。

(1) 在学生实验数据库stuexpm中,创建st1表,以列级完整性约束方式定义主键。

(2) 在stuexpm数据库中,创建st2表,以表级完整性约束方式定义主键,并指定主键约束名称。

(3) 删除(2)创建的在st2表的主键约束。

(4) 重新在st2表定义主键约束。

(5) 在stuexpm数据库中,创建st3表,以列级完整性约束方式定义唯一性约束。

(6) 在stuexpm数据库中,创建st4表,以表级完整性约束方式定义唯一性约束,并指定唯一性约束名称。

(7) 删除(6)创建的在st4表上的唯一性约束。

(8) 重新在st4表定义唯一性约束。

(9) 在stuexpm数据库中,创建sc1表,以列级完整性约束方式定义外键。

(10) 在stuexpm数据库中,创建sc2表,以表级完整性约束方式定义外键,指定外键约束名称,并定义相应的参照动作。

(11) 删除(10)创建的在sc2表的外键约束。

(12) 重新在sc2表定义外键约束。

(13) 在stuexpm数据库中,创建sc3表,以列级完整性约束方式定义检查约束。

(14) 在stuexpm数据库中,创建sc4表,以表级完整性约束方式定义,并指定检查约束名称。

4. 观察与思考

(1) 一个表可以设置几个 PRIMARY KEY 约束？几个 UNIQUE 约束？

(2) UNIQUE 约束的列可取 NULL 值吗？

(3) 如果被参照表无数据，参照表的数据能输入吗？

(4) 如果未指定动作，当删除被参照表数据时，如果违反完整性约束，操作能否被禁止？

(5) 定义外键时有哪些参照动作？

(6) 能否先创建参照表，再创建被参照表？

(7) 能否先删除被参照表，再删除参照表？

(8) FOREIGN KEY 约束设置应注意哪些问题？

实验 10

MySQL 语言

1. 实验目的及要求

(1) 理解 SQL 语言、MySQL 语言组成、常量、变量、内置函数的概念。

(2) 掌握常量、变量、内置函数的操作和使用方法。

(3) 具备设计、编写和调试包含常量、变量、内置函数语句,并用于解决应用问题的能力。

2. 验证性实验

使用包含常量、变量、内置函数语句解决以下应用问题:

(1) 计算 48/6.74。

```
mysql> SELECT 48/6.74;
```

(2) 将字符串'WAMP: Windows, Apache, MySQL, PHP',分成 5 行显示出来。

```
mysql> SELECT 'WAMP: \nWindows,\nApache,\nMySQL,\nPHP';
```

(3) 对于 StudentInfo 表,定义用户变量@StudentID 并赋值,查询学号等于该用户变量的值时的学生信息。

```
mysql> USE stusys;
mysql> SET @StudentID = '181002';
mysql> SELECT * FROM StudentInfo WHERE StudentID = @StudentID;
```

(4) 对于 StudentInfo 表,定义用户变量@Address,获取学号为“184004”的学生的地址。

```
mysql> SET @Address = (SELECT Address FROM StudentInfo WHERE StudentID = '184004');
mysql> SELECT @Address;
```

(5) 使用系统变量获取当前日期。

```
mysql> SELECT CURRENT_DATE;
```

(6) 求三个在 0~100 范围的随机值。

```
mysql> SELECT ROUND(RAND() * 100), ROUND(RAND() * 100), ROUND(RAND() * 100);
```

(7) 对于 StudentInfo 表,在一列中返回学生的姓,在另一列中返回学生的名。

```
mysql> SELECT SUBSTRING(Name,1,1) AS 姓, SUBSTRING(Name,2,LENGTH(Name) - 1) AS 名
    -> FROM StudentInfo
    -> ORDER BY StudentID;
```

(8) 对于 TeacherInfo 表,求教师的年龄。

```
mysql> SELECT YEAR(CURDATE()) - YEAR(TeacherBirthday) AS 教师年龄 FROM TeacherInfo;
```

3. 设计性实验

设计、编写和调试包含常量、变量、内置函数语句以解决下列应用问题:

(1) 计算 372×645。

(2) 计算字符串'Hello World!'的长度。

(3) 对于 Employee 表,定义用户变量@EmplID 并赋值,查询员工号等于该用户变量的值时的员工信息。

(4) 对于 Employee 表,定义用户变量@Wages,获取员工号为 E001 的员工的工资。

(5) 使用系统变量获取当前时间。

(6) 求两个 100～1000 之间的随机值。

(7) 对于 Employee 表,在一列中返回员工的姓,在另一列中返回员工的名。

(8) 对于 Employee 表,如果出生日期列的值大于或等于 1980-01-01,则输出"1980 年以后",否则输出"1980 年以前"。

4. 观察与思考

(1) 设置和使用用户变量的方法。

(2) 大多数的系统变量应用于 SQL 语句时,必须在名称前加@@符号,但有些特定的系统变量要省略@@符号。

(3) 使用多种函数解决较为复杂的应用问题的方法。

实验 11

存储过程和存储函数

1. 实验目的及要求

(1) 理解存储过程和存储函数的概念。

(2) 掌握存储过程和存储函数的创建、调用、删除等操作和使用方法。

(3) 具备设计、编写和调试存储过程和存储函数语句以解决应用问题的能力。

2. 验证性实验

在学生实验数据库 stuexpm 中，有 StudentInfo 表(学生表)、CourseInfo 表(课程表)和 ScoreInfo 表(成绩表)，使用存储过程和存储函数语句解决以下应用问题。

(1) 创建一个存储过程 P_avgGrade，输入学生姓名后，将查询出的平均分存入输出参数内。

```
mysql> DELIMITER $$
mysql> CREATE PROCEDURE P_avgGrade(IN v_Name varchar(8), OUT v_avg decimal(4,2))
    ->     /* 创建存储过程 spAvgGrade, 参数 v_Name 是输入参数, 参数 v_avg 是输出参数 */
    -> BEGIN
    ->     SELECT AVG(grade) INTO v_avg
    ->     FROM StudentInfo  a, ScoreInfo b
    ->     WHERE a.StudentID = b.StudentID AND a.Name = v_Name;
    -> END $$
mysql> DELIMITER ;

mysql> CALL P_avgGrade('成志强', @avg);
mysql> SELECT @avg;
```

(2) 创建一个存储过程 P_numberAvg，输入学号后，将该学生所选课程数和平均分存入输出参数内。

```
mysql> DELIMITER $$
mysql> CREATE PROCEDURE P_numberAvg(IN v_StudentID varchar(6), OUT v_num int, OUT v_avg
decimal (4,2))
    ->     /* 创建存储过程 spNumberAvg, 参数 v_StudentID 是输入参数, 参数 v_num 和 v_avg 是
           输出参数 */
    -> BEGIN
    ->     SELECT COUNT(CourseID) INTO v_num FROM ScoreInfo WHERE StudentID = v_StudentID;
    ->     SELECT AVG(grade) INTO v_avg FROM ScoreInfo WHERE StudentID = v_StudentID;
    -> END $$
mysql> DELIMITER ;

mysql> CALL P_numberAvg('181003', @num, @avg);
mysql> SELECT @num, @avg;
```

(3) 创建一个存储过程 P_nameMax，输入学号后，将该生姓名、最高分存入输出参数内。

```
mysql > DELIMITER $$
mysql > CREATE PROCEDURE P_nameMax(IN v_StudentID varchar(6), OUT v_Name varchar(8), OUT v_max
tinyint)
    ->      /* 创建存储过程 P_nameMax, 参数 v_StudentID 是输入参数, 参数 v_Name 和 v_max 是
            输出参数 */
    -> BEGIN
    ->      SELECT Name INTO v_Name FROM StudentInfo WHERE StudentID = v_StudentID;
    ->      SELECT MAX(grade) INTO v_max FROM StudentInfo a, ScoreInfo b WHERE a.StudentID = b.
            StudentID AND a.StudentID = v_StudentID;
    -> END $$
mysql > DELIMITER ;

mysql > CALL P_nameMax('184001', @Name, @max);
mysql > SELECT @Name, @max;
```

(4) 创建向课程表插入一条记录的存储过程 P_insertCourse，并调用该存储过程。

```
mysql > DELIMITER $$
mysql > CREATE PROCEDURE P_insertCourseInfo()
    -> BEGIN
    ->      INSERT INTO CourseInfo VALUES('1021', '软件工程', NULL);
    ->      SELECT * FROM CourseInfo WHERE CourseID = '1021';
    -> END $$
mysql > DELIMITER ;

mysql > CALL P_insertCourseInfo();
```

(5) 创建修改课程学分的存储过程 P_updateGrade，并调用该存储过程。

```
mysql > DELIMITER $$
mysql > CREATE PROCEDURE P_updateCredit(IN v_CourseID varchar(4), IN v_Credit tinyint)
    -> BEGIN
    ->      UPDATE CourseInfo SET Credit = v_Credit WHERE CourseID = v_CourseID;
    ->      SELECT * FROM CourseInfo WHERE CourseID = v_CourseID;
    -> END $$
mysql > DELIMITER ;

mysql > CALL P_updateCredit('1021', 3);
```

(6) 创建删除课程记录的存储过程 P_deleteStudent，并调用该存储过程。

```
mysql > DELIMITER $$
mysql > CREATE PROCEDURE P_deleteCourseInfo(IN v_CourseID varchar(4), OUT v_msg char(8))
    -> BEGIN
    ->      DELETE FROM CourseInfo WHERE CourseID = v_CourseID;
    ->      SET v_msg = '删除成功';
    -> END $$
mysql > DELIMITER ;
```

```
mysql > CALL P_deleteCourseInfo('1021', @msg);
mysql > SELECT @msg;
```

(7) 删除存储过程 P_updateGrade。

```
mysql > DROP PROCEDURE P_updateCredit;
```

(8) 创建一个使用游标的存储过程 P_gradeReport,输入学号后得出该学生的成绩单。

```
mysql > DELIMITER $$
mysql > CREATE PROCEDURE P_gradeReport(IN v_StudentID varchar(6))
    -> BEGIN
    ->      DECLARE v_CourseName varchar(16);
    ->      DECLARE v_Grade tinyint;
    ->      DECLARE found boolean DEFAULT TRUE;
    ->      DECLARE CUR_report CURSOR FOR SELECT CourseName, Grade FROM StudentInfo a, CourseInfo
            b, ScoreInfo c WHERE a.StudentID = c.StudentID AND b.CourseID = c.CourseID AND a.
            StudentID = v_StudentID;
    ->      DECLARE CONTINUE HANDLER FOR NOT found
    ->          SET found = FALSE;
    ->      OPEN CUR_report;
    ->      FETCH CUR_report into v_CourseName, v_Grade;
    ->      WHILE found DO
    ->          SELECT v_CourseName, v_Grade;
    ->          FETCH CUR_report into v_CourseName, v_Grade;
    ->      END WHILE;
    ->      CLOSE CUR_report;
    -> END $$
mysql > DELIMITER ;

mysql > CALL P_gradeReport('181001');
```

(9) 创建一个存储函数 F_ScoreInfoGrade,通过学号和课程号查成绩。

```
mysql > DELIMITER $$
mysql > CREATE FUNCTION F_ScoreInfoGrade(v_StudentID varchar(6), v_CourseID varchar(4))
    ->      RETURNS tinyint
    ->      DETERMINISTIC
    -> BEGIN
    ->    RETURN(SELECT Grade FROM ScoreInfo WHERE StudentID = v_StudentID AND CourseID = v_
          CourseID);
    -> END $$
mysql > DELIMITER ;

mysql > SELECT F_ScoreInfoGrade('181001', '8001');
```

3. 设计性实验

在商店实验数据库 storeexpm 中,有 Employee 表(员工表)、Department 表(部门表)和 Goods 表(商品表),设计、编写和调试存储过程语句以解决下列应用问题。

(1) 创建一个存储过程 P_name,输入员工号后,将查询出的员工姓名存入输出参数内。

(2) 创建一个存储过程 P_birthdayAddress,输入员工姓名后,将该员工的出生日期和地址存入输出参数内。

(3) 创建一个存储过程 P_nameUnitPrice,输入商品号后,将该商品的商品名、单价存入输出参数内。

(4) 创建向员工表插入一条记录的存储过程 P_insertEmployee,并调用该存储过程。

(5) 创建修改员工工资的存储过程 P_updateWages,并调用该存储过程。

(6) 创建删除员工记录的存储过程 P_deleteEmployee,并调用该存储过程。

(7) 删除存储过程 P_insertEmployee。

(8) 创建一个使用游标的存储过程 P_nameWages,输入部门号后,得出该部门全部员工的姓名和工资。

(9) 创建一个存储函数 F_stockQuantity,由商品号查库存量。

4. 观察与思考

(1) 怎样使用 DELIMITER 命令修改 MySQL 的结束符?

(2) 如何设置存储过程的参数?

(3) 理解游标并小结游标的使用。

(4) 比较存储过程的调用和存储函数的调用。

实验 12

触发器和事件

1. 实验目的及要求

(1) 理解触发器和事件的概念。

(2) 掌握触发器的创建、删除、使用，事件的创建、修改和删除等方法。

(3) 具备设计、编写和调试触发器和事件语句以解决应用问题的能力。

2. 验证性实验

在商店实验数据库 storeexpm 中，有 Employee 表(员工表)、Department 表(部门表)和 Goods 表(商品表)，使用触发器和事件语句以解决下列应用问题：

(1) 在 Employee 表创建触发器 T_updateEmployeeAddress，当修改员工地址时，显示"正在修改地址"。

```
mysql> CREATE TRIGGER T_updateEmployeeAddress AFTER update
    ->      ON Employee FOR EACH ROW SET @str = '正在修改地址';

mysql>
mysql> UPDATE Employee SET Address = '北京市海淀区' WHERE EmplID = 'E002';
Query OK, 1 row affected (0.21 sec)

mysql> SELECT @str;
```

(2) 删除触发器 T_updateEmployeeAddress。

```
mysql> DROP TRIGGER T_updateEmployeeAddress;
```

(3) 在 Department 表创建触发器 T_insertDepartmentRecord，当向 Department 表插入一条记录时，显示插入记录的部门名。

```
mysql> CREATE TRIGGER T_insertDepartmentRecord AFTER INSERT
    ->      ON Department FOR EACH ROW SET @str1 = NEW.DeptName;

mysql> INSERT INTO Department VALUES('D006','采购部');

mysql> SELECT @str1;
```

(4) 在 Department 表创建一个触发器 T_updateDepartmentDeptID，当更新表 Department 中某个部门的部门号时，同时更新 Employee 表中所有相应的部门号。

```
mysql> DELIMITER $$
mysql> CREATE TRIGGER T_updateDepartmentDeptID AFTER UPDATE
    ->      ON Department FOR EACH ROW
    -> BEGIN
    ->      UPDATE Employee SET DeptID = NEW.DeptID WHERE DeptID = OLD.DeptID;
```

```
    -> END $$

mysql> DELIMITER ;
mysql> UPDATE Department SET DeptID = 'D008' WHERE DeptID = 'D002';

mysql> SELECT * FROM Employee WHERE DeptID = 'D008';
```

(5) 在 Department 表创建一个触发器 T_deleteDepartmentRecord，当删除表 Department 中某个部门的记录时，同时将 Employee 表中与该部门有关的数据全部删除。

```
mysql> DELIMITER $$
mysql> CREATE TRIGGER T_deleteDepartmentRecord AFTER DELETE
    ->     ON Department FOR EACH ROW
    -> BEGIN
    ->     DELETE FROM Employee WHERE DeptID = OLD.DeptID;
    -> END $$

mysql> DELIMITER ;
mysql> DELETE FROM Department WHERE DeptID = 'D003';

mysql> SELECT * FROM Employee WHERE DeptID = 'D003';
```

(6) 创建表 tp，创建事件 E_insertTp，每 3 秒插入一条记录到表 tp。

```
mysql> CREATE TABLE tp(timeline timestamp);

mysql> CREATE EVENT E_insertTp
    ->     ON SCHEDULE EVERY 3 SECOND
    ->     DO
    ->     INSERT INTO tp VALUES(current_timestamp);

mysql> SELECT * FROM tp;
```

(7) 创建事件 E_startMinutes，从第 2 分钟起，每分钟清空 tp 表，直至 2021 年 6 月 30 日结束。

```
mysql> DELIMITER $$
mysql> CREATE EVENT E_startMinutes
    ->     ON SCHEDULE EVERY 1 MINUTE
    ->     STARTS CURDATE() + INTERVAL 1 MINUTE
    ->     ENDS '2021-06-30'
    ->     DO
    ->     BEGIN
    ->         TRUNCATE TABLE tp;
    ->     END $$

mysql> DELIMITER ;
```

(8) 将事件 E_startMinutes 更名为 E_firstMinutes。

```
mysql> ALTER EVENT E_startMinutes
    ->     RENAME TO E_firstMinutes;
```

（9）删除事件 E_firstMinutes。

```
mysql > DROP EVENT E_firstMinutes;
```

3. 设计性实验

在学生实验数据库 stuexpm 中，有 StudentInfo 表（学生表）、CourseInfo 表（课程表）和 ScoreInfo 表（成绩表），设计、编写和调试触发器和事件语句解决以下应用问题。

（1）在 ScoreInfo 表创建触发器 T_insertScoreInfoRecord，当向 ScoreInfo 表插入一条记录时，显示“正在插入记录”。

（2）删除触发器 T_insertScoreInfoRecord。

（3）在 CourseInfo 表创建触发器 T_inserCourseInfoRecord，当向 CourscInfo 表插入一条记录时，显示插入记录的课程名。

（4）在 CourseInfo 表创建一个触发器 T_updateCourseInfoCourseID，当更新表 CourseInfo 中某门课程的课程号时，同时更新 ScoreInfo 表中所有相应的课程号。

（5）在 CourseInfo 表创建一个触发器 T_deleteCourseInfoRecord，当删除表 CourseInfo 中某门课程的记录时，同时将 ScoreInfo 表中与该课程有关的数据全部删除。

（6）创建表 tbl，创建事件 E_insertTbl，每 5 秒插入一条记录到表 tbl。

（7）创建事件 E_startMonths，从第 2 个月起，每月清空 tbl 表，在 2021 年 12 月 31 日结束。

（8）将事件 E_startMonths 更名为 E_firstMonths。

（9）删除事件 E_firstMonths。

4. 观察与思考

（1）触发器中的虚拟表 NEW 和 OLD 各有何作用？

（2）什么是事件调度器？怎样查看它当前是否开启？

实验 13

安全管理

1. 实验目的及要求

(1) 理解安全管理的概念。

(2) 掌握创建、修改和删除用户,权限授予和收回等操作和使用方法。

(3) 具备设计、编写和调试用户管理、权限管理语句以解决应用问题的能力。

2. 验证性实验

使用用户管理、权限管理语句解决以下应用问题。

(1) 创建用户 empl1,口令为"123";创建用户 empl2,口令为"456";创建用户 empl3,口令为"work"。

```
mysql> CREATE USER 'empl1'@'localhost' IDENTIFIED BY '123',
    ->        'empl2'@'localhost' IDENTIFIED BY '456',
    ->        'empl3'@'localhost' IDENTIFIED BY 'work';
```

(2) 删除用户 empl3。

```
mysql> DROP USER 'empl3'@'localhost';
```

(3) 将用户 empl2 的名字修改为 wang。

```
mysql> RENAME USER 'empl2'@'localhost' TO 'wang'@'localhost';
```

(4) 将用户 wang 的口令修改为"rst"。

```
mysql> SET PASSWORD FOR 'wang'@'localhost' = 'rst';
```

(5) 授予用户 empl1 在数据库 sales 的 Employee 表上对"员工号"列和"员工姓名"列的 SELECT 权限。

```
mysql> GRANT SELECT(EmplID, EmplName)
    ->        ON sales.Employee
    ->        TO 'empl1'@'localhost';
```

(6) 先创建新用户 ken 和 jim,然后授予它们在数据库 sales 的 Employee 表的 SELECT 和 UPDATE 权限,并允许将自身的权限授予其他用户。

```
mysql> CREATE USER 'ken'@'localhost' IDENTIFIED BY '1234',
    ->        'jim'@'localhost' IDENTIFIED BY '5678';

mysql> GRANT SELECT, UPDATE
    ->        ON sales.Employee
    ->        TO 'ken'@'localhost', 'jim'@'localhost'
    ->        WITH GRANT OPTION;
```

(7) 授予用户 wang 对数据库 sales 执行所有数据库操作的权限。

```
mysql> GRANT ALL
    ->      ON sales.*
    ->      TO 'wang'@'localhost';
```

(8) 授予已存在用户 mike 创建新用户的权限。

```
mysql> GRANT CREATE USER
    ->      ON *.*
    ->      TO 'mike'@'localhost';
```

(9) 授予已存在用户 peter 对所有数据库中所有表的 CREATE、ALTER 和 DROP 的权限。

```
mysql> GRANT CREATE, ALTER, DROP
    ->      ON *.*
    ->      TO 'peter'@'localhost';
```

(10) 收回用户 ken 在数据库 sales 的 Employee 表的 UPDATE 权限。

```
mysql> REVOKE UPDATE
    ->      ON sales.Employee
    ->      FROM 'ken'@'localhost';
```

3. 设计性实验

设计、编写和调试用户管理、权限管理语句以解决下列应用问题。

(1) 创建用户 stu1,口令为 learn;创建用户 stu2,口令为 study;创建用户 stu3,口令为 123456。

(2) 删除用户 stu3。

(3) 将用户 stu2 的名字修改为 wu。

(4) 将用户 wu 的口令修改为 lmn。

(5) 授予用户 stu1 在数据库 stuexpm 的 StudentInfo 表上对"学号"列和"专业"列的 SELECT 权限。

(6) 先创建新用户 dale 和 jack,然后授予它们在数据库 stuexpm 的 StudentInfo 表的 SELECT、INSERT 和 UPDATE 权限,并允许将自身的权限授予其他用户。

(7) 授予用户 wu 对数据库 stuexpm 执行所有数据库操作的权限。

(8) 授予已存在用户 kevin 创建新用户的权限。

(9) 授予已存在用户 george 对所有数据库中所有表的 CREATE、ALTER 和 DROP 的权限。

(10) 收回用户 dale 在数据库 stuexpm 的 StudentInfo 表的 INSERT 和 UPDATE 权限。

4. 观察与思考

小结列权限、表权限、数据库权限、用户权限的不同之处。

实验 14

备份和恢复

1. 实验目的及要求

（1）理解备份和恢复的概念。

（2）掌握 MySQL 数据库常用的备份数据方法和恢复数据方法。

（3）具备设计、编写和调试备份数据和恢复数据的语句和命令以解决应用问题的能力。

2. 验证性实验

使用备份数据和恢复数据的语句和命令解决以下应用问题。

（1）备份商店实验数据库 storeexpm 中的 Employee 表中数据，要求字段值如果是字符就用双引号标注，字段值之间用逗号隔开，每行以问号为结束标志。

```
mysql> SELECT * FROM Employee
    ->     INTO OUTFILE 'C:/ProgramData/MySQL/MySQL Server 8.0/Uploads/Employee.txt'
    ->     FIELDS TERMINATED BY ','
    ->     OPTIONALLY ENCLOSED BY '"'
    ->     LINES TERMINATED BY '?';
```

（2）使用 mysqldump 备份 storeexpm 数据库的 Employee 表、Department 表到 C 盘 mt 目录下。

```
mysqldump-u root-p storeexpm Employee Department > C:\mt\Empl_Dept.sql
```

（3）备份 storeexpm 数据库到 C 盘 mt 目录下。

```
mysqldump -u root -p storeexpm > C:\mt\storeexpm.sql
```

（4）备份 MySQL 服务器上的所有数据库到 C 盘 mt 目录下。

```
mysqldump -u root -p --all-databases > C:\mt\alldb.sql
```

（5）删除 storeexpm 数据库中的 Employee 表中数据后，将（1）中的备份文件 Employee.txt 导入到空表 Employee 中。

```
mysql> LOAD DATA INFILE 'C: /ProgramData/MySQL/MySQL Server 8.0/Uploads/Employee.txt'
    ->     INTO TABLE Employee
    ->     FIELDS TERMINATED BY ','
    ->     OPTIONALLY ENCLOSED BY '"'
    ->     LINES TERMINATED BY '?';
```

（6）删除 storeexpm 数据库中各个表后，用（3）中的备份文件 storeexpm.sql 将其恢复。

```
mysql -u root -p storeexpm < C:\mt\storeexpm.sql
```

3. 设计性实验

设计、编写和调试备份数据和恢复数据的语句和命令解决下列应用问题。

（1）备份学生实验数据库 stuexpm 中的 CourseInfo 表中数据，要求字段值如果是字符就用双引号标注，字段值之间用逗号隔开，每行以问号为结束标志。

（2）使用 mysqldump 备份 stuexpm 数据库的 CourseInfo 表、ScoreInfo 表到 C 盘 mtpm 目录下。

（3）备份 stuexpm 数据库到 C 盘 mtpm 目录下。

（4）备份 MySQL 服务器上的所有数据库到 C 盘 mtpm 目录下。

（5）删除 stuexpm 数据库中的 CourseInfo 表中数据后，将（1）中的备份文件 CourseInfo.txt 导入到空表 CourseInfo 中。

（6）删除 stuexpm 数据库中各个表后，用(3)中的备份文件 stuexpm.sql 将其恢复。

4. 观察与思考

（1）SELECT…INTO OUTFILE 语句和 LOAD DATA INFILE 语句有何不同？有何联系？

（2）MySQL 对使用 SELECT…INTO OUTFILE 语句和 LOAD DATA INFILE 语句进行导出和导入的目录有何限制？

（3）mysqldump 的工作原理是什么？

第三部分　MySQL 实习

——PHP 和 MySQL 学生信息系统开发

本实习采用架构WAMP(Windows＋Apache＋MySQL＋PHP)进行Web项目开发，在Windows 7环境下，选用Apache最新版本Apache2.4.39、MySQL最新版本8.0.12、PHP最新版本7.3.4进行学生信息系统的开发。主要内容有：创建学生项目数据库、搭建PHP开发环境、主界面开发、学生信息界面和功能实现、课程信息界面和功能实现、成绩信息界面和功能实现。

实习1 创建学生项目数据库

1. 创建数据库

创建学生项目数据库stupj，其语句如下：

```
mysql> CREATE DATABASE stupj;
```

2. 创建表和视图

在数据库stupj中，有学生表student、课程表course、成绩表score和成绩单视图V_StudentCourseScore。student、course、score的结构分别如实习表1.1、实习表1.2、实习表1.3所示。

实习表1.1 student表的结构表

列名	数据类型	允许NULL值	键	默认值	说明
sno	char(6)	×	主键	无	学号
sname	char(8)	×		无	姓名
ssex	char(2)	×		男	性别
sbirthday	date	×		无	出生日期
speciality	tinyint	√		无	专业
tc	tinyint	√		无	总分学

实习表1.2 course表的结构

列名	数据类型	允许NULL值	键	默认值	说明
cno	char(4)	×	主键	无	课程号
cname	char(16)	×		无	课程名
credit	tinyint	√		无	学生

实习表1.3 score表的结构

列名	数据类型	允许NULL值	键	默认值	说明
sno	char(16)	×	主键	无	学号
cno	char(4)	×	主键	无	课程名
grade	tinyint	√		无	成绩

成绩单视图V_StudentCourseScore的列名为学号sno、姓名sname、课程名cname和成绩grade，其中，列sno和列sname来源于表student，列cname来源于表course，列sno来源于表score。

创建视图V_StudentCourseScore的语句如下：

```
mysql> CREATE OR REPLACE VIEW V_StudentCourseScore
    -> AS
    -> SELECT a.sno, sname, cname, grade
    -> FROM student a, course b, score c
    -> WHERE a.sno = c.sno AND b.cno = c.cno;
```

实习 2 搭建 PHP 开发环境

搭建 PHP 开发环境有两种方法：一种是搭建 PHP 分立组件环境，另一种是搭建 PHP 集成软件环境。由于搭建 PHP 分立组件环境的过程较为复杂，为了帮助读者快速搭建环境，较快进入 PHP 项目的开发，本书仅介绍搭建 PHP 集成软件环境。

实习 2.1 PHP 的开发组件

搭建 PHP 开发环境的组件主要包括 Apache 服务器、PHP 语言和 MySQL 数据库，下面分别简要介绍。

1. Apache 服务器

Apache 是开放源码的 Web 服务器，其跨平台性的特性使得 Apache 可在多种操作系统上运行，它快速、可靠、易于扩展，具有强大的安全性，在 Web 服务器软件市场份额中，Apache 排名第一，大幅度领先于 IIS 服务器。目前，Apache 成为网站 Web 服务器软件的最佳选择。

2. PHP 语言

PHP(Hypertext Preprocessor)是一种开放源码的服务器端脚本语言，作为一种 Web 编程语言，主要用于开发服务器端应用程序及动态网页，其市场份额仅次于 Java，但在中、小型企业中，PHP 的市场地位是高于 Java 的。

PHP 具有开发成本低、开发效率高、安全性好、跨平台、开放源代码、面向对象编程、简单易学等特点。

PHP 语言风格类似于 C 语言，其语法既有 PHP 自创的新语法，又混合了 C、Java、Perl 等语法。PHP 语言和 C/C++、Java 相比，PHP 更易上手。

3. MySQL 数据库

MySQL 是一种开放源码的小型关系型数据库管理系统，由于成本低、速度快、体积小，MySQL 广泛应用于中、小型网站中。

PHP 对数据库具有强大的操作能力和操作简便的特点，可以方便快捷地操作流行的数据库，如 Oracle、DB2、SQL Server、Sybase、MySQL 等，其中，PHP 和 MySQL 的搭配是当前 Web 应用的最佳组合。

实习 2.2 PHP 集成软件开发环境的搭建

网上有很多 PHP 集成软件可以免费下载，例如，phpStudy、wampServer、AppServ 等，本书选用其中的 phpStudy。

phpStudy 是一个 PHP 开发环境集成软件，该集成软件集成最新的 Apache、PHP、

MySQL 内置了 PHP 开发工具包,如 phpMyAdmin、redis 等。一次性安装、无须配置即可使用,十分简便易用。

1. phpStudy 安装

phpStudy 软件包下载地址为: https://www.xp.cn/,选择 Windows 版本 phpStudy v8.1,位数为 64 位,下载得到的软件解压版为 phpStudy_64 压缩文件,进行解压缩后,可得到一个自解压文件 phpstudy_x64_8.1.0.1.exe。双击 phpstudy_x64_8.1.0.1.exe,出现选择安装路径对话框,这里单击"是"按钮,即可开始执行文件解压操作。

2. phpStudy 启动

选择"开始"→"所有程序"→phpstudy_pro 文件夹→phpstudy_pro 命令,选择左栏的"首页"选项,在右栏套件中,单击 Apache2.4.39 右边"启动"按钮,即可启动 Apache 服务器,如实习图 2.1 所示。

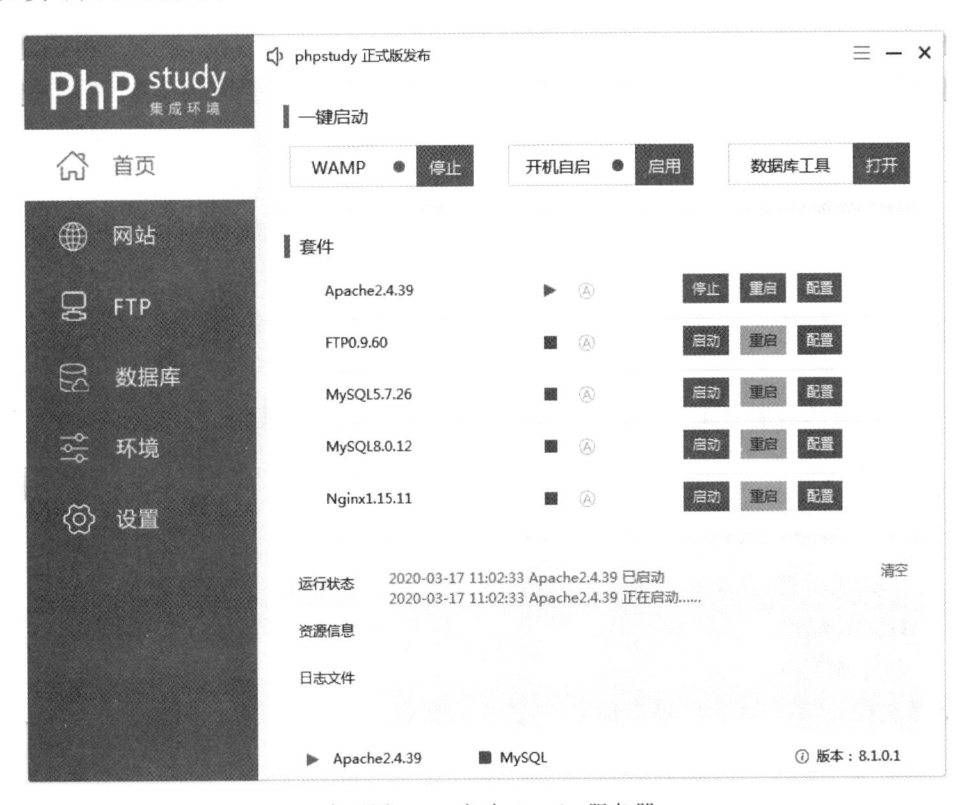

实习图 2.1　启动 Apache 服务器

使用同样的方法,可启动 MySQL 8.0.12 数据库。

3. 站点的创建与管理

选择左栏的"网站"页,单击左上角的"创建网站"按钮,在弹出的对话框中,选择"基本配置"选项,在下面的"域名"栏中输入域名,这里输入的是 localhost;在"端口"栏中输入端口号,默认为 80 端口;"根目录"栏中输入 Web 项目所在的目录,这里是 G:/test;在"PHP 版本"栏中选择 PHP 版本,默认为最新版本 7.3.4nts,单击"确认"按钮,如实习图 2.2 所示。

如果创建网站后,需要更改基本配置中所输入栏目的内容,可单击"网站"栏目右边"管理"按钮,在弹出的菜单中选择"修改"命令进行修改。

网站

基本配置 高级配置 安全配置 错误页面 伪静态 其他

域名 localhost

第二域名

端口 http https 80

根目录 G:/test 浏览

创建环境 创建FTP 创建数据库 同步hosts 生产环境

程序类型 PHP

PHP版本 php7.3.4nts 到期日期 2025-03-17

备注

确认 取消

实习图 2.2 “网站”对话框

4. PHP 版本切换

phpStudy 可在 PHP5.2.17—PHP7.3.4 之间的多个版本进行切换,步骤如下。

(1) 选择左栏的“网站”页,选择需要切换 PHP 版本的项目的网站,这里是编号为 1 的网站。

(2) 单击该项目右边的“管理”按钮,在下拉菜单中选择“PHP 版本”。如果需要的版本不在列表中,可单击“更多版本”,这里选中 php5.6.9nts,单击“安装”按钮,即开始在线下载,如实习图 2.3 所示。

(3) 下载成功后,自动安装并重启 phpStudy。

实习图 2.3 PHP 版本切换

5. MySQL 配置

(1) 创建数据库。

选择左栏的“数据库”页,单击顶部的“创建数据库”按钮,即可进行创建。

(2) 修改 root 密码。

选择左栏的“数据库”页,单击顶部的“修改 root 密码”按钮,即可进行 root 密码修改。密码要有一定的复杂度,最好不少于 6 位。

(3) phpMyAdmin 安装。

phpMyAdmin 是使用 PHP 语言开发的 MySQL 数据库管理软件,界面友好,功能强大,与 PHP 结合紧密,使用简便。

选择左栏的“环境”页,在管理工具 phpMyAdmin 右边,单击“安装”按钮,即可进行安装。

实习 2.3 PHP 开发工具

为了提高开发效率,在搭建好 PHP 开发环境后,还需选择 PHP 开发工具。PHP 开发工具很多，例如，Eclipse、phpStorm 等，本书选择 Zend Eclipse PDT 3.2.0（Windows平台）。

1. 安装和启动 Eclipse PDT

（1）安装 JRE。

Eclipse 需要 JRE 支持，JRE 包含在 JDK 内，所以需要安装 JDK。本书下载的 JDK 文件为 jdk-8u241-windows-i586，双击启动安装向导，直至安装完成，JRE 安装目录：C:\Program Files（x86）\Java\jdk1.8.0_241\jre。

（2）安装 Eclipse PDT。

Zend Eclipse PDT 下载地址为 http://www.zend.com/en/company/community/pdt/downloads/，将下载的打包文件解压，双击其中的 zend-eclipse-php 文件，即可运行 Eclipse。

Eclipse 启动画面如实习图 2.4 所示，启动后自动进行配置，并提示选择工作空间，如实习图 2.5 所示。

实习图 2.4　Eclipse 启动画面

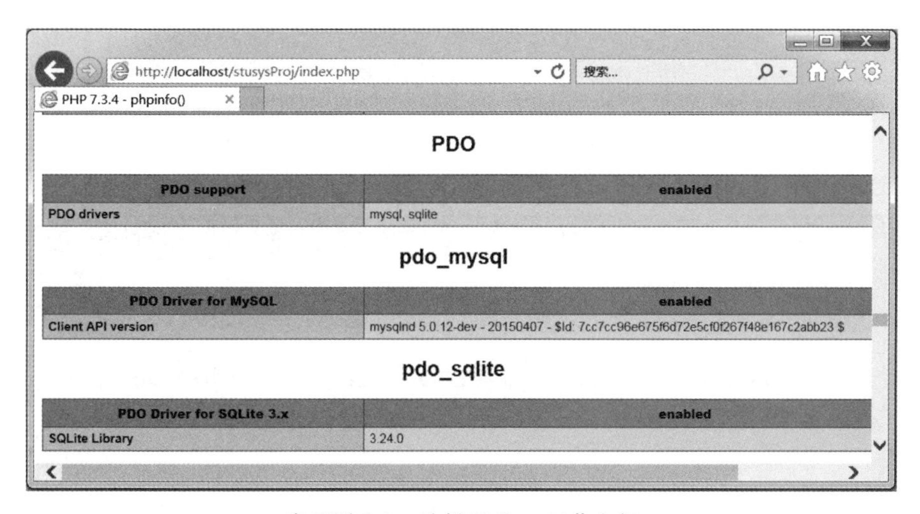

实习图 2.5　选择 Eclipse 工作空间

单击 OK 按钮，出现 Eclipse 主界面，如实习图 2.6 所示。

2. 创建 PHP 项目

新建项目，项目命名为 stusysProj，步骤如下。

（1）启动 Eclipse，选择 File→New→Local PHP Project 命令。

（2）在弹出的对话框的 Project Name 栏中输入 stusysProj，如实习图 2.7 所示。

（3）单击 Next 按钮，出现项目路径信息对话框，系统默认项目位于本机 localhost，基准路径/stusysProj，如实习图 2.8 所示。由此项目启动运行的 URL 为 http://localhost/stusysProj/。

（4）单击 Finish 按钮，Eclipse 在工作界面的 PHP Explorer 区域出现一个 stusysProj 项目树，右击该项目树，选择 New→PHP File 命令，即可创建 PHP 源文件，如实习图 2.9 所示。

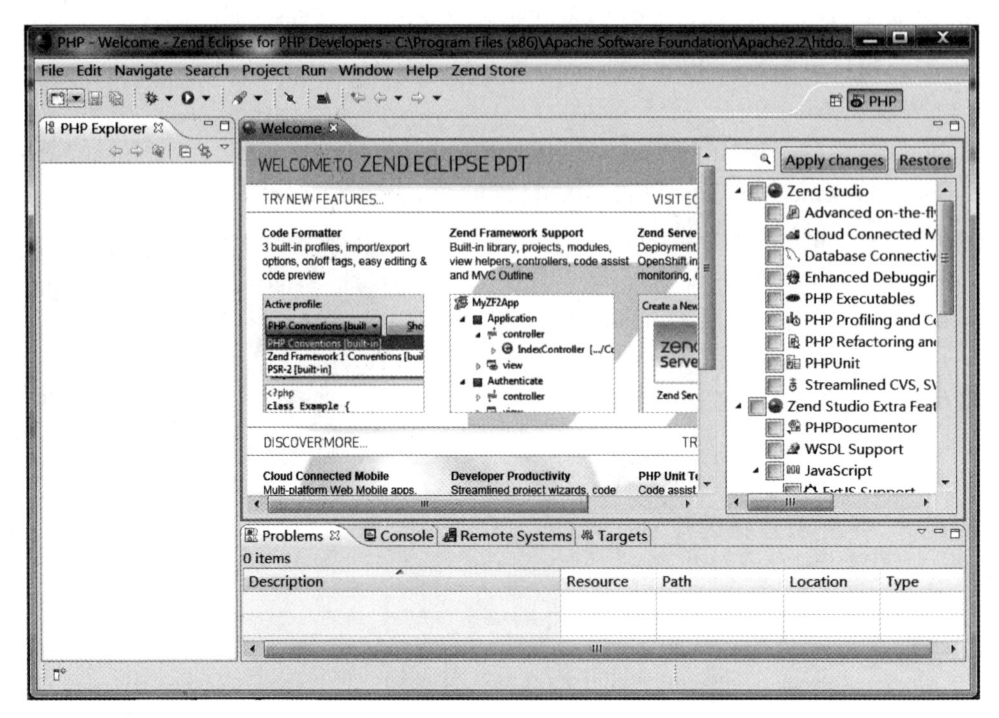

实习图 2.6　Eclipse 主界面

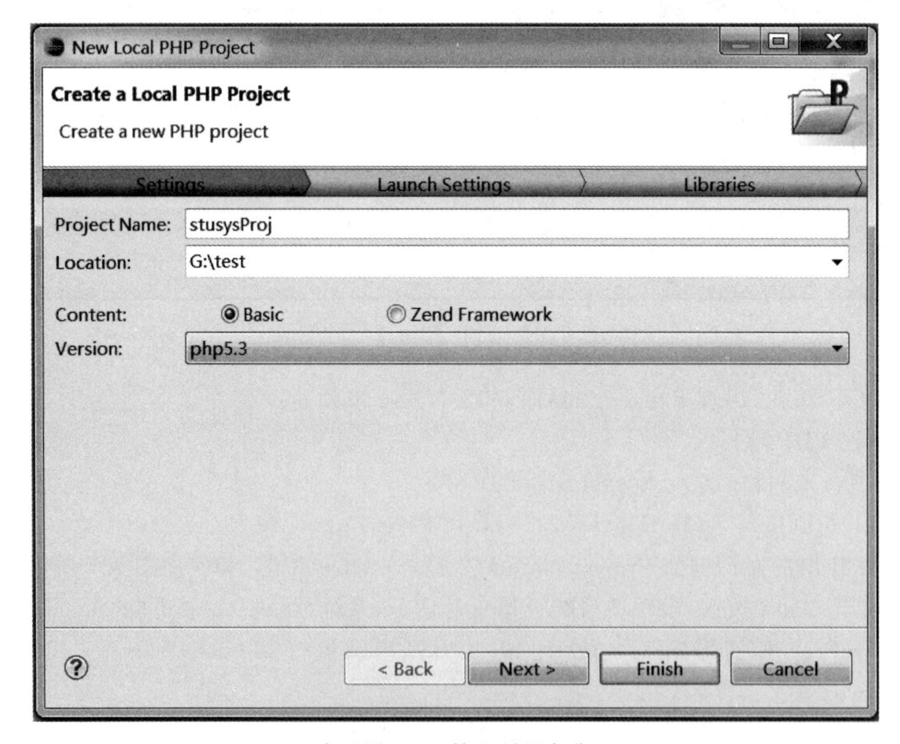

实习图 2.7　输入项目名称

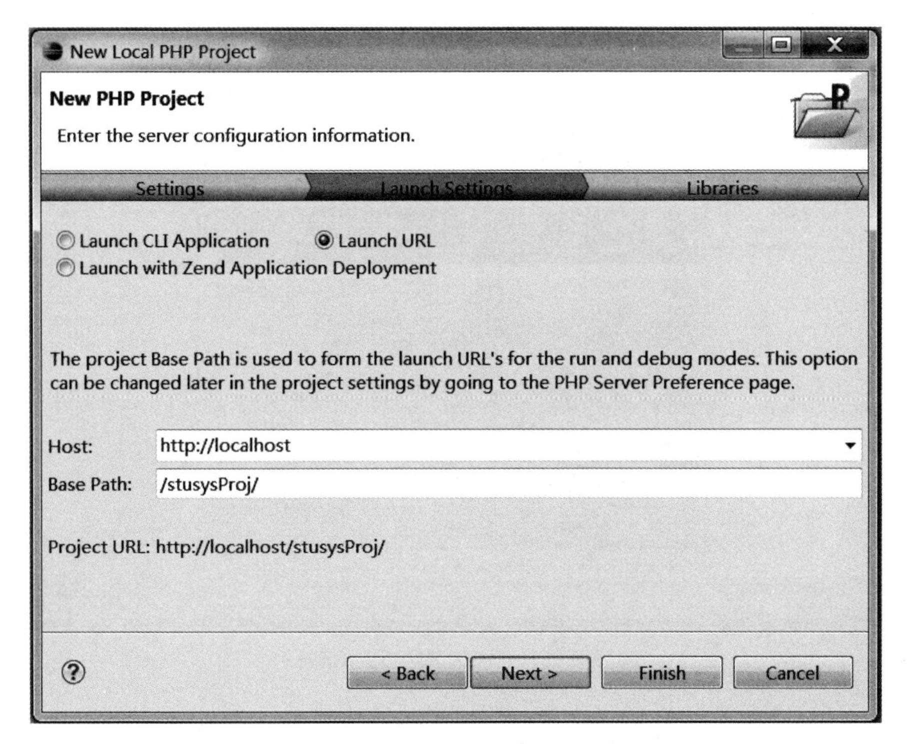

实习图 2.8　项目路径信息对话框

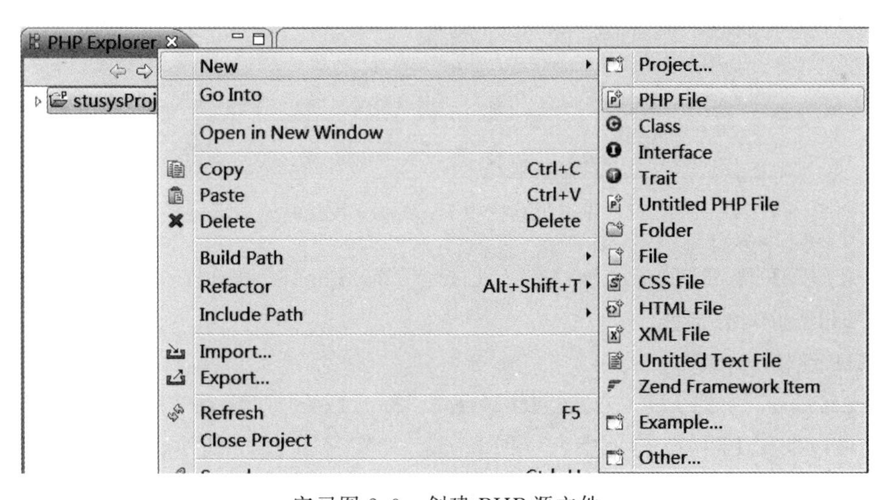

实习图 2.9　创建 PHP 源文件

3. 测试 PHP 版本信息页

创建 PHP 项目时，Eclipse 已在项目树中建立一个 index. php 文件，供用户编写 PHP 代码。打开该文件，输入以下 PHP 代码：

```
<?php
    phpinfo();
?>
```

保存后右击该文件，在弹出的菜单中选择 Run As→PHP Web Application 命令，显示 PHP

版本信息页，如实习图 2.10 所示。

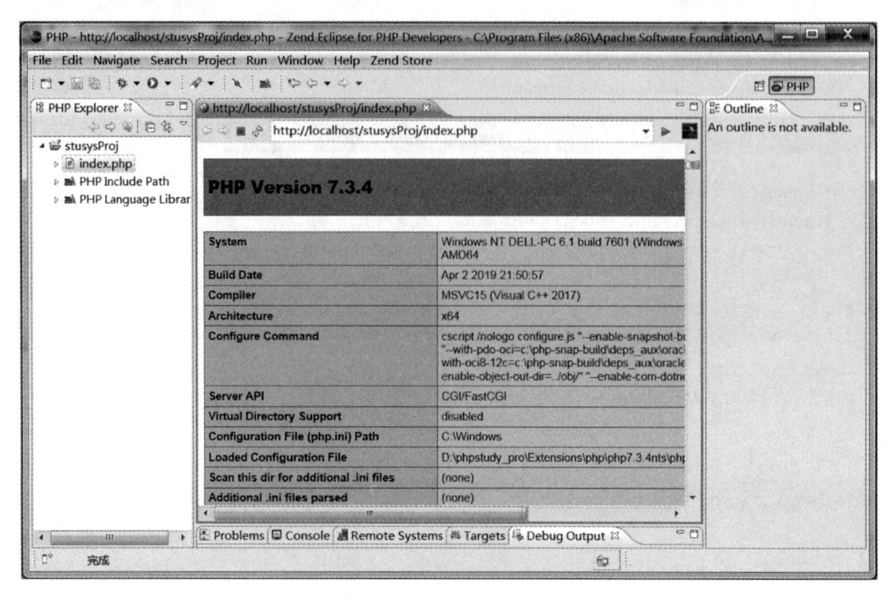

实习图 2.10 测试 PHP 版本信息页

单击工具栏中 Run index 按钮右侧的下拉箭头，从弹出的菜单中选择 Run As→PHP Web Application 命令，如实习图 2.11 所示，也可显示 PHP 版本信息页。

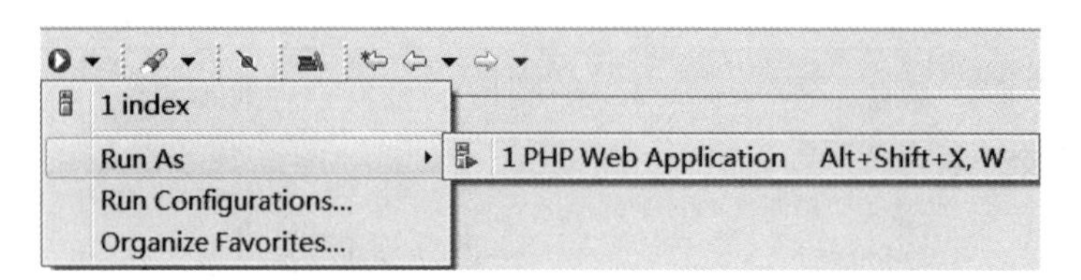

实习图 2.11 单击工具栏中 Run index 按钮右侧的下拉箭头

此外，打开 IE 浏览器，在地址栏输入 http://localhost/stusysProj/index.php，浏览器也可显示 PHP 版本信息页。

4. PHP 连接 MySQL

采用 PHP 7.3.4 的 PDO 方式连接 MySQL 8.0.12 数据库，在 PHP 版本信息页中，按 Enter 键，可以发现 PDO 支持项中有一项 mysql，如实习图 2.12 所示。

创建 conn.php 文件，编写连接数据库的代码如下：

```
<?php
    try {
        $db = new PDO("mysql: host = localhost; dbname = stupj","root","123456");
    }catch(PDOException $e) {
        echo"数据库连接失败:". $e->getMessage();
    }
?>
```

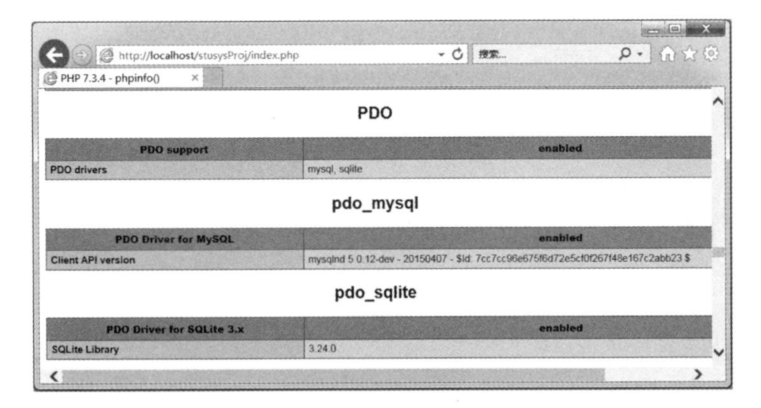

实习图 2.12　PHP 内置 MySQL 的 PDO

实习 3　主界面开发

主界面采用网页中的框架来实现。

1. 启动页

启动页文件名为 index. html，代码如下：

```
html >
< head >
    < meta http-equiv = "Content-Type" content = "text/html; charset = utf-8" />
    < title >学生信息系统</title >
</head >
< body topMargin = "0" leftMargin = "0" bottomMargin = "0" rightMargin = "0">
    < table width = "675" border = "0" align = "center" cellpadding = "0" cellspacing = "0" style
     = "width: 778px; ">
    < tr >
            < td >< img src = "images/stinfo. jpg" width = "790" height = "97"></td >
    </tr >
    < tr >
            < td >< iframe src = "frame. html" width = "790" height = "450"></iframe ></td >
        </tr >
    </table >
</body >
</html >
```

页面分为两个部分，上面部分为一张图片，下面部分为框架页。

2. 框架页

框架页文件名为 frame. html，代码如下：

```
html >
< head >
    < meta http-equiv = "Content-type" content = "text/html; charset = utf-8"/>
    < title >学生信息系统</title >
</head >
< frameset cols = "217, * ">
    < frame frameborder = 0 src = " http: //localhost/stusysProj/main. php" name = " frmleft"
    scrolling = "no" noresize >
```

```
    <frame frameborder = 0 src = "maincolor.html" name = "frmmain" scrolling = "no" noresize>
</frameset>
</html>
```

框架页左区启动导航页,右区用于显示各个功能界面。

3. 导航页

导航页文件名为 main.html,代码如下:

```
<html>
<head>
    <title>功能选择</title>
</head>
<body bgcolor = "D9DFAA">
    <table bgcolor = "D9DFAA" width = "200" height = "170">
        <tr>
            <td align = "center"><input type = "button" value = "学生信息" onclick = parent.
            frmmain.location = "stuInfo.php"></td>
        </tr>
        <tr>
            <td align = "center"><input type = "button" value = "课程信息" onclick = parent.
            frmmain.location = "couInfo.php"></td>
        </tr>
        <tr>
            <td align = "center"><input type = "button" value = "成绩信息" onclick = parent.
            frmmain.location = "scoInfo.php"></td>
        </tr>
    </table>
</body>
</html>
```

导航页的 3 个导航按钮分别定位到 PHP 源文件,stuInfo.php 实现学生信息界面,couInfo.php 实现课程信息界面和功能,scoInfo.php 实现成绩信息界面和功能。

4. 主页

打开 IE 浏览器,在地址栏输入 http://localhost/stusysProj/index.html,浏览器显示学生信息系统主页,如实习图 3.1 所示。

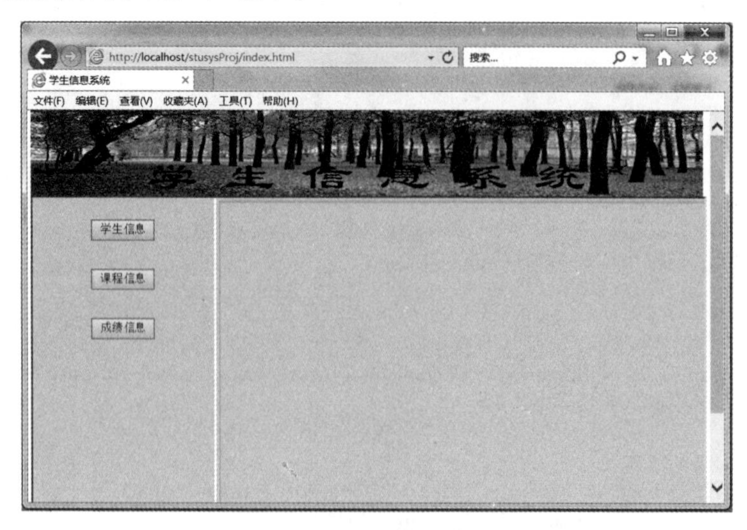

实习图 3.1　学生信息系统主页

实习 4　学生信息界面和功能实现

学生信息界面和功能,如实习图 4.1 所示。

实习图 4.1　学生信息界面和功能

实习 4.1　学生信息界面开发

学生信息界面由 stuInfo.php 文件实现,其代码如下:

```
<?php
    session_start();                                        //启动 SESSION

//接收会话传回的变量以便在页面显示
    $sno = $_SESSION['sno'];                                //学号
    $sname = $_SESSION['sname'];                            //姓名
    $ssex = $_SESSION['ssex'];                              //性别
    $sbirthday = $_SESSION['sbirthday'];                    //出生日期
    $speciality = $_SESSION['speciality'];                  //专业
    $tc = $_SESSION['tc'];                                  //总学分
?>

<html>
<head>
    <title>学生信息</title>
</head>
<body bgcolor="D9DFAA">
<form method="post" action="stuAction.php" enctype="multipart/form-data">
    <table>
        <tr>
            <td>
```

```
<table>
    <tr>
        <td>学号:</td><td><input type="text" name="sno" value=
        "<?php echo @$ sno; ?>"/></td>
    </tr>
    <tr>
        <td>姓名:</td><td><input type="text" name="sname" value=
        "<?php echo @$ sname; ?>"/></td>
    </tr>
    <tr>
        <td>性别:</td>
        <?php if ($ ssex=="女") { ?>
        <td>
            <input type="radio" name="ssex" value="男">男
            <input type="radio" name="ssex" value="女" checked=
            "checked">女
        </td>
        <?php } else { ?>
        <td>
            <input type="radio" name="ssex" value="男" checked=
            "checked">男
            <input type="radio" name="ssex" value="女">女
        </td>
        <?php } ?>
    </tr>
    <tr>
        <td>出生日期:</td><td><input type="text" name="sbirthday"
        value="<?php echo @$ sbirthday; ?>"/></td>
    </tr>
    <tr>
        <td>专业:</td><td><input type="text" name="speciality" value
        ="<?php echo @$ speciality; ?>"/></td>
    </tr>
    <tr>
        <td>总学分:</td><td><input type="text" name="tc" value=
        "<?php echo @$ tc; ?>"/></td>
    </tr>
    <tr>
        <td></td>
        <td>
            <input name="btn" type="submit" value="录入">
            <input name="btn" type="submit" value="删除">
            <input name="btn" type="submit" value="更新">
            <input name="btn" type="submit" value="查询">
        </td>
    </tr>
</table>
</td>
<td>
</td>
</tr>
```

```
    </table>
</form>
</body>
</html>
```

实习 4.2 学生信息功能实现

学生信息功能由 stuActoin.php 文件实现，该页以 POST 方式接收 stuInfo.php 页面提交的表单数据，对学生信息进行增加、删除、更新、查询等项操作。

stuActoin.php 文件代码如下：

```
<?php
include"conn.php";                                          //包含连接数据库的 PHP 文件
include"stuInfo.php";                                       //包含前端页面的 PHP 页

//以 POST 方式接收 stuInfo.php 页面提交的表单数据
    $ sno = @$ _POST['sno'];                                //学号
    $ sname = @$ _POST['sname'];                            //姓名
    $ ssex = @$ _POST['ssex'];                              //性别
    $ sbirthday = @$ _POST['sbirthday'];                    //出生日期
    $ speciality = @$ _POST['speciality'];                  //专业
    $ tc = @$ _POST['tc'];                                  //总学分

$ search_sql = "select * from student where sn o = '$ sno'";//查找"学生"信息
$ search_result = $ db-> query($ search_sql);

//录入功能
if(@$ _POST["btn"] == '录入') {                             //单击"录入"按钮
        $ count = $ search_result-> rowCount();
    if($ search_result-> rowCount() != 0)                   //要录入的学号已经存在时提示
        echo"< script > alert('该学生已经存在!'); location.href = 'stuInfo.php'; </script >";
    else {
        $ ins_sql = "insert into student values('$ sno', '$ sname', '$ ssex', '$ sbirthday',
        '$ speciality', '$ tc')";
        $ ins_result = $ db-> query($ ins_sql);
        if($ ins_result-> rowCount() != 0) {
            echo"< script > alert('录入成功!'); location.href = 'stuInfo.php'; </script >";
        }else
            echo"< script > alert('录入失败,请检查输入信息!'); location.href = 'stuInfo.php';
            </script >";
    }
}

//删除功能
if(@$ _POST["btn"] == '删除') {                             //单击"删除"按钮
    $ _SESSION['sno'] = $ sno;                              //将输入的学号用 SESSION 保存
    if($ search_result-> rowCount() == 0)                   //要删除的学号不存在时提示
        echo"< script > alert('该学生不存在!'); location.href = 'stuInfo.php'; </script >";
```

```
    else {                                                    //处理学号存在的情况
        $ del_sql = "delete from student where sno = '$ sno'";
        $ del_affected = $ db-> exec($ del_sql);
        if($ del_affected) {
            $ _SESSION['sno'] = '';
            $ _SESSION['sname'] = '';
            $ _SESSION['ssex'] = '';
            $ _SESSION['sbirthday'] = '';
            $ _SESSION['speciality'] = '';
            $ _SESSION['tc'] = '';
            echo"< script > alert('删除成功!'); location. href = 'stuInfo. php'; </script >";
        }
    }
}

//更新功能
if(@$ _POST["btn"] == '更新'){                               //单击"更新"按钮
        $ _SESSION['sno'] = $ sno;                           //将输入的学号用 SESSION 保存
        $ upd_sql = "update student set sno = '$ sno', sname = '$ sname', ssex = '$ ssex',
        sbirthday = '$ sbirthday', speciality = '$ speciality', tc = '$ tc' where sno = '$ sno'";
    $ upd_affected = $ db-> exec($ upd_sql);
    if($ upd_affected) {
        $ _SESSION['sno'] = '';
            $ _SESSION['sname'] = '';
            $ _SESSION['ssex'] = '';
            $ _SESSION['sbirthday'] = '';
            $ _SESSION['speciality'] = '';
            $ _SESSION['tc'] = '';
            echo"< script > alert('更新成功!'); location. href = 'stuInfo. php'; </script >";
    }
    else
            echo"< script > alert('更新失败,请检查输入信息!'); location. href = 'stuInfo. php';
            </script >";
}

//查询功能
if(@$ _POST["btn"] == '查询') {                              //单击"查询"按钮
    $ _SESSION['sno'] = $ sno;                               //将学号传给其他页面
    $ find_sql = "select * from student where sno = '$ sno'";     //查找学号对应的学生信息
    $ find_result = $ db-> query($ find_sql);
    if($ find_result-> rowCount() == 0)                      //判断该学生是否存在
        echo"< script > alert('该学生不存在!'); location. href = 'stuInfo. php'; </script >";
    else {
        list($ sno, $ sname, $ ssex, $ sbirthday, $ speciality, $ tc) = $ find_result-> fetch
        (PDO: : FETCH_NUM);
        $ _SESSION['sno'] = $ sno;
        $ _SESSION['sname'] = $ sname;
        $ _SESSION['ssex'] = $ ssex;
        $ _SESSION['sbirthday'] = $ sbirthday;
        $ _SESSION['speciality'] = $ speciality;
        $ _SESSION['tc'] = $ tc;
```

```
        echo"< script > location.href = 'stuInfo.php'; </script >";
    }
}
?>
```

实习 5 课程信息界面和功能实现

课程信息界面和功能,如实习图 5.1 所示。

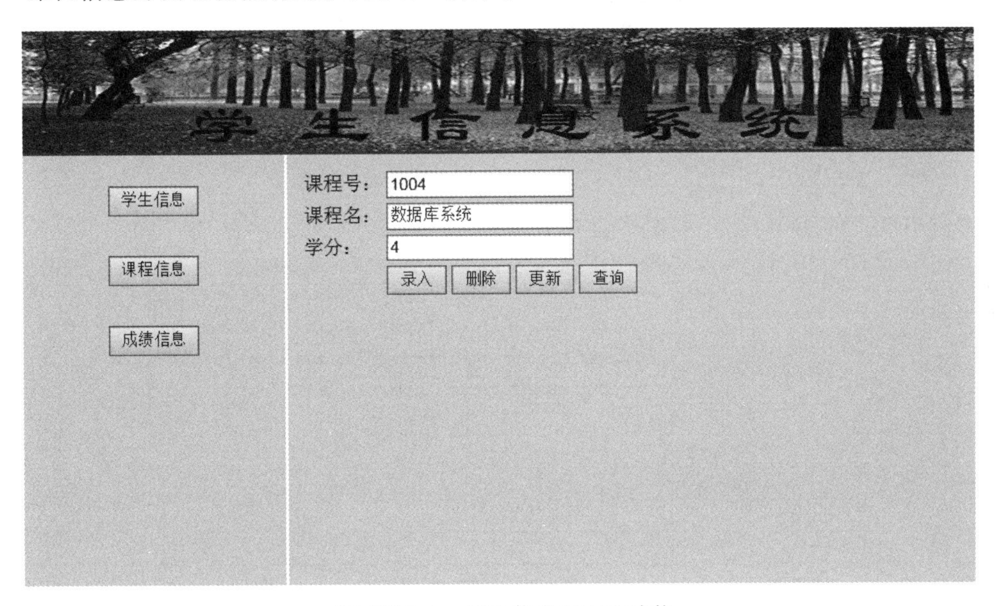

实习图 5.1 课程信息界面和功能

实习 5.1 课程信息界面开发

课程信息界面放在 couInfo.php 文件前半部分,其代码如下:

```
<?php
session_start();                              //启动 SESSION

//接收会话传回的变量以便在页面显示
$ cno = $ _SESSION['cno'];                    //课程号
$ cname = $ _SESSION['cname'];                //课程名
$ credit = $ _SESSION['credit'];              //学分
?>

< html >
< head >
    < title >课程信息</title >
</head >
< body bgcolor = "D9DFAA">
< form method = "post">
    < table >
```

```
        <tr>
            <td>
                <table>
                    <tr>
                        <td>课程号:</td><td><input type="text" name="cno" value=
                        "<?php echo @$cno; ?>"/></td>
                    </tr>
                    <tr>
                        <td>课程名:</td><td><input type="text" name="cname" value=
                        "<?php echo @$cname; ?>"/></td>
                    </tr>
                    <tr>
                        <td>学分:</td><td><input type="text" name="credit" value=
                        "<?php echo @$credit; ?>"/></td>
                    </tr>
                    <tr>
                        <td></td>
                        <td>
                            <input name="btn" type="submit" value="录入">
                            <input name="btn" type="submit" value="删除">
                            <input name="btn" type="submit" value="更新">
                            <input name="btn" type="submit" value="查询">
                        </td>
                    </tr>
                </table>
            </td>
            <td>
            </td>
        </tr>
    </table>
</form>
</body>
</html>
```

实习 5.2 课程信息功能实现

课程信息功能放在 couInfo.php 文件后半部分，以 POST 方式接收前半部分表单提交的数据，对课程信息进行录入、删除、更新、查询等项操作，其代码如下：

```
<?php
include"conn.php";                              //包含连接数据库的 PHP 文件

//以 POST 方式接收表单提交的数据
$cno=@$_POST['cno'];                            //课程号
$cname=@$_POST['cname'];                        //课程名
$credit=@$_POST['credit'];                      //学分

$search_sql="select * from course where cno = '$cno'";
$search_result=$db->query($search_sql);
```

```
//录入功能
if(@$ _POST["btn"] == '录入') {                 //单击"录入"按钮
    $ count = $ search_result-> rowCount();
    if($ search_result-> rowCount() != 0)        //要录入的课程已经存在时提示
        echo"< script > alert('课程号已存在!'); </script >";
    else {
        $ ins_sql = "insert into course values('$ cno', '$ cname', '$ credit')";
        $ ins_result = $ db-> query($ ins_sql);
        if($ ins_result-> rowCount() != 0) {
            $ _SESSION['cno'] = $ cno;
            echo"< script > alert('添加成功!'); </script >";
        }else
            echo"< script > alert('添加失败,请检查输入信息!'); </script >";
    }
}

//删除功能
if(@$ _POST["btn"] == '删除') {                 //单击"删除"按钮
    if($ search_result-> rowCount() == 0)        //要删除的课程不存在时提示
        echo"< script > alert('课程不存在!'); </script >";
    else {                                        //处理课程存在的情况
        $ del_sql = "delete from course where cno = '$ cno'";
        $ del_affected = $ db-> exec($ del_sql);
        if($ del_affected) {
            $ _SESSION['cno'] = '';
            $ _SESSION['cname'] = '';
            $ _SESSION['credit'] = '';
            echo"< script > alert('删除成功!'); location.href = 'couInfo.php'; </script >";
        }
    }
}

//更新功能
if(@$ _POST["btn"] == '更新'){                  //单击"更新"按钮
    $ _SESSION['cno'] = $ cno;
    $ upd_sql = "update course set cname = '$ cname', credit = '$ credit' where cno = '$ cno'";
    $ upd_affected = $ db-> exec($ upd_sql);
    if($ upd_affected) {
        $ _SESSION['cno'] = '';
        $ _SESSION['cname'] = '';
        $ _SESSION['credit'] = '';
        echo"< script > alert('更新成功!'); location.href = 'couInfo.php'; </script >";
    }
    else
        echo"< script > alert('更新失败,请检查输入信息!'); </script >";
}

//查询功能
if(@$ _POST["btn"] == '查询') {                 //单击"查询"按钮
    $ _SESSION['cno'] = $ cno;
    $ find_sql = "select * from  course where cno = '$ cno'";
```

```
    $ find_result = $ db-> query($ find_sql);
    if($ find_result-> rowCount() == 0)
        echo"< script > alert('课程信息不存在!')</script >";
    else {
        $ list = $ find_result-> fetch(PDO: : FETCH_NUM);
        $ _SESSION['cno'] = $ list[0];
        $ _SESSION['cname'] = $ list[1];
        $ _SESSION['credit'] = $ list[2];

        echo"< script > location.href = 'couInfo.php'; </script >";
    }
}
?>
```

实习 6　成绩信息界面和功能实现

成绩信息界面和功能,如实习图 6.1 所示。

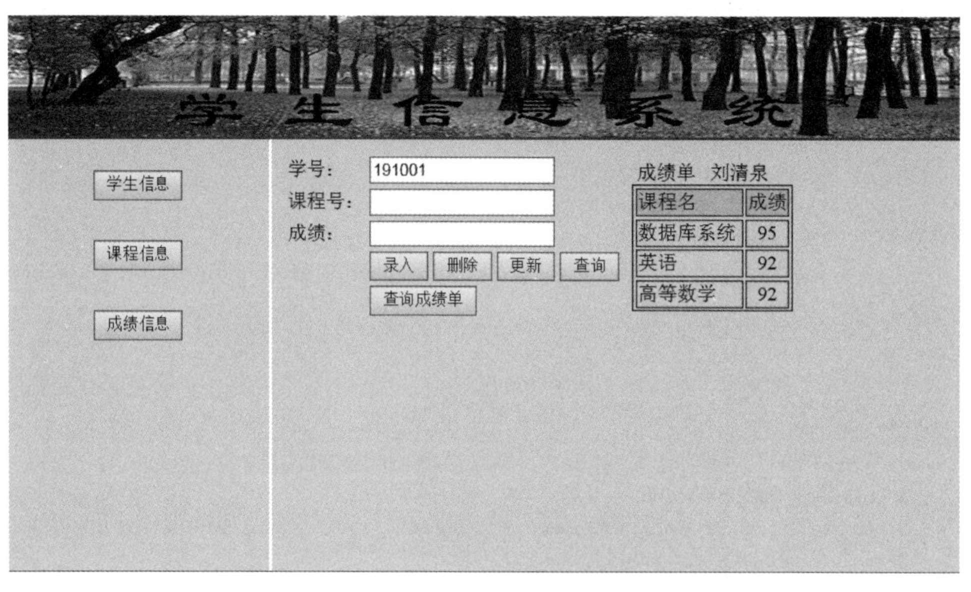

实习图 6.1　成绩信息界面和功能

实习 6.1　成绩信息界面和查询成绩单功能开发

成绩信息界面和查询成绩单功能放在 scoInfo.php 文件前半部分,在查询成绩单功能中,输入学生学号,通过视图即可查询该学生的各科成绩,其代码如下:

```
<?php
session_start();                                //启动 SESSION

//接收会话传回的变量以便在页面显示
$ sno = $ _SESSION['sno'];                      //学号
$ cno = $ _SESSION['cno'];                      //课程号
```

```
$ grade = $ _SESSION['grade'];                //成绩
?>

<html>
<head>
    <title>成绩管理</title>
</head>
<body bgcolor = "D9DFAA">
<form method = "post">
    <table>
        <tr>
            <td>
                <table>
                    <tr>
                        <td>学号:</td><td><input type = "text" name = "sno" value = "<?
                        php echo@$ sno; ?>"/></td>
                    </tr>
                    <tr>
                        <td>课程号:</td><td><input type = "text" name = "cno" value = "<?
                        php echo@$ cno; ?>"/></td>
                    </tr>
                    <tr>
                        <td>成绩:</td><td><input type = "text" name = "grade" value = "<?
                        php echo@$ grade; ?>"/></td>
                    </tr>
                    <tr>
                        <td></td>
                        <td>
                            <input name = "btn" type = "submit" value = "录入">
                            <input name = "btn" type = "submit" value = "删除">
                            <input name = "btn" type = "submit" value = "更新">
                            <input name = "btn" type = "submit" value = "查询">
                        </td>
                    </tr>
                    <tr>
                        <td></td>
                        <td>
                            <input name = "btn" type = "submit" value = "查询成绩单">
                        </td>
                    </tr>
                </table>
            </td>
        <td>
            <table>
                <tr>
                    <td align = "left">

                        <?php
                        //查询成绩单功能
                        include"conn.php";
                        $ sno = @$ _POST['sno'];
```

```
                $ cno = @$ _POST['cno'];
                $ grade = @$ _POST['grade'];

                if(@$ _POST["btn"] == '查询成绩单') {  //单击"查询成绩单"按钮
                    include"conn.php";
                    $ cngd_sql = "select cname,grade from V_StudentCourseScore where
                    sno = '$ sno'"; //从视图 V_StudentCourseScore 中查询出学生成绩信息
                    $ gdtb = $ db-> query($ cngd_sql);
                    $ sn_sql = "select distinct sname from V_StudentCourseScore where
                    sno = '$ sno'"; //从视图 V_StudentCourseScore 中查询出学生姓名
                    $ sncol = $ db-> query($ sn_sql);
                    //输出表格'
                    echo"< table border = 1 >";
                    list($ sname) = $ sncol-> fetch(PDO: : FETCH_NUM);
                                                        //获取"姓名"信息
                    echo"  成绩单    ". $ sname."";
                                                        //输出成绩单和"姓名"信息
                    echo"< tr bgcolor = # CCCCC0 >";
                    echo"< td >课程名</td >< td align = center >成绩</td ></tr >";
                    while(list($ cname, $ grade) = $ gdtb-> fetch(PDO: : FETCH_
                    NUM)) {     //获取"课程名"和"成绩"信息
                        echo"< tr >< td >$ cname  </td >< td align = center >
                        $ grade </td ></tr >"; //在表格中显示"课程名"和"成绩"信息
                    }
                    echo"</table >";
                }
                ?>

                </td >
            </tr >
          </table >
        </td >
      </tr >
    </table >
</form >
</body >
</html >
```

实习 6.2 成绩信息功能实现

成绩信息增、删、改、查功能放在 scoInfo.php 文件后半部分，以 POST 方式接收前半部分表单提交的数据，对成绩信息进行录入、删除、更新、查询等项操作，其代码如下：

```
<?php
include"conn.php";                          //包含连接数据库的 PHP 文件

//以 POST 方式接收表单提交的数据
$ sno = @$ _POST['sno'];                    //学号
$ cno = @$ _POST['cno'];                    //课程号
$ grade = @$ _POST['grade'];                //成绩
```

```
$ search_sql = "select * from score where sno = '$ sno' and cno = '$ cno'";
$ search_result = $ db -> query($ search_sql);

//录入功能
if(@$ _POST["btn"] == '录入') {                    //单击"录入"按钮
    $ count = $ search_result -> rowCount();
    if($ search_result -> rowCount() != 0)      //要录入的成绩已经存在时提示
        echo"<script>alert('成绩已存在!');</script>";
    else {
        $ ins_sql = "insert into score values('$ sno', '$ cno', '$ grade')";
        $ ins_result = $ db -> query($ ins_sql);
        if($ ins_result -> rowCount() != 0) {
            $ _SESSION['sno'] = $ sno;
            $ _SESSION['cno'] = $ cno;
            echo"<script>alert('录入成功!');</script>";
        }else
            echo"<script>alert('录入失败,请检查输入信息!');</script>";
    }
}

//删除功能
if(@$ _POST["btn"] == '删除') {                    //单击"删除"按钮
    if($ search_result -> rowCount() == 0)      //要删除的成绩不存在时提示
        echo"<script>alert('成绩不存在!');</script>";
    else {                                       //处理成绩存在的情况
        $ del_sql = "delete from score where sno = '$ sno'and cno = '$ cno'";
        $ del_affected = $ db -> exec($ del_sql);
        if($ del_affected) {
            $ _SESSION['sno'] = '';
            $ _SESSION['cno'] = '';
            $ _SESSION['grade'] = '';
            echo"<script>alert('删除成功!'); location.href = 'scoInfo.php';</script>";
        }
    }
}

//更新功能
if(@$ _POST["btn"] == '更新'){                     //单击"更新"按钮
    $ _SESSION['sno'] = $ sno;
    $ upd_sql = "update score set grade = '$ grade' where sno = '$ sno'and cno = '$ cno'";
    $ upd_affected = $ db -> exec($ upd_sql);
    if($ upd_affected) {
        $ _SESSION['sno'] = '';
        $ _SESSION['cno'] = '';
        $ _SESSION['grade'] = '';
        echo"<script>alert('更新成功!'); location.href = 'scoInfo.php';</script>";
    }
    else
        echo"<script>alert('更新失败,请检查输入信息!');</script>";
}
```

```
//查询功能
if(@$ _POST["btn"] == '查询') {                //单击"查询"按钮
    $ _SESSION['sno'] = $ sno;
    $ _SESSION['cno'] = $ cno;
    $ find_sql = "select * from score where sno = '$ sno'and cno = '$ cno'";
    $ find_result = $ db -> query($ find_sql);
    if($ find_result -> rowCount() == 0)
        echo"< script > alert('成绩信息不存在!')</script >";
    else {
        $ list = $ find_result -> fetch(PDO: : FETCH_NUM);
        $ _SESSION['sno'] = $ list[0];
        $ _SESSION['cno'] = $ list[1];
        $ _SESSION['grade'] = $ list[2];

        echo"< script > location.href = 'scoInfo.php'; </script >";
    }
}

?>
```

附录A

习题参考答案

第1章 数据库概论

一、选择题

1.1 C　1.2 B　1.3 D　1.4 B　1.5 A　1.6 C
1.7 B　1.8 C　1.9 B　1.10 C　1.11 C　1.12 D
1.13 C　1.14 B　1.15 D　1.16 C　1.17 A

二、填空题

1.18 数据完整性约束　1.19 减少数据冗余
1.20 物理模型　1.21 逻辑结构设计阶段
1.22 数据库　1.23 E-R图
1.24 关系模型　1.25 存取方法
1.26 时间和空间效率　1.27 海量数据或巨量数据
1.28 人工智能　1.29 非关系型

三、问答题

略

四、应用题

1.40

(1)

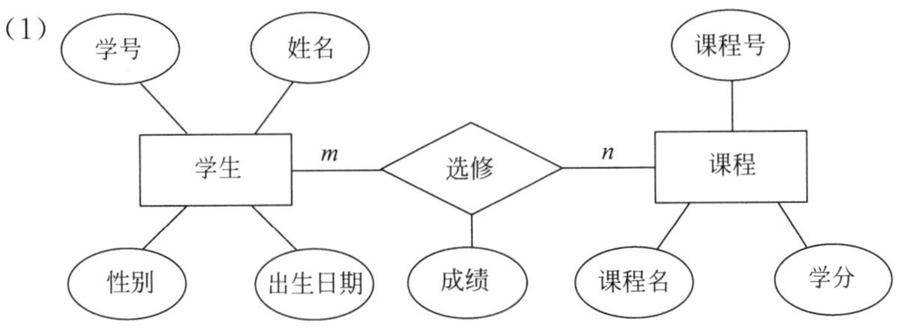

(2)

学生(<u>学号</u>，姓名，性别，出生日期)
课程(<u>课程号</u>，课程名，学分)
选修(<u>学号</u>,<u>课程号</u>，成绩)
　　外码：学号，课程号

1.41

(1)

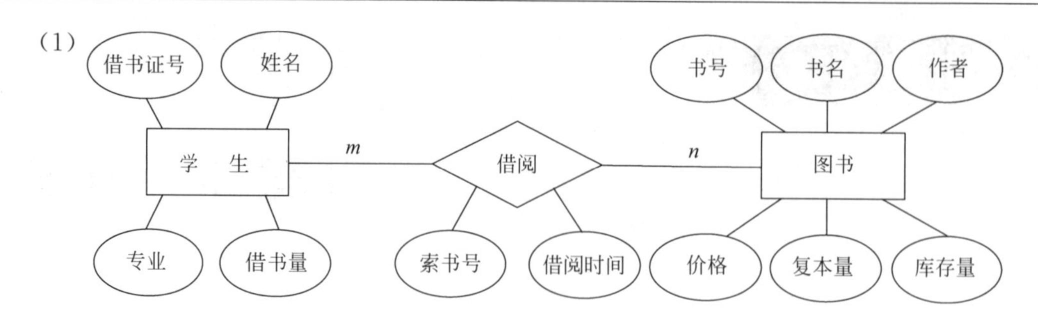

(2)

学生(借书证号,姓名,专业,借书量)

图书(书号,书名,作者,价格,复本量,库存量)

借阅(书号,借书证号,索书号,借阅时间)

外码:书号,借书证号

第 2 章 MySQL 的安装和运行

一、选择题

2.1 D 2.2 B 2.3 A 2.4 B

二、填空题

2.5 MySQL 命令行客户端 2.6 手动

三、问答题

略

第 3 章 MySQL 数据库

一、选择题

3.1 C 3.2 B 3.3 A 3.4 D 3.5 B

二、填空题

3.6 mysql 3.7 ALTER DATABASE 3.8 存储方式 3.9 默认

3.10 多种 3.11 事务处理 3.12 完整性 3.13 内存

三、问答题

略

第 4 章 MySQL 表

一、选择题

4.1 C 4.2 D 4.3 C 4.4 B 4.5 A 4.6 C 4.7 A

4.8 B

二、填空题

4.9 标识 4.10 未知 4.11 DEFAULT 4.12 tinyint

4.13 double 4.14 varchar(n) 4.15 date

三、问答题

略

四、应用题

略

第 5 章 表数据操作

一、选择题

5.1 B 5.2 C 5.3 A 5.4 B 5.5 C

二、填空题

5.6 INSERT 5.7 INSERT INTO…SELECT… 5.8 一一对应

5.9 各列 5.10 空值 5.11 删除

5.12 逗号 5.13 列值 5.14 条件

5.15 TRUNCATE

三、问答题

略

四、应用题

略

第 6 章 数据查询

一、选择题

6.1 B 6.2 C 6.3 D 6.4 A 6.5 C 6.6 B 6.7 A

6.8 D 6.9 C

二、填空题

6.10 LIMIT 6.11 FROM 6.12 REGEXP

6.13 CROSS JOIN 6.14 INNER JOIN 6.15 RIGHT OUTER JOIN

6.16 子查询 6.17 ANY 6.18 并

三、问答题

略

四、应用题

6.27

```
mysql> SELECT grade AS 成绩
    -> FROM score
    -> WHERE sno = '196004' AND cno = '1201';
```

6.28

```
mysql> SELECT *
    -> FROM student
    -> WHERE sname LIKE '周%';
```

6.29

```
mysql> SELECT sno, cno, grade
    -> FROM score
    -> WHERE cno = '8001'
```

```
    -> ORDER BY grade DESC
    -> LIMIT 1, 4;
```

6.30

```
mysql> SELECT MAX(tc) AS 最高学分
    -> FROM student
    -> WHERE speciality='通信';
```

6.31

```
mysql> SELECT MAX(grade) AS 课程 1004 最高分,MIN(grade) AS 课程 1004 最低分,AVG(grade) AS 课程 1004 平均分
    -> FROM score
    -> WHERE cno='1004';
```

6.32

```
mysql> SELECT cno AS 课程号, AVG (grade) AS 平均分数
    -> FROM score
    -> WHERE cno LIKE '4%'
    -> GROUP BY cno
    -> HAVING COUNT(*)>=3;
```

6.33

```
mysql> SELECT *
    -> FROM student
    -> WHERE speciality='计算机'
    -> ORDER BY sbirthday;
```

6.34

```
mysql> SELECT cno AS 课程号, MAX(grade) AS 最高分
    -> FROM score
    -> GROUP BY cno
    -> ORDER BY MAX(grade) DESC;
```

6.35

```
mysql> SELECT sno AS 学号, COUNT(cno) AS 选修课程数
    -> FROM score
    -> WHERE grade>=85
    -> GROUP BY sno
    -> HAVING COUNT(*)>=3;
```

6.36

```
mysql> SELECT sname, grade
    -> FROM score JOIN course ON score.cno=course.cno JOIN student ON score.sno=student.sno
    -> WHERE cname='英语';
```

6.37

```
mysql> SELECT a.sno, sname, ssex, cname, grade
```

```
    -> FROM score a JOIN student b ON a.sno = B.sno JOIN course C ON a.cno = c.cno
    -> WHERE cname = '高等数学' AND grade >= 80;
```

6.38

```
mysql> SELECT tname AS 教师姓名, AVG(grade) AS 平均成绩
    -> FROM teacher a, lecture b, course c, score d
    -> WHERE a.tno = b.tno AND c.cno = b.cno AND c.cno = d.cno
    -> GROUP BY tname
    -> HAVING AVG(grade)>= 85;
```

6.39

```
mysql> SELECT sname AS 姓名, ssex AS 性别, tc AS 总学分
    -> FROM student a, score b
    -> WHERE a.sno = b.sno AND b.cno = '1201'
    -> UNION
    -> SELECT sname AS 姓名, ssex AS 性别, tc AS 总学分
    -> FROM student a, score b
    -> WHERE a.sno = b.sno AND b.cno = '1004';
```

6.40

```
mysql> SELECT speciality AS 专业, cname AS 课程名, MAX(grade) AS 最高分
    -> FROM student a, score b, course c
    -> WHERE a.sno = b.sno AND b.cno = c.cno
    -> GROUP BY speciality, cname;
```

6.41

```
mysql> SELECT MAX(grade) AS 最高分
    -> FROM student a, score b
    -> WHERE a.sno = b.sno AND speciality = '通信'
    -> GROUP BY speciality;
```

6.42

```
mysql> SELECT teacher.tname
    -> FROM teacher
    -> WHERE teacher.tno =
    ->      (SELECT lecture.tno
    ->       FROM lecture
    ->       WHERE cno =
    ->           (SELECT course.cno
    ->            FROM course
    ->            WHERE cname = '数据库系统'
    ->           )
    ->      );
```

6.43

```
mysql> SELECT sno,cno,grade
    -> FROM score
    -> WHERE grade >
```

```
    ->     (SELECT AVG(grade)
    ->      FROM score
    ->      WHERE grade IS NOT NULL
    ->     );
```

第7章 视 图

一、选择题

7.1 D 7.2 B 7.3 A 7.4 B

二、填空题

7.5 增加安全性 7.6 基表 7.7 满足可更新条件 7.8 ALTER VIEW

三、问答题

略

四、应用题

7.12

```
mysql> CREATE OR REPLACE VIEW V_SpecialityStudentCourseScore
    -> AS
    -> SELECT a.sno, sname, ssex, b.cno, cname, grade
    -> FROM student a, course b, score c
    -> WHERE a.sno = c.sno AND b.cno = c.cno AND speciality = '计算机';

mysql> SELECT *
    -> FROM V_SpecialityStudentCourseScore;
```

7.13

```
mysql> CREATE OR REPLACE VIEW V_CourseScore
    -> AS
    -> SELECT b.sno,cname,grade
    -> FROM course a, score b
    -> WHERE a.cno = b.cno;

mysql> SELECT *
    -> FROM V_CourseScore;
```

7.14

```
mysql> CREATE OR REPLACE VIEW V_AvgGradeStudentScore
    -> AS
    -> SELECT a.sno AS 学号, sname AS 姓名, AVG(grade) AS 平均分
    -> FROM student a, score b
    -> WHERE a.sno = b.sno
    -> GROUP BY a.sno, sname
    -> ORDER BY AVG(grade) DESC;

mysql> SELECT *
    -> FROM V_AvgGradeStudentScore;
```

第 8 章　索　　引

一、选择题

8.1　B　　8.2　C　　8.3　A　　8.4　C　　8.5　D

二、填空题

8.6　指针　　8.7　记录　　8.8　CREATE INDEX　　8.9　CREATE TABLE

8.10　ALTER TABLE

三、问答题

略

四、应用题

8.14

```
mysql > CREATE INDEX I_courseCredit ON course(credit);
```

8.15

```
mysql > CREATE INDEX I_teacherTnameTBirthday ON teacher(tname, tbirthday DESC);
```

8.16

```
mysql > ALTER TABLE student
     -> ADD INDEX I_studentSno(sno(4) DESC);
```

8.17

```
mysql > CREATE TABLE score1
     -> (
     ->      sno char (6) NOT NULL,
     ->      cno char(4) NOT NULL,
     ->      grade tinyint NULL UNIQUE,
     ->      PRIMARY KEY(sno,cno)
     -> );
```

第 9 章　数据完整性

一、选择题

9.1　A　　9.2　D　　9.3　A　　9.4　C

二、填空题

9.5　参照完整性　　9.6　CHECK

9.7　UNIQUE　　9.8　PRIMARY KEY

三、问答题

略

四、应用题

9.13

```
mysql > ALTER TABLE score
     -> ADD CONSTRAINT CK_score CHECK(grade > = 0 AND grade < = 100);
```

9.14

```
mysql > ALTER TABLE student
     -> DROP PRIMARY KEY;

mysql > ALTER TABLE student
     -> ADD CONSTRAINT PK_student PRIMARY KEY (sno);
```

9.15

```
mysql > ALTER TABLE score
     -> ADD CONSTRAINT FK_score FOREIGN KEY(sno) REFERENCES student(sno);
```

第 10 章　MySQL 语言

一、选择题

10.1　D　　10.2　C　　10.3　B　　10.4　A

二、填空题

10.5　标准语言　　10.6　CREATE　　10.7　INSERT

10.8　GRANT　　10.9　扩展　　10.10　内置函数

10.11　容易

三、问答题

略

四、应用题

10.18

```
mysql > USE stusys;
mysql > SET @cno = '1004';
mysql > SELECT * FROM course WHERE cno = @cno;
```

10.19

```
mysql > SET @cname = (SELECT cname FROM course WHERE cno = '1201');
mysql > SELECT @cname;
```

10.20

```
mysql > SELECT TRUNCATE(3.14159, 2);
```

10.21

```
mysql > SELECT SUBSTRING('Thank you very much!',11, 4);
```

10.22

```
mysql > SELECT sno, ROUND(AVG(grade))
     -> FROM score
     -> GROUP BY sno;
```

第 11 章 存储过程和存储函数

一、选择题

11.1 C 11.2 A 11.3 C 11.4 B 11.5 D 11.6 C

二、填空题

11.7 CREATE PROCEDURE 11.8 CALL 11.9 过程式

11.10 INOUT 11.11 没有参数 11.12 包含

11.13 SELECT 11.14 DROP FUNCTION

三、问答题

略

四、应用题

11.21

```
mysql > DELIMITER $ $
mysql > CREATE PROCEDURE P_SpecialityCnameAvg(IN v_spec char(12), IN v_cname char(16), OUT v_avg decimal(4,2))
    ->   /* 创建存储过程 P_SpecialityCnameAvg, 参数 v_spec 和 v_cname 是输入参数, 参数 v_avg 是输出参数 */
    -> BEGIN
    ->     SELECT AVG(grade) INTO v_avg
    ->     FROM student a, course b, score c
    ->     WHERE a.sno = c.sno AND b.cno = c.cno AND a.speciality = v_spec AND b.cname = v_cname;
    -> END $ $

mysql > DELIMITER ;

mysql > CALL P_SpecialityCnameAvg('计算机','高等数学',@avg);
```

11.22

```
mysql > DELIMITER $ $
mysql > CREATE PROCEDURE P_CnameMax(IN v_cno char(4), OUT v_cname  char(16), OUT v_max tinyint)
    ->   /* 创建存储过程 P_CnameMax, 参数 v_cno 是输入参数, 参数 v_cname 和 v_max 是输出参数 */
    -> BEGIN
    ->   SELECT cname INTO v_cname FROM course WHERE cno = v_cno;
    ->   SELECT MAX(grade) INTO v_max FROM course a, score b WHERE a.cno = b.cno AND a.cno = v_cno;
    -> END $ $

mysql > DELIMITER ;

mysql > CALL P_CnameMax('1201',@cname,@max);
mysql > SELECT @cname,@max;
```

11.23

```
mysql > DELIMITER $ $
```

```
mysql> CREATE PROCEDURE P_NameSchoolTitle(IN v_tno char(6), OUT v_tname char(8), OUT
v_school char(12), OUT v_title  char(12))
    ->   /*创建存储过程 P_NameSchoolTitle，参数 v_tno 是输入参数，参数 v_tname、v_school
         和 v_title 是输出参数*/
    -> BEGIN
    ->   SELECT tname INTO v_tname FROM teacher WHERE tno = v_tno;
    ->   SELECT school INTO v_school FROM teacher WHERE tno = v_tno;
    ->   SELECT title INTO v_title FROM teacher WHERE tno = v_tno;
    -> END $ $

mysql> DELIMITER ;

mysql> CALL P_NameSchoolTitle('400017', @tname, @school, @title);
mysql> SELECT @tname, @school, @title;
```

第 12 章　触发器和事件

一、选择题

12.1　D　　12.2　B　　12.3　A　　12.4　C　　12.5　D

二、填空题

12.6　DELETE 触发器　　12.7　CREATE TRIGGER　　12.8　之后

12.9　临时触发器　　12.10　DROP EVENT

三、问答题

略

四、应用题

12.16

```
mysql> CREATE TRIGGER T_totalCredits AFTER UPDATE
    ->     ON student FOR EACH ROW SET @str = '已修改总学分!';

mysql> UPDATE student SET tc = 52 WHERE sno = '191002';

mysql> SELECT @str;
```

12.17

```
mysql> DELIMITER $ $
mysql> CREATE TRIGGER T_teacherLecture AFTER DELETE
    ->     ON teacher FOR EACH ROW
    -> BEGIN
    ->     DELETE FROM lecture WHERE tno = OLD.tno;
    -> END $ $

mysql> DELIMITER ;

mysql> DELETE FROM teacher WHERE tno = '120046';
```

```
mysql > SELECT * FROM lecture WHERE tno = '120046';
```

第 13 章　安全管理

一、选择题

13.1　B　　13.2　A　　13.3　D

二、填空题

13.4　mysql　　13.5　所有　　13.6　DROP USER　　13.7　GRANT

三、问答题

略

四、应用题

13.13

```
mysql > CREATE USER 'st'@'localhost' IDENTIFIED BY 'green';
```

13.14

```
mysql > GRANT SELECT, INSERT, DELETE
    ->     ON stusys.student
    ->     TO 'st'@'localhost'
    ->     WITH GRANT OPTION;
```

13.15

(1)

```
mysql > CREATE USER 'student01'@'localhost' IDENTIFIED BY '1234',
    ->     'student02'@'localhost' IDENTIFIED BY '5678';
```

(2)

```
mysql > GRANT SELECT, INSERT, UPDATE, DELETE
    ->     ON stusys.*
    ->     TO 'student01'@'localhost';
```

(3)

```
mysql > GRANT CREATE, ALTER, DROP
    ->     ON *.*
    ->     TO 'student02'@'localhost';
```

第 14 章　备份和恢复

一、选择题

14.1　B　　14.2　D　　14.3　C　　14.4　B

二、填空题

14.5　备份　　14.6　表结构　　14.7　INSERT　　14.8　mysql

三、问答题

略

四、应用题

14.13

```
mysql > SELECT * FROM score
    ->     INTO OUTFILE 'C: /ProgramData/MySQL/MySQL Server 8.0/Uploads/score.txt'
    ->     FIELDS TERMINATED BY ','
    ->     OPTIONALLY ENCLOSED BY '"'
    ->     LINES TERMINATED BY '?';
```

14.14

```
mysql > LOAD DATA INFILE 'C: /ProgramData/MySQL/MySQL Server 8.0/Uploads/score.txt'
    ->     INTO TABLE score
    ->     FIELDS TERMINATED BY ','
    ->     OPTIONALLY ENCLOSED BY '"'
    ->     LINES TERMINATED BY '?';
```

14.15

```
mysqldump -u root -p stusys course score > D:\mysqlbak\course_score.sql
```

第 15 章　事务和锁

一、选择题

15.1 C　15.2 D　15.3 B　15.4 C　15.5 A　15.6 D

二、填空题

15.7 一致性　15.8 排他锁　15.9 幻读　15.10 COMMIT
15.11 ROLLBACK　15.12 SAVEPOINT　15.13 提交　15.14 意向锁

三、问答题

略

附录B

学生信息数据库stusys的表结构和样本数据

学生信息数据库 stusys 中的表——学生表 student、课程表 course、成绩表 score、教师表 teacher、讲课表 lecture 的表结构和样本数据，介绍如下：

1. stusys(学生信息数据库)的表结构

stusys 数据库的表结构见表 B.1～表 B.5。

表 B.1　student(学生表)的表结构

列名	数据类型	允许 NULL 值	键	默认值	说明
sno	char(6)	×	主键	无	学号
sname	(8)	×		无	姓名
ssex	char(2)	×		男	性别
sbirthday	date	×		无	出生日期
speciality	char(12)	√		无	专业
tc	tinyint	√		无	总学分

表 B.2　course(课程表)的表结构

列名	数据类型	允许 NULL 值	键	默认值	说明
con	chat(4)	×	主键	无	课程号
cname	char(16)	×		无	课程名
credit	tinyint	√		无	学分

表 B.3　score(成绩表)的表结构

列名	数据类型	允许 NULL 值	键	默认值	说明
sno	thar(6)	×	主键	无	学号
cno	thar(4)	×	主键	无	课程号
grade	tinyint	√		无	成绩

表 B.4　teacher(教师表)的表结构

列名	数据类型	允许 NULL 值	键	默认值	说明
tno	thar(6)	×	主键	无	老师编号
tname	thar(8)	×		无	姓名
tsex	thar(2)	×		男	性别
tbirthday	date	×		无	职称
title	char(12)	√		无	出生日期
school	char(12)	√		无	学院

表 B.5 lecture(讲课表)的表结构

列名	数据类型	允许 NULL 值	键	默认值	说明
tno	char(6)	×	主键	无	教师编号
cno	char(4)	×	主键	无	课程号
location	char(10)	√		无	上课地点

2. stusys(学生信息数据库)的样本数据

stusys 数据库的样本数据见表 B.6～表 B.10。

表 B.6 student(学生表)的样本数据

学号	姓名	性别	出生日期	专业	总学分
191001	刘清泉	男	1998-06-21	计算机	52
191002	张慧玲	女	1999-11-07	计算机	50
191003	冯涛	男	1999-08-12	计算机	52
196001	董明霞	女	1999-05-02	通信	50
196002	李茜	女	1998-07-25	通信	48
196004	周俊文	男	1998-03-10	通信	52

表 B.7 course(课程表)的样本数据

课程号	课程名	学分
1004	数据库系统	4
1017	操作系统	3
4002	数字电路	3
8001	高等数学	4
1201	英语	4

表 B.8 score(成绩表)的样本数据

学号	课程号	成绩	学号	课程号	成绩
191001	1004	95	196001	8001	87
191002	1004	87	196002	8001	NULL
191003	1004	93	196004	8001	94
196001	4002	90	191001	1201	92
196002	4002	79	191002	1201	78
194004	4002	88	191003	1201	93
191001	8001	92	196001	1201	84
191002	8001	88	196002	1201	76
191003	8001	84	196004	1201	92

表 B.9 teacher(教师表)的样本数据

教师编号	姓名	性别	出生日期	职称	学院
100006	何艺杰	男	1970-06-23	教授	计算机学院
100023	孙浩然	男	1979-04-09	教授	计算机学院
400017	李亚兰	女	1988-11-04	讲师	通信学院
100006	袁万明	男	1978-08-15	副教授	数学学院
120046	刘颖	女	1976-12-15	副教授	外国语学院

表 B.10 lecture(讲课表)的样本数据

教师编号	课程号	上课地点
100006	1004	2-311
400017	4002	1-106
800028	8001	6-104
120046	1201	6-215

参考文献

[1] Silberschatz A, Korth H F, Sudarshan S. Database System Concepts[M]. Sixth Editon. The McGraw-Hill Copanies, Inc, 2011.

[2] 王珊，萨师煊. 数据库系统概论[M]. 5版. 北京：高等教育出版社，2014.

[3] 王英英. MySQL 8从入门到精通[M]. 北京：清华大学出版社，2019.

[4] 刘华贞. 精通MySQL 8[M]. 北京：清华大学出版社，2019.

[5] 李月军，付良廷. 数据库原理及应用(MySQL版)[M]. 北京：清华大学出版社，2019.

[6] 郑阿奇. MySQL实用教程[M]. 3版. 北京：电子工业出版社，2018.

[7] 姜桂洪，孙福振，苏晶. MySQL数据库应用与开发[M]. 北京：清华大学出版社，2018.

[8] 高洛峰. 细说PHP[M]. 4版. 北京：电子工业出版社，2019.

[9] 曾俊国，李成大，姚蕾. PHP Web开发实用教程[M]. 2版. 北京：清华大学出版社，2018.

[10] 赵增敏，李彦明. PHP+MySQL Web应用开发[M]. 北京：电子工业出版社，2019.

图书资源支持

感谢您一直以来对清华版图书的支持和爱护。为了配合本书的使用，本书提供配套的资源，有需求的读者请扫描下方的“书圈”微信公众号二维码，在图书专区下载，也可以拨打电话或发送电子邮件咨询。

如果您在使用本书的过程中遇到了什么问题，或者有相关图书出版计划，也请您发邮件告诉我们，以便我们更好地为您服务。

我们的联系方式：

地　　址：北京市海淀区双清路学研大厦A座701

邮　　编：100084

电　　话：010-83470236　010-83470237

资源下载：http://www.tup.com.cn

客服邮箱：2301891038@qq.com

QQ：2301891038（请写明您的单位和姓名）

资源下载、样书申请

书圈

扫一扫，获取最新目录

课　程　直　播

用微信扫一扫右边的二维码，即可关注清华大学出版社公众号“书圈”。